昆明经济技术开发区绿地设计指南

绿地设计导则
与优选园林植物推荐

LVDI SHEJI DAOZE YU YOUXUAN YUANLIN ZHIWU TUIJIAN

LVDI SHEJI DAOZE
YU YOUXUAN YUANLIN ZHIWU TUIJIAN

昆明经济技术开发区城市管理局
天津市政工程设计研究总院有限公司 / 编著

U0756322

华中科技大学出版社
http://press.hust.edu.cn
中国·武汉

昆明经开区城市湿地
拍摄者：沙肃

内容简介

　　本书紧密贴合昆明经济技术开发区实际，围绕其建设"极具自贸试验区特色魅力的生态典范区"绿地系统发展目标，精心收录356种当下应用广泛的绿化树种，以满足该区绿化建设需求，其他地区也可按需参考。本书旨在城市绿地系统规划框架内，构建多功能绿地网络，打造人性化绿化空间，塑造全区风景化景观，营造生态智慧水绿环境。力求将区域生态大环境与昆明经济技术开发区城区绿地深度融合，形成既彰显地域自然文化特色，又与功能紧密契合的绿地系统，助力昆明经济技术开发区生态建设。

- -

图书在版编目（CIP）数据

绿地设计导则与优选园林植物推荐 / 昆明经济技术开发区城市管理局，天津市政工程设计研究总院有限公司编著 . -- 武汉：华中科技大学出版社，2025. 5. -- ISBN 978-7-5772-1700-0

　Ⅰ. TU986.2；S68

中国国家版本馆 CIP 数据核字第 2025W5U201 号

绿地设计导则与优选园林植物推荐　　　　　　　　　　　　　　昆明经济技术开发区城市管理局

Lüdi Sheji Daoze yu Youxuan Yuanlin Zhiwu Tuijian　　　　　　天津市政工程设计研究总院有限公司　编著

策划编辑：彭霞霞

责任编辑：陈　骏　黄汉堃

封面设计：天　一

责任监印：朱　玢

出版发行：华中科技大学出版社（中国·武汉）　　　　　电话：（027）81321913

　　　　　武汉市东湖新技术开发区华工科技园　　　　　邮编：430223

录　　排：天　一

印　　刷：湖北金港彩印有限公司

开　　本：889 mm×1194 mm　1/16

印　　张：28

字　　数：269 千字

版　　次：2025 年 5 月第 1 版第 1 次印刷

定　　价：168.00 元

编委会

（感谢文丹一、王真等人提供植物照片。）

前言

"十四五"规划和 2035 年远景目标纲要明确提出"推动绿色发展，促进人与自然和谐共生"。云南省坚持以习近平新时代中国特色社会主义思想为指导，深入贯彻落实党的二十大和二十届历次全会精神以及习近平总书记考察云南重要讲话和重要指示精神，围绕"特色鲜明、景观优美、类型丰富、幸福宜居"的城市建设目标，以"增绿提质"为主线，从"绿美、宜居、特色、韧性"的要求出发，科学有序地推进城市绿化建设。

昆明市按照党的二十大作出的重大部署和习近平总书记对云南提出的"一个跨越""三个定位"重要指示精神，对标省委对昆明当好全省经济社会发展排头兵的部署要求，主动服务和融入国家战略，提出了"六个春城"的发展思路，着力打造"产业高地，实力春城""投资沃土，温馨春城""辐射中心，开放春城""高原明珠，绿美春城""团结花开，幸福春城""踔厉奋发，效能春城"。

昆明经济技术开发区（简称昆明经开区）是截至 2024 年全国唯一拥有自贸试验区、经济开发区、综合保税区、跨境合作区"四区"政策叠加优势的开放型特色园区，抢抓战略机遇，发挥区位优势，积极主动作为，全面贯彻"创新、协调、绿色、开放、共享"新发展理念，构建高水平对外开放新格局，打造一流营商环境，加快承接东部产业转移，奋力打造创新开放新高地和产业发展新高地，为推动云南实现"一个跨越""三个定位"和昆明建设"六个春城"提供强有力支撑。结合昆明经济技术开发区功能定位及产业发展要求，提高园区城市绿化建设质量、改善城市生态环境、提升人民居住与休闲环境是未来昆明经济技术开发区城市园林绿化建设工作的重要任务之一。

为科学有效指导园区城市绿化建设工作，提高城市绿地建设的质量和水平，增强城市承载力，进一步优化营商环境，助力园区实现港、产、城一体化融合，助推经济社会高质量发展。根据国家、省和市有关的法律、法规、技术标准规范以及《昆明地区园林绿化植物推荐应用手册》，结合全区自然环境和地理条件及规划建设实际情况，昆明经济技术开发区城市管理局与天津市政工程设计研究总院有限公司联合编制《绿地设计导则与优选园林植物推荐》。

本书包括总则、专业术语、绿地设计要求、植物选择、各区域植物景观风格特色塑造、植物设计一般要求、昆明经开区优选园林植物推荐，从园区实际出发，结合园林绿地未来发展目标，以公园绿地、防护绿地、广场用地、附属绿地、区域绿地、立体绿化等编制设计为指引，指导园林绿化建设和苗木储备。本书收录了 356 种园林中常用的绿化植物，包括乔木植物、灌木植物、草本植物、藤本植物、水生植物、棕榈与竹类、花境植物、推荐种植 8 个类别。

编制说明

在昆明经济技术开发区国土空间总体规划、城市绿地系统规划的框架下，编写人员对辖区自然环境与现状建设成果进行实地调研，着重考虑实际情况，务实研究，制定相关细则，以便有效地对园区未来绿化建设做出更好的规范，提供更为科学的依据。昆明经济技术开发区围绕"开放包容、产城融合、绿色发展、宜居宜业、极具特色魅力的生态典范区"的绿地系统发展目标，争创云南省绿色园区示范区，从全面改善城市生态环境质量和城市景观风貌，形成多功能的绿地网络系统，打造人性化的绿化开放空间出发，将生物多样性作为绿地建设的基本内容，构建风景化的绿化景观风貌，营造生态智慧的水绿环境，将区域生态大环境与园区绿地融为一体，形成既具有地域自然文化特色又与功能紧密融合的绿地系统。

为方便读者阅读，增加实用性，推进园区绿化苗木储备，更好地帮助广大园林工作者对园林绿地进行特色化、精细化设计，并选择适合的植物，本书依托导则设计，参照《中国植物志》《云南植物志》的文风进行植物特征描述，通过介绍植物的植物名、科属、拉丁学名、产地分布、形态特征、生物习性、光照习性、观赏特性、观赏期、园林应用等内容，依照哈钦松植物分类系统共收录了 356 种植物，其中乔木植物 82 种、灌木植物 80 种、草本植物 61 种、藤本植物 18 种、水生植物 14 种、棕榈与竹类 14 种、花境植物 54 种、推荐种植 33 种，以满足昆明经济技术开发区绿化建设需要。其他地区可以根据条件参考使用。

目 录

第一部分　昆明经开区绿地设计导则

第一章　总则·······································003
一、总体目标·······································003
二、适用范围·······································003
三、基本原则·······································003
四、政策依据·······································004

第二章　专业术语·······································007

第三章　绿地设计要求·······································009
一、公园绿地设计指引·······································009
二、防护绿地设计指引·······································031
三、广场用地设计指引·······································032
四、附属绿地设计指引·······································033
五、区域绿地设计指引·······································040
六、立体绿化设计要求·······································042

第四章　植物选择·······································051
一、选择原则·······································051
二、植物品种选择·······································052
三、品相选择·······································053

第五章　各区域植物景观风格特色塑造·······································057
一、产业园区总体植物景观风貌·······································057
二、商住区植物特色景观·······································058

三、工业园区植物特色景观 ……………………………………………………… 060

四、老旧小区植物特色景观 ……………………………………………………… 060

第六章 植物设计一般要求 ……………………………………………………… 061

一、植物与架空电力线路导线最小垂直间距 ……………………………………… 061

二、植物与建（构）筑物最小间距 ……………………………………………… 061

三、地下管线与植物的最小间距 ………………………………………………… 062

四、植物种植土层厚度及基质配比厚度 ………………………………………… 062

第二部分 昆明经开区优选园林植物推荐

第一章 乔木植物 ……………………………………………………………… 065

一、银杏科 ………………………………………………………………………… 065

二、松科 …………………………………………………………………………… 066

三、杉科 …………………………………………………………………………… 071

四、柏科 …………………………………………………………………………… 074

五、罗汉松科 ……………………………………………………………………… 080

六、木兰科 ………………………………………………………………………… 082

七、樟科 …………………………………………………………………………… 089

八、大风子科 ……………………………………………………………………… 093

九、千屈菜科 ……………………………………………………………………… 094

十、石榴科 ………………………………………………………………………… 095

十一、杜英科 ……………………………………………………………………… 096

十二、梧桐科 ……………………………………………………………………… 097

十三、锦葵科 ……………………………………………………………………… 098

十四、蜡梅科 ……………………………………………………………………… 099

十五、蔷薇科 ……………………………………………………………………… 100

十六、大戟科 ……………………………………………………………………… 113

十七、含羞草科 …………………………………………………………………… 114

十八、苏木科 ……………………………………………………………………… 116

十九、蝶形花科 …………………………………………………………………… 118

二十、金缕梅科 …………………………………………………………………… 120

二十一、杜仲科 …………………………………………………………………… 121

二十二、杨梅科 ……………………………………………………………………… 122

二十三、壳斗科 ……………………………………………………………………… 123

二十四、榆科 ………………………………………………………………………… 124

二十五、桑科 ………………………………………………………………………… 125

二十六、七叶树科 …………………………………………………………………… 127

二十七、无患子科 …………………………………………………………………… 128

二十八、槭树科 ……………………………………………………………………… 130

二十九、漆树科 ……………………………………………………………………… 136

三十、肋果茶科 ……………………………………………………………………… 137

三十一、山茱萸科 …………………………………………………………………… 138

三十二、蓝果树科 …………………………………………………………………… 139

三十三、柿科 ………………………………………………………………………… 140

三十四、安息香科 …………………………………………………………………… 142

三十五、木犀科 ……………………………………………………………………… 143

三十六、玄参科 ……………………………………………………………………… 144

三十七、紫葳科 ……………………………………………………………………… 145

第二章　灌木植物 …………………………………………………………………… 147

一、苏铁科 …………………………………………………………………………… 147

二、柏科 ……………………………………………………………………………… 148

三、木兰科 …………………………………………………………………………… 149

四、樟科 ……………………………………………………………………………… 150

五、小檗科 …………………………………………………………………………… 152

六、千屈菜科 ………………………………………………………………………… 155

七、紫茉莉科 ………………………………………………………………………… 156

八、海桐花科 ………………………………………………………………………… 158

九、山茶科 …………………………………………………………………………… 160

十、桃金娘科 ………………………………………………………………………… 163

十一、金丝桃科 ……………………………………………………………………… 165

十二、野牡丹科 ……………………………………………………………………… 166

十三、锦葵科 ………………………………………………………………………… 167

十四、绣球科 ………………………………………………………………………… 171

十五、蔷薇科 ………………………………………………………………………… 173

十六、苏木科 ………………………………………………………………………… 178

十七、金缕梅科 …………………………………………………………………………………… 179

十八、黄杨科 ……………………………………………………………………………………… 180

十九、冬青科 ……………………………………………………………………………………… 183

二十、卫矛科 ……………………………………………………………………………………… 185

二十一、楝科 ……………………………………………………………………………………… 186

二十二、槭树科 …………………………………………………………………………………… 187

二十三、漆树科 …………………………………………………………………………………… 188

二十四、山茱萸科 ………………………………………………………………………………… 190

二十五、五加科 …………………………………………………………………………………… 191

二十六、杜鹃花科 ………………………………………………………………………………… 193

二十七、木犀科 …………………………………………………………………………………… 199

二十八、夹竹桃科 ………………………………………………………………………………… 208

二十九、茜草科 …………………………………………………………………………………… 210

三十、忍冬科 ……………………………………………………………………………………… 212

三十一、白花丹科 ………………………………………………………………………………… 220

三十二、茄科 ……………………………………………………………………………………… 221

三十三、唇形科 …………………………………………………………………………………… 223

三十四、芸香科 …………………………………………………………………………………… 224

三十五、百合科 …………………………………………………………………………………… 225

三十六、天南星科 ………………………………………………………………………………… 226

第三章　草本植物 ………………………………………………………………………………… 227

一、秋海棠科 ……………………………………………………………………………………… 227

二、蓼科 …………………………………………………………………………………………… 229

三、苋科 …………………………………………………………………………………………… 230

四、酢浆草科 ……………………………………………………………………………………… 233

五、柳叶菜科 ……………………………………………………………………………………… 234

六、锦葵科 ………………………………………………………………………………………… 235

七、茄科 …………………………………………………………………………………………… 236

八、爵床科 ………………………………………………………………………………………… 237

九、马鞭草科 ……………………………………………………………………………………… 240

十、唇形科 ………………………………………………………………………………………… 242

十一、鸭跖草科 …………………………………………………………………………………… 248

十二、姜科 ………………………………………………………………………………………… 249

十三、美人蕉科 ……………………………………………………………… 250

十四、百合科 ………………………………………………………………… 251

十五、天南星科 ……………………………………………………………… 262

十六、石蒜科 ………………………………………………………………… 265

十七、鸢尾科 ………………………………………………………………… 268

十八、龙舌兰科 ……………………………………………………………… 274

十九、莎草科 ………………………………………………………………… 276

二十、禾本科 ………………………………………………………………… 277

第四章　藤本植物 ………………………………………………………… 288

一、蔷薇科 …………………………………………………………………… 288

二、蝶形花科 ………………………………………………………………… 290

三、桑科 ……………………………………………………………………… 293

四、葡萄科 …………………………………………………………………… 294

五、五加科 …………………………………………………………………… 297

六、夹竹桃科 ………………………………………………………………… 298

七、忍冬科 …………………………………………………………………… 301

八、紫葳科 …………………………………………………………………… 302

第五章　水生植物 ………………………………………………………… 306

一、睡莲科 …………………………………………………………………… 306

二、千屈菜科 ………………………………………………………………… 308

三、泽泻科 …………………………………………………………………… 309

四、眼子菜科 ………………………………………………………………… 311

五、竹芋科 …………………………………………………………………… 312

六、雨久花科 ………………………………………………………………… 313

七、香蒲科 …………………………………………………………………… 314

八、莎草科 …………………………………………………………………… 316

九、禾本科 …………………………………………………………………… 319

第六章　棕榈与竹类 ……………………………………………………… 320

一、棕榈科 …………………………………………………………………… 320

二、禾本科 …………………………………………………………………… 327

第七章　花境植物 ··· 334
　　一、白花菜科 ··· 334
　　二、堇菜科 ··· 335
　　三、卷柏科 ··· 336
　　四、百合科 ··· 337
　　五、茄科 ··· 339
　　六、玄参科 ··· 340
　　七、马鞭草科 ··· 344
　　八、胡颓子科 ··· 347
　　九、瑞香科 ··· 348
　　十、川续断科 ··· 349
　　十一、车前科 ··· 350
　　十二、唇形科 ··· 352
　　十三、阿福花科 ··· 356
　　十四、白花丹科 ··· 358
　　十五、菊科 ··· 359
　　十六、石蒜科 ··· 380
　　十七、报春花科 ··· 381
　　十八、牻牛儿苗科 ··· 382
　　十九、景天科 ··· 384
　　二十、虎耳草科 ··· 385
　　二十一、爵床科 ··· 386
　　二十二、凤仙花科 ··· 387

第八章　推荐种植 ··· 388
　　一、松科 ··· 388
　　二、杉科 ··· 391
　　三、红豆杉科 ··· 392
　　四、木兰科 ··· 393
　　五、樟科 ··· 399
　　六、锦葵科 ··· 402
　　七、蔷薇科 ··· 403
　　八、胡桃科 ··· 404
　　九、槭树科 ··· 406

十、榆科……………………………………………………………………407

十一、壳斗科………………………………………………………………408

十二、木犀科………………………………………………………………411

十三、山茶科………………………………………………………………413

十四、桃金娘科……………………………………………………………415

十五、山柑科………………………………………………………………416

十六、虎耳草科……………………………………………………………417

十七、唇形科………………………………………………………………419

昆明信息产业基地

（刘冷松摄于昆明经开区信息产业基地）

昆明经开区夜景
（夏波拍摄于昆明经开区信息产业基地）

高铁沿线绿化建设（1）

（2017 年 9 月夏波拍摄于昆明经开区黄土坡－清水片区）

高铁沿线绿化建设（2）

（2019 年 9 月夏波拍摄于昆明经开区黄土坡－清水片区）

第一部分 昆明经开区绿地设计导则

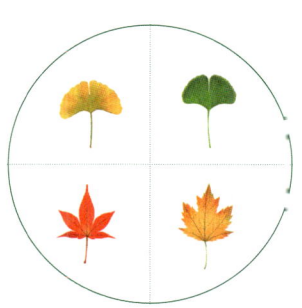

第一章　总则

一、总体目标

昆明经开区绿地设计导则旨在贯彻中共中央的战略部署，建设中国（云南）自由贸易试验区，落实《昆明经开区（自贸试验区昆明片区）绿地系统规划（2021—2035年）》《云南省城乡绿化美化三年行动（2022—2024年）》《云南省绿美城市建设三年行动实施方案（2022—2024年）》《昆明经济技术开发区绿美城市三年行动实施方案（2022—2024年）》所提出的园林绿化建设目标及标准，切实提高城市风貌和生态环境建设水平，确保城市园林绿化、生态环境建设取得实效，改善城市生态景观，保证城市绿地满足适用、经济、安全、健康、环保、美观、防护等基本要求。

二、适用范围

本导则适用于昆明经开区（自贸试验区昆明片区）范围内新建、扩建、改建、修复等各类园林绿地设计，对公园绿地（G1）、防护绿地（G2）、广场用地（G3）、附属绿地（XG）和区域绿地（EG）的规划设计进行引导和控制。公共设施用地和特殊用地中的附属绿地设计可参照执行。

园林绿地设计应在多规合一的框架下进行，加强部门内部及部门间的协作，以《昆明经开区（自贸试验区昆明片区）绿地系统规划（2021—2035年）》为依据，明确绿地的范围和性质，根据其定性、定位进行总体设计。

各类园林绿地设计除应执行本导则外，尚应符合国家现行相关规范、标准的规定。

三、基本原则

（1）高端示范、地方特色原则。

园林绿地设计要符合昆明经开区"先行示范区""沿边开放的重要前沿""特殊经济功能区和核心增长极"定位。同时，应考虑与地方特色相协调，将城市特色融入园林绿地设计中。

（2）整体协调、创新引领原则。

园林绿地设计应遵循上位规划，与城市多种设施要素协调。园林绿地应与周边环境及整个城市系统协调。应综合考虑园林绿地设计中的各类要素，统筹设计、合理实施。

鼓励创新，但对于新理念、新技术及产品、植物品种的使用，应先在小范围内进行试点，取得成

功经验后再行推广。

（3）生态优先、可持续发展原则。

运用生态学的理论，在设计中尊重物种多样性，树立尊重自然、顺应自然、保护自然的生态文明理念，尊重物种多样性，减少对资源的破坏和剥夺，保持土壤营养和水循环，维持植物生境和动物栖息地的质量，以改善人居环境，保障生态系统的健康，达到人与自然和谐共存的目标。

（4）因地制宜、以人为本原则。

充分利用绿地范围内及周边的地形、地貌和环境特点，减少挖填方及人工措施，保护场地内重要的大树、古树及其他资源。

设计应以创造优美宜人的绿色环境为宗旨，并根据绿地的类型确定其特有的功能，园林绿地设计要符合市民的功能需求和审美趋向。

（5）师法自然、适地适树原则。

遵循植物的自然生境，植物群落布局应做到疏密有致，并结合微地形，形成自然疏朗的景观效果。根据昆明经开区的气候特点，依托昆明市植物资源，选择合适的绿化树种，注重开发和利用乡土树种，适当利用引种驯化后的适生的外来品种，丰富植物种类。

（6）集约高效、低影响开发原则。

园林绿地建设应坚持"经济、适用、美观"，以"节地、节水、节材"为核心，在园林绿地设计、建设和养护管理各个环节中最大限度地节约资源，提高资源利用率，减少资源消耗和浪费，获得最大的生态、社会和经济效益。

贯彻海绵城市理念，推广低影响开发模式，控制城市非透水铺装的比例，提高雨水渗透率，最大限度减少对城市原有水生态环境的破坏，提升城市防洪排涝能力。

四、政策依据

下列文件中的条款通过本导则的引用而成为本导则的条款。凡是注日期的引用文件，其随后所有的修改单（不包括勘误的内容）或修订版均不适用于本导则，凡是不注日期的引用文件，其最新版本适用于本导则。

（一）政策文件

（1）《云南省城乡绿化美化三年行动（2022—2024年）》。

（2）《云南省绿美城市建设三年行动实施方案（2022—2024年）》。

（3）《云南省城乡绿化美化建设导则》（云南省发展和改革委，2023年5月26日）。

（4）《昆明市人民政府办公室关于印发昆明市公园城市建设三年行动方案（2023—2025年）的通知》（昆政办函〔2023〕12号）。

（5）《国务院办公厅关于科学绿化的指导意见》（国办发〔2021〕19号）。

（6）《云南省人民政府关于统筹推进城市更新的指导意见》（云政发〔2020〕33号）。

（二）地方性法规、规章

（1）《云南省城市绿化办法》（云南省人民政府令第104号）（2001年）。

（2）《云南省城市建设管理条例》（2018年）。

（3）《昆明市城镇绿化条例》（2019年）。

（4）《昆明市城镇绿化条例实施细则》（昆政办规〔2024〕1号）。

（5）《昆明市城镇古树名木和古树后续资源保护办法》（昆明市人民政府令第73号）。

（三）行业规范和标准

（1）《城市道路绿化设计标准》（CJJ/T 75—2023）。

（2）《公园城市评价标准》（T/CHSLA 50008—2021）。

（3）《建筑与市政工程无障碍通用规范》（GB 55019—2021）。

（4）《园林绿化工程项目规范》（GB 55014—2021）。

（5）《公园服务基本要求》（GB/T 38584—2020）。

（6）《植物园设计标准》（CJJ/T 300—2019）。

（7）《园林绿化工程施工及验收规范》(CJJ 82—2012)。

（8）《城市绿地规划标准》（GB/T 51346—2019）。

（9）《城镇绿道工程技术标准》（CJJ/T 304—2019）。

（10）《园林绿化养护标准》（CJJ/T 287—2018）。

（11）《风景园林基本术语标准》（CJJ/T 91—2017）。

（12）《城市绿地分类标准》（CJJ/T 85—2017）。

（13）《园林植物筛选通用技术要求》（CJ/T 512—2017）。

（14）《城乡结合部绿化技术指南》（LY/T 2646—2016）。

（15）《绿化种植土壤》（CJ/T 340—2016）。

（16）《城市古树名木养护和复壮工程技术规范》（GB/T 51168—2016）。

（17）《城市绿线划定技术规范》（GB/T 51163—2016）。

（18）《城市绿地设计规范》（GB 50420—2007）（2016年版）。

（19）《公园设计规范》（GB 51192—2016）。

（20）《国家重点公园评价标准》（CJJ/T 234—2015）。

（21）《垂直绿化工程技术规程》（CJJ/T 236—2015）。

（22）《种植屋面工程技术规程》（JGJ 155—2013）。

（23）《风景园林标志标准》（CJJ/T 171—2012）。

（24）《城市园林绿化评价标准》（GB/T 50563—2010）。

（25）《风景园林基本术语标准》（CJJ/T 91—2017）。

（26）《无障碍设计规范》（GB 50763—2012）。

（27）《全国古树名木普查建档技术规定》（全绿字〔2001〕15号）。

（28）《公园绿地设计规范》（DB5301/T 19—2019）。

（29）《城市道路绿化设计规范》（DB5301/T 20—2019）。

（30）《居住区绿地设计规范》（DB5301/T 21—2019）。

（31）《园林绿化工程施工规范》（DB5301/T 22—2019）。

（32）《园林绿化工程验收规范》（DB5301/T 23—2019）。

（33）《园林绿化养护规范》（DB5301/T 24—2019）。

（四）部门规章

（1）《城市公园管理办法》（中华人民共和国住房和城乡建设部令第59号）。

（2）《昆明市城乡规划管理技术规定》（昆自然资规规〔2024〕2号）。

（3）《昆明市绿道设计建设导则（试行版）》（2023年10月）。

（4）《国家园林城市申报与评选管理办法》（建城〔2022〕2号）。

（5）《昆明市城市设计导则（试行）》（昆明市自然资源和规划局，2020年1月13日）。

（6）《园林绿化工程建设管理规定》（建城〔2017〕251号）。

（7）《国家园林城市系列标准》《国家园林城市系列申报评审管理办法》（建城〔2016〕235号）。

（8）《昆明城市园林植物推荐名录（2016年修订）》（昆明市人民政府办公厅，2016年7月29日）。

（9）《城市古树名木保护管理办法》（建城〔2000〕192号）。

（10）《昆明市园林绿化工程质量监督实施细则（试行）》（昆园规〔2019〕1号）。

（11）《昆明市城市绿线管理规定》（昆明市人民政府公告第3号，2007年7月1日）。

第二章　专业术语

绿美城市

以昆明市、州市政府所在地城市及设市城市、县城为主要构成，城市的绿地系统完善、山水风貌突出、公园体系完备、绿道网络完整，城市内街道、街区、社区、主要节点个性鲜明，具有各美其美、美美与共的城市绿化景观[①]。

城市绿地

城市中以植被为主要形态且具有一定功能和用途的一类用地。

城市绿地系统

城市绿地系统指由城市各类绿地构成，并与区域绿地相联系，具有优化城市空间格局，发挥生态、游憩、景观、防护等多重功能的绿地网络系统[①]。

公园绿地（G1）

向公众开放，以游憩为主要功能，兼具生态、景观、文教和应急避险等功能，有一定游憩和服务设施的绿地。

防护绿地（G2）

用地独立，具有卫生、隔离、安全、生态防护功能，游人不宜进入的绿地。主要包括卫生隔离防护绿地、道路及铁路防护绿地、高压走廊防护绿地、公用设施防护绿地等。

广场用地（G3）

以游憩、纪念、集会和避险等功能为主的城市公共活动场地。绿化占地比例宜大于或等于35%；绿化占地比例大于或等于65%的广场用地计入公园绿地。

附属绿地（XG）

附属于各类城市建设用地（除"绿地与广场用地"）的绿化用地。包括居住用地、公共管理与公共服务设施用地、商业服务业设施用地、工业用地、物流仓储用地、道路与交通设施用地、公用设施用地等用地中的绿地。这些绿地不再重复参与城市建设用地平衡。

---

① 引用自《云南省城乡绿化美化建设导则》。

区域绿地（EG）

位于城市建设用地之外，具有城乡生态环境及自然资源和文化资源保护、游憩健身、安全防护隔离、物种保护、园林苗木生产等功能的绿地。这些绿地不参与建设用地汇总，不包括耕地。

园林植物

通常指具有观赏价值、抗污降尘等功效，经人工驯化、培育的用于城市绿化的植物。

基调树种

基调树种指各类园林绿地均要使用的、数量最大、能形成全城统一基调的树种，一般以 1~4 种为宜，应为本地区的适生树种。

骨干植物

各类园林绿地重点使用、数量较大、能形成城市园林绿化特色的植物。

古树

100 年以上树龄的树木。

名木

稀有的、具有历史价值和纪念意义及重要科研价值的树木。

古树名木后续资源

树龄 50~100 年、胸径 50 cm 以上的树木或者具有特别价值的树木。

胸径

乔木主干高度在 1.3 m 处的树干直径。

地径

树木的树干贴近地面处的直径。

分枝点高度

乔木从地表面至树冠第一级分枝点的高度。

第三章 绿地设计要求

一、公园绿地设计指引

（一）总体要求

根据《昆明市公园城市建设三年行动方案（2023—2025年）》，以新发展理念推动绿色空间开放、共享、融合，以"公园+""+公园"探索生态价值的创造性转化，以示范点的创建为牵引，带动公园城市全面建设，昆明经开区应从全域化覆盖、融合化布局、多样化功能、人性化设施、智慧化互动、开放型场景、共享性场所出发，结合"生态化、智慧化、开放化"的理念，推进多层次、一体化的公园绿地的设计和建设，满足市民的多元休闲需求。

城区内应逐步完善各级公园的服务功能，提升城市公园的环境品质，促进公园绿地与城市公共服务设施的融合；提升社区公园的覆盖率，与社区服务设施结合设置，满足居民日常休闲需求；强化游园（口袋公园）的就近服务，作为各级公园功能的有效补充。

昆明经开区的公园绿地类型分为综合公园（G11）、社区公园（G12）、专类公园（G13）、游园（口袋公园，G14）。在建设中应结合公园特色，加强体育、文化、科普、安全等各类功能，按照海绵城市建设要求推进公园建设，强化公园地下空间的复合利用，注重历史元素保留与历史场所的完整性。

公园绿地的基本规定如下。

（1）公园绿地的用地范围和类型应以《昆明经开区（自贸试验区昆明片区）绿地系统规划（2021—2035年）》为依据。

（2）出入口应综合分析城市规划及周边道路系统，根据客流量合理设置主、次入口，同时尽可能与公共交通、城市绿道接驳。

（3）保护、利用基地内的原有地形地貌、植被，必要时可因地制宜地适当改造，宜平衡园内土方。

（4）地形与竖向设计应符合《海绵城市建设技术指南——低影响开发雨水系统构建（试行）》的要求。

（5）公园绿地范围内的古树名木及后续资源应按《昆明市城镇古树名木和古树后续资源保护办法》的要求，予以保护和利用。原有生长状况良好的乔木、灌木、藤本和多年生草本宜保留、利用。

（6）公园绿地范围内有经挂牌保护的、有文物价值的或有纪念意义的建（构）筑物、遗址绿地，应予以保护，并合理利用。

（7）对于公园绿地用地内原有的自然岩壁、陡峭边坡，在对其进行利用或在附近设置游人聚集场所时，应对其进行地质灾害评估，并应根据评估结果采取安全防护或避让措施。

（8）在保留的地下管线和工程设施附近进行设计时，应提出对原有物的保护措施和施工要求。

（二）综合公园建设指引

综合公园是指向公众开放，以游憩为主要功能，兼具生态、景观、文教和应急避险等功能，有一定游憩和服务设施的绿地。

观山公园

春漫公园

1. 用地指标指引

《城市绿地分类标准》（CJJ/T 85—2017）规定，综合公园规模宜大于 10 hm²。

《城市绿地规划标准》（GB/T 51346—2019）规定，规划新建单个综合公园的面积应大于 10 hm²。

根据《公园设计规范》（GB 51192—2016）和昆明市《公园绿地设计规范》（DB5301/T 19—2019），经开区综合公园规模宜大于 5 hm²，其用地指标如表 3-1 所示。

表 3-1 综合公园用地比例表

陆地面积 A_1/hm²	用地比例 /（%）		
	绿化用地	建筑用地	园路及铺装场地用地
$5 \leq A_1 < 10$	> 65	< 7	10~25
$10 \leq A_1 < 20$	> 70	< 6	10~25
$20 \leq A_1 < 50$	> 70	< 5	10~22
$50 \leq A_1 < 100$	> 75	< 4	8~18
$100 \leq A_1 < 300$	> 80	< 2.5	5~18
$A_1 \geq 300$	> 80	< 1.5	5~15

2. 设施配建指引

综合公园应设置游览、休闲、健身、儿童游戏、运动、科普等多种设施（见表 3-2）。

表 3-2 综合公园设施项目的设置

设施类型	设施项目	陆地面积 A_1/hm²				
		$5 \leq A_1 < 10$	$10 \leq A_1 < 20$	$20 \leq A_1 < 50$	$50 \leq A_1 < 100$	$A_1 \geq 100$
游憩设施（非建筑类）	庇护性棚架	▲	▲	▲	▲	▲
	休息座椅	▲	▲	▲	▲	▲
	游戏健身器材	○	○	○	○	○
	儿童游戏	▲	▲	▲	▲	▲
	活动场	▲	▲	▲	▲	▲
	码头	—	○	○	○	○
游憩设施（建筑类）	庇护性建筑（如亭、廊、厅、榭等）	▲	▲	▲	▲	▲
	活动馆	—	—	○	○	○
	展馆	—	—	○	○	○

设施类型	设施项目	陆地面积 A_1/hm²				
		$5 \leq A_1 < 10$	$10 \leq A_1 < 20$	$20 \leq A_1 < 50$	$50 \leq A_1 < 100$	$A_1 \geq 100$
服务设施（非建筑类）	机动车停车场	○	▲	▲	▲	▲
	非机动车存放处	▲	▲	▲	▲	▲
	标识	▲	▲	▲	▲	▲
	垃圾箱	▲	▲	▲	▲	▲
	饮水器	○	○	○	○	○
	园灯	▲	▲	▲	▲	▲
	宣传栏	○	○	○	○	○
	文化科普	○	○	▲	▲	▲
	自动售卖机	○	○	○	○	○
服务设施（建筑类）	游客服务中心	○	○	▲	▲	▲
	厕所	▲	▲	▲	▲	▲
	售票房	○	○	○	○	○
	餐厅	○	○	○	○	○
	茶座、咖啡厅	○	○	○	○	○
	小卖部	○	○	○	○	○
	医疗救助站	○	○	○	▲	▲
管理设施（非建筑类）	围墙、围栏	○	○	○	○	○
	垃圾中转站	○	○	▲	▲	▲
	绿色垃圾处理站	—	○	○	▲	▲
	泵房	○	○	○	○	○
	生产温室、荫棚	○	○	○	○	○
管理设施（建筑类）	管理办公室	○	▲	▲	▲	▲
	绿化管养用房（如储藏室、工具间等）	▲	▲	▲	▲	▲
	广播室	○	▲	▲	▲	▲
	安保监控室	▲	▲	▲	▲	▲
管理设施	应急避险设施	○	○	○	○	○
	雨水控制利用设施	▲	▲	▲	▲	▲
注："▲"表示应设，"○"表示可设，"—"表示无要求。						

综合公园作为城市的形象展示窗口，承载着昆明经开区"产城融合"的城市名片功能，应体现经开区的城市文化和风貌特色。

植物的规划设计应依据区域气候特征、风貌特色、现状植被资源等，以乡土植物为主，增加开花植物和色叶植物，突出植物主题特色，营造丰富的植物群落类型。

在公园建设时，应充分利用现状具有历史价值、生态价值、文化价值或景观价值的风景资源。

其余未尽事宜，参照《公园设计规范》（GB 51192—2016）执行。

（三）社区公园设计指引

社区公园指用地独立，具有基本的游憩和服务设施，主要为一定社区范围内居民就近开展日常休闲活动服务的绿地。

社区公园（1）

社区公园（2）

1. 用地指标指引

《城市绿地分类标准》（CJJ/T 85—2017）规定，社区公园规模宜大于 1 hm²。

《城市绿地规划标准》（GB/T 51346—2019）规定，大于 1 hm² 的社区公园应设置儿童游戏、休闲游憩、运动康体、文化科普、公共服务、园务管理等设施。

根据《公园设计规范》（GB 51192—2016）和昆明市《公园绿地设计规范》（DB5301/T 19—2019），经开区的社区公园规模宜大于 1 hm²，其用地指标如表 3-3 所示。

表 3-3　社区公园用地比例表

陆地面积 A_1 /hm²	用地比例 /（%）			
	绿化用地	管理建筑	游憩建筑和服务建筑	园路及铺装场地用地
$1 \leq A_1 < 2$	> 65	< 0.5	< 2.5	15~30
$2 \leq A_1 < 5$	> 65	< 0.5	< 2.5	15~30
$5 \leq A_1 < 10$	> 70	< 0.5	< 2.0	10~25
$10 \leq A_1 < 20$	> 70	< 0.5	< 1.5	10~25

2. 设施配建指引

社区公园应设置游览、休闲、健身、儿童游戏、运动、科普等多种设施，应满足表 3-4 规定。

表 3-4　社区公园设施配置表

设施类型	设施项目	陆地面积 A_1 /hm²			
		$1 \leq A_1 < 2$	$2 \leq A_1 < 5$	$5 \leq A_1 < 10$	$10 \leq A_1 < 20$
游憩设施（非建筑类）	庇护性棚架	○	▲	▲	▲
	休息座椅	▲	▲	▲	▲
	游戏健身器材	○	○	○	○
	儿童游戏	▲	▲	▲	▲
	活动场	▲	▲	▲	▲
	码头	—	—	—	○
游憩设施（建筑类）	庇护性建筑（如亭、廊、厅、榭等）	○	○	▲	▲
	活动馆	—	—	—	—
	展馆	—	—	—	—
服务设施（非建筑类）	机动车停车场	—	○	○	▲
	非机动车存放处	▲	▲	▲	▲
	标识	▲	▲	▲	▲

设施类型	设施项目	陆地面积 A_1/hm^2			
		$1 \leq A_1 < 2$	$2 \leq A_1 < 5$	$5 \leq A_1 < 10$	$10 \leq A_1 < 20$
服务设施（非建筑类）	垃圾箱	▲	▲	▲	▲
	饮水器	○	○	○	○
	园灯	▲	▲	▲	▲
	宣传栏	○	○	○	○
	自动售卖机	○	○	○	○
服务设施（建筑类）	游客服务中心	—	—	○	○
	厕所	○	▲	▲	▲
	售票房	○	○	○	○
	餐厅	○	○	○	○
	茶座、咖啡厅	○	○	○	○
	小卖部	○	○	○	○
	医疗救助站	○	○	○	○
管理设施（非建筑类）	围墙、围栏	○	○	○	○
	垃圾中转站	—	—	○	○
	绿色垃圾处理站	—	—	—	○
	泵房	○	○	○	○
	生产温室、荫棚	—	—	○	○
管理设施（建筑类）	管理办公室	○	○	○	▲
	绿化管养用房（如储藏室、工具间等）	○	▲	▲	▲
	广播室	○	○	○	▲
	安保监控室	○	▲	▲	▲
管理设施	应急避险设施	○	○	○	○
	雨水控制利用设施	▲	▲	▲	▲
注："▲"表示应设，"○"表示可设，"—"表示无要求。					

各规模等级的社区公园均应设置老人活动区和儿童游戏区。

小型社区公园应优先满足儿童和老人活动需求，以儿童游戏区和老人活动区为主。

廉政公园

　　紧靠城市道路或者位于居住区的社区公园，其出入口应设置在主要交通道路一侧，以万便居民使用。

　　社区公园应满足游园居民遮荫避雨的需求，并选用冠大荫浓的乔木提高绿化覆盖率。

　　社区公园的标识系统主要包括导览牌、指示牌、说明牌、警示牌等设施。昆明经开区的社区公园应设置形式统一的标识牌，方便居民识别和规范管理。

　　社区公园应配建小型的体育活动设施，鼓励居民参与体育活动。

社区公园（3）　　　　　　　　　　　　社区公园（4）

3. 建设指引

（1）面向全年龄段打造活力社区体育公园。

应结合使用人群的需求，配建儿童游戏设施、康体健身设施和体育活动设施，结合林荫空间设置休息设施，促进健康社区发展。

应根据年龄特征进行分区布置，重点关注老人和儿童的使用需求，老人活动区与儿童游戏区宜临近布置，针对老年人的使用需求设置康体健身设施和休憩看护设施；儿童游戏区宜分年龄段进行设计并设置相应的游戏设施；针对青少年和成人体育健身活动需求，设置运动设施和运动场地；规划一定的场地空间供居民晨练、跳舞使用；合理规划慢跑道、康体健身步道等。

（2）配套生活服务与智慧管理设施。

应结合社区发展需求，推动社区公园与社区文化、体育、教育、服务等设施融合建设，在社区公园内综合配置 24 小时图书流动站、24 小时无人贩售机、小型文化室、科普长廊等，并将免费WiFi、实时监控、智能警务、智能广播等纳入社区公园建设，推动便利化生活和智慧化管理。

（3）结合商业区规划、建设社区公园。

具备用地条件的商业区，可根据消费人口和就业人口规模，适度规划、建设社区公园，满足周边居民、顾客、职员、服务人员等的使用需求，完善商业区的城市功能。

社区公园（5）　　　　　　　　　　社区公园（6）

（四）专类公园设计指引

专类公园指具有特定的内容或形式、有相应游憩设施的绿地。专类公园可分为动物园、植物园、历史名园、遗址公园、城市湿地公园、游乐公园等。

按照城市发展与居民生活需求，合理配置体育健身公园、儿童公园、植物园、动物园，结合城市

自然和文化资源分布，保护历史名园和遗址公园，引导设置其他专类公园。体育公园中的体育健身项目要符合国家相关政策及法律法规。

根据《昆明经开区（自贸试验区昆明片区）绿地系统规划（2021—2035年）》，到2035年昆明经开区应规划专类公园不少于7个。

滨河公园（1）

1. 滨河公园

宝象河、马料河滨河生态景观带是"一屏两带，三核五轴多节点"绿地系统总体结构中的"两带"。该区域已沿河建成多个公园。结合《昆明经开区（自贸试验区昆明片区）绿地系统规划（2021—2035年）》，进行规划建设时，应强化马料河、宝象河沿线空间的景观提升，并持续推进建设，使其成为展示昆明经开区城市形象和风光的滨河带状公园，通过区域绿廊与呈贡、官渡等区连接。

滨河公园（2）

（1）实现岸线生态化，需统筹考虑马料河水位变化与公园绿地的关系，利用生态岸线营造城市重要的生态通廊和生物栖息地。现状马料河公园应进一步完善驳岸边界，形成多层次的立体廊道空间，拓展游赏面积，植入沿河慢行系统、文化驿站、公厕等更多功能设施。

（2）公园的风格应与周边建筑相匹配，以现代风格为主，尽力保留和强化场地的历史景观风貌，尽量形成序列感，结合功能空间设计标志性文化景观，沿河设置绿道，进行系统的梳理与展示，形成风光独特、功能齐全、活动丰富的城市滨河带状公园。

滨河公园（3）

滨河公园（4）

2.儿童公园

儿童公园是指为少年儿童提供康乐游憩及开展科普、文化活动的公园。目前昆明经开区范围内无儿童公园，后期建设应注意增加儿童公园的数量。

（1）用地指标参考表3-5、表3-6。

表3-5　儿童公园规模表

面积 A_1/hm²	儿童公园等级
$2 \leq A_1 < 10$	小型儿童公园
$10 \leq A_1 < 25$	中型儿童公园
$A_1 \geq 25$	大型儿童公园

表3-6　儿童公园用地比例表

陆地面积 A_1/hm²	用地比例/（%）			
	绿化用地	管理建筑用地	游憩建筑和服务建筑用地	园路及铺装场地用地
$2 \leq A_1 < 10$	> 65	< 1.0	< 3.5	10~25
$10 \leq A_1 < 25$	> 70	< 0.5	< 2.5	10~20
$A \geq 25$	> 70	< 0.5	< 1.5	10~20

（2）建设指引。

①儿童公园的功能分区应体现主题文化、景观特色和科普教育功能，应充分分析各功能区对空间和环境的需求，以及各功能区之间的相互关系，使各功能区间相互协调、衔接顺畅。

②使用功能、空间尺度、色彩搭配、游玩习惯等设计应以儿童为核心，兼顾儿童家长的各类配套需求，同时满足周边居民日常休闲、健身、游览需要。

③景点应主题突出、风格明显，突出趣味性、康乐性、互动性、科普性、探索性、生态性和安全性。考虑到儿童安全监护，景点设计时应避免出现视线盲区。

④游客能近距离接触的雕塑的材料应结实、耐用，在雕塑周边应设置防攀爬围护或柔软地面。

⑤防护护栏必须采用防止儿童攀登的构造，当采用垂直杆件作栏杆时，其杆间净距不应大于0.11 m。

⑥园路应级别清晰，特征明显，便于游客辨识。

⑦园路宽度应根据通行要求确定，并应符合表3-7规定。

表3-7　儿童公园园路宽度表

园路级别	公园总面积/hm²		
	$2 \leq A_1 < 10$	$10 \leq A_1 < 25$	$A_1 \geq 25$
主路/m	2.5~4.5	4.0~5.0	4.0~7.0
次路/m	—	3.0~4.0	3.0~4.0

园路级别	公园总面积 /hm²		
	$2 \leqslant A_1 < 10$	$10 \leqslant A_1 < 25$	$A_1 \geqslant 25$
支路 /m	2.0~2.5	2.0~3.0	2.0~3.0
小路 /m	0.9~2.0	1.2~2.0	1.2~2.0

⑧铺装场地应采用防滑材料或防滑面层。活动和游戏场地应使用安全、舒适、软质的铺装材料。

（3）服务设施配建指引。

儿童公园的服务设施包括游憩设施、标识设施和其他设施三类（见表 3-8）。

表 3-8　儿童公园服务设施配建表

类型	设施项目	公园总面积 /hm²		
		$2 \leqslant A_1 < 10$	$10 \leqslant A_1 < 25$	$A_1 \geqslant 25$
游憩设施	沙池	▲	▲	▲
	蔬果园	—	○	○
	戏水池	—	○	○
	游戏墙与迷宫	—	○	○
	假山置石	○	○	▲
	雕塑小品	○	▲	▲
	草坪活动区	○	▲	▲
	特色设施	○	▲	▲
标识设施	导游牌	▲	▲	▲
	指示牌	▲	▲	▲
	说明牌	▲	▲	▲
	警示牌	▲	▲	▲
	标志牌	▲	▲	▲
其他设施	公用电话	○	○	○
	园椅、园凳	▲	▲	▲
	垃圾桶	▲	▲	▲
	饮水点	○	○	▲
	停车场	▲	▲	▲
	自行车停放点	—	○	○

注：“▲”表示应设，“○”表示可设，“—”表示无要求。

3. 体育公园

体育公园应具有一定数量的体育活动设施，以满足城市与社区居民日常康体健身的需求。昆明经开区现有的大冲广场公园，具备篮球场和健身设施，远期规划目标是将其建设为体育公园。

（1）用地比例（见表3-9）。

表3-9　体育公园用地比例表

规模	陆地面积 A_1 /hm²	用地比例 /（%）			
		绿化用地	管理建筑用地	游憩建筑和服务建筑用地	园路及铺装场地用地
小型体育公园	$5 \leq A_1 < 10$	> 85	< 1.0	< 4.0	10~25
中型体育公园	$10 \leq A_1 < 20$	> 70	< 0.5	< 3.5	10~20
大型体育公园	$20 \leq A_1 < 25$	> 70	< 0.5	< 2.5	10~20

（2）建设指引。

体育公园可根据公园规模及功能需求，合理划分为室内体育活动场馆区、室外体育活动区、儿童活动区、康体休闲区等。

①室内体育活动场馆区。此区建筑占地面积较大，一些主要建筑（如体育馆、室内游泳馆及附属建筑）在此区内。此区应充分考虑车行交通与服务通道，在建筑前方或公园大门附近设置合理面积的生态停车场。

②室外体育活动区。此区一般是以运动场的形式出现，人们在其中可以开展球类运动等体育活动。大面积、标准化的运动场应在其四周或某一边缘设置观看台，以方便群众观看体育比赛。

③儿童活动区。此区一般位于公园的出入口附近或比较醒目的地方。其用途主要是为儿童的体育活动创造条件。儿童活动区的设施布置应能满足不同年龄阶段儿童活动的需要，以活泼、欢快的色彩为主。

④康体休闲区。在此区内，一般可安排一些小型体育锻炼的设施，诸如单杠、双杠等。同时，老年人一般集中在此区活动，应从老年人活动的需要出发，安排林荫场地和休息设施，以满足老年人下棋等休闲活动需求。

体育公园（1）

体育公园（2）

（3）设施配建指引（见表3-10、表3-11）。

表3-10　体育公园设施配建表

设施类型	设施项目	公园类型		
		小型体育公园	中型体育公园	大型体育公园
室外运动设施（非建筑类）	廊架	▲	▲	▲
	休息座椅	▲	▲	▲
	各类活动健身器材	▲	▲	▲
	篮球场	○	▲	▲
	小型足球场	○	▲	▲
	其他各类球场	○	○	○
	儿童运动场地	○	○	▲
	室外跑道、步行道	▲	▲	▲
	水上运动设施	○	○	○
室内运动设施（建筑类）	游泳馆	—	▲	▲
	室内活动场馆	○	▲	○
	大型体育运动场馆	—	—	○
	健身房	—	○	○
服务设施（非建筑类）	机动车停车场	○	▲	▲
	非机动车存放处	▲	▲	▲
	标识	▲	▲	▲
	垃圾箱	▲	▲	▲

设施类型	设施项目	公园类型		
		小型体育公园	中型体育公园	大型体育公园
服务设施（非建筑类）	饮水器	○	○	○
	园灯	▲	▲	▲
	宣传栏	○	○	○
	自动售卖机	○	○	○
服务设施（建筑类）	游客服务中心	○	○	▲
	厕所	▲	▲	▲
	售票房	○	○	○
	餐厅	○	○	○
	茶座、咖啡厅	○	○	○
	小卖部	○	○	○
	医疗救助站	○	○	○
管理设施（非建筑类）	围墙、围栏	○	○	○
	垃圾中转站	○	○	▲
	绿色垃圾处理站	—	○	○
	泵房	○	○	○
	生产温室、荫棚	○	○	○
管理设施（建筑类）	管理办公室	○	▲	▲
	绿化管养用房（如储藏室、工具间等）	▲	▲	▲
	广播室	○	▲	▲
	母婴室	○	○	○
	医疗救助站	○	○	○
	安保监控室	▲	▲	▲
管理设施	应急避险设施	○	○	○
	雨水控制利用设施	▲	▲	▲

注："▲"表示应设，"○"表示可设，"—"表示无要求。

其中小型体育公园的篮球场可以按社区体育设施标准设置三人制篮球场，足球场可根据场地实际情况设置五人制、七人制足球场；其他各类球场包括羽毛球场、网球场、门球场、排球场等；大型体育运动场馆可与体育文化设施用地相结合；室外健身设施应包括常规的健身器材，应注意分不同年龄段设立不同高度、种类、难度的器械；儿童运动场地应适当增设游戏设施，如沙坑、小屋、小玩具、小山、水池、花架、凉棚等，在设置时，需要注意场地位置和其他运动区的距离，优先考虑儿童的

运动安全；水上运动设施可与室外游泳池相结合，室内游泳馆可根据场地实际大小以及是否设立室外游泳池综合考虑是否配建。

表 3-11　社区体育设施建设标准表

项目	场地数量 / 个			备注
	1000~3000 人	10000~15000 人	30000~50000 人	
篮球	—	1	3	—
排球	—	—	1	—
十一人制足球	—	—	—	—
七人制足球	—	—	1	可设置 1 个十一人制足球场代替七人制足球场
五人制足球	—	1	2	—
门球	—	1	3	—
乒乓球	2	6	16~20	—
羽毛球	—	2	6	—
网球	—	1	3	—
游泳池	—	1	3	3 个游泳池中须有一个是标准游泳池
轮滑场	—	—	1	—
室外综合健身场地（广场舞、体操等）	1	1	3	3 个场地中有 1 个面积较大
儿童运动场地	1	3	9	9 个场地中有 1 个面积较大
室外健身器械	1	1	3	根据器材的数量和类型确定
步行道	—	—	—	可以与绿带或跑道结合设置，不单独安排用地
50~100 m 跑道	—	1	2	—
100~200 m 跑道	—	—	1	—
200~400 m 跑道	—	—	—	—

（五）游园（口袋公园）设计指引

游园（口袋公园）是指用地独立、规模较小或形式多样、方便居民就近进入，具有一定游憩功能的绿地，包括社区型游园（口袋公园）、道路型游园（口袋公园）等。按照规划目标，到 2035 年，昆明经开区计划建设的游园（口袋公园）数量不少于 38 个。游园（口袋公园）的绿地率一般不宜小于 65%。

游园（1）

　　以最大化利用现有空间资源、优化人居环境质量为原则，在城市的街角、街区中部、跨越街区等空间位置布置游园（口袋公园），这些游园（口袋公园）可呈现不规则的形状。

游园（2）

形式多样的游园（口袋公园）是对城市中未利用地和再利用地的空间活化和提升。这些游园（口袋公园）具有规模小、功能专、距离近、空间活、效率高等特征，可结合周边人群使用需求，增加休憩交往、运动健身、儿童游戏、文化展示空间。

游园（3）

1. 用地来源指引

应充分结合旧村改造、旧厂改造、旧城改造、村级工业园整治提升、物流园区整治提升、批发市场整治提升、散乱污企业整治、违法建设拆除、黑臭河涌治理等城市更新九项重点工作，建设游园（口袋公园）。

游园（4）

可挖掘利用公共建筑退线空间、滨水空间、街旁空地、安全岛、环形交叉口中心岛、高架桥下等空间，建设游园（口袋公园），为居民提供休憩的空间。

游园（5）

2. 规划建设指引

社区型游园（口袋公园）一般位于居民区或商业、医疗等建筑周边，贴近人的生活，主要用于进行休闲娱乐活动。游园（口袋公园）应易于步行出入，主要出入口面对街道，注重与建筑功能的协调并呼应建筑风格，并根据人的行为特征与建筑物的性质进行动静分区。

游园（6）

道路型游园（口袋公园）一般供过路行人和游客休憩、游览观光，兼具交通集散功能。

游园（7）

游园（8）

游园（口袋公园）应在满足功能的前提下灵活布局，营造可供行人休憩的空间，并保证视线的开阔性。

游园（10）

二、防护绿地设计指引

（1）道路防护绿地。典型的道路防护绿地有机场高速、绕城高速、昆石高速、昆玉高速、石龙路两侧设置的 50 m 宽防护绿带，其植被以密植乔木为主，形成绿色屏障。道路防护绿地可以与生产绿地融合，种植城市园林品种，作为生产绿地的储备资源。

绿道（1）

（2）河道、水库防护绿地。典型的河道、水库防护绿地有马料河、宝象河城区外设置的 30~50 m 宽绿带和果林水库两岸设置的 150 m 宽绿带，这些绿地以体现生态性、景观性为主。

绿道（2）

铁路

（3）铁路防护绿地。铁路防护绿地的例子有：穿越城区的米轨两侧设置有 15 m 宽的绿带；成昆铁路城区段西侧设置有 30 m 宽的绿带。

（4）工业区防护绿地。对居住和公共环境基本无干扰、污染的一类工业用地绿地，以景观性建设为主。对居住和公共环境有一定干扰、污染和安全隐患的二类工业用地外围均需要建设 50 m 宽的绿带，将其与生活片区分隔开来，确保良好的生活环境质量。

（5）其他防护绿地。根据相关规定，沿高压走廊以及在污水处理厂、变电站等主要市政基础设施周边，应设置合理的防护绿地。可采用保护自然状态与人工景观绿地建设等多种处理手法，使其生态化、景观化。

防护绿地的植物应选择适应当地的气候和土壤条件，且根系较深、萌芽力较强、抗倒伏的树种。种植形式以乔木为主，乔木、灌木、地被相结合。树种选择上应将速生树和慢生树相结合。

三、广场用地设计指引

广场绿地是城市居民进行重要的日常交往、公共集会和娱乐活动的空间，具有功能复杂性、景观

丰富性、活动多样性等特征。

广场用地的绿化占地比例宜大于或等于 35%；其中绿化占地比例大于或等于 65% 的广场用地计入公园绿地。广场用地不得布置与其管理、游憩和服务功能无关的建筑，建筑占地比例不应大于 2%。

四、附属绿地设计指引

（一）居住区绿地设计指引

1. 指标指引

新建居住区绿地率应大于等于 40%，老旧居住区绿地率应大于等于 25%。

2. 建设指引

（1）绿地内的道路和铺装场地除机动车道及消防车道外，应采用透水、透气性铺装材料；栽植树木的铺装场地应采用透水、透气性铺装材料；景观道路、场地铺装中透水性铺装面积应占总铺装面积的 50% 以上。

（2）景观构筑物的踏步数应不少于 2 级；高差大于等于 0.7 m 的场地，应设防护设施。游览、休憩建筑的室内净高应大于等于 2.2 m。

（3）小区内可设计多样化的人工水体，水体面积不宜超过小区绿地面积的 8%。水体应设计为循环水，水源选择中水、雨水，并保证水质清洁卫生。水体应具备雨水收纳功能。水体安全防护措施应满足 GB 51192 的要求。

（4）基地地坪坡度小于等于 5% 的居住区绿地均应满足无障碍设计要求，地坪坡度大于 5% 的居住区，应至少设置 1 个满足无障碍设计要求的绿地。

（5）绿地中地形处理可结合原有自然地形，营造微地形的高低起伏，以利于地形排水和植物生长。微地形面积大小和相对高程，必须根据住宅绿地周围环境情况，遵循土方基本就地平衡的原则进行控制。微地形相对高程变化一般控制在 0.5~1.5 m 间。

（6）健身运动场应分散在居住区内方便居民就近使用又不扰民的区域。不应有机动车和非机动车穿越运动场地，且应设置运动通道。运动区域应保证有良好的日照和通风，地面宜选用平整防滑、适于运动的铺装材料，且应满足易清洗、耐磨、耐腐蚀的要求。室外健身器材应考虑老年人的使用特点，应设置安全防护措施。休息区应布置在运动区周围，宜种植遮阳乔木，并设置适量的座椅和休闲广场。

（二）其他附属绿地设计指引

其他附属绿地指公共管理与公共服务设施、商业服务设施和公用设施用地内的附属绿地。

游园（11）

（1）其他附属绿地应根据各类功能的特点进行植物配置，但总体上仍应坚持以乔木为主的原则，以乔木为骨干进行多层次配置，尽可能增加绿化面积。局部可设置适当的开敞空间。草坪种植面积应小于等于20%。

（2）绿地率应满足该项目的规划条件的指标内容。

（3）各种硬质铺装宜采用透水材料，铺装面积应满足海绵城市相关规范的要求。

（4）布局力求自然活泼，做到植物配置形式既统一又有变化；色彩搭配和谐，既鲜明又稳定；结构布局有韵律节奏，力求以上层大乔木、中层小乔木和灌木、下层地被植物的形式扩大绿地的复层结构比例，不提倡使用纯色块布置手法。

（5）绿地地形设计应科学合理，有利于保护自然地形地貌、天然水源，处理好地表排水，以利于各种植物正常生长。

（6）新建绿地或改造现有绿地，必须保护和充分利用用地范围内原有树木（特别是古树和大树）。

（7）应遵循低影响开发理念，采用雨水花园、生态草沟、可渗透路面和生态屋顶等技术，变雨水为资源。

游园（12）

1. 工业用地和物流仓储用地附属绿地设计指引

（1）工业用地的绿地率应大于等于15%；物流仓储用地的绿地率应大于等于20%。

（2）规划设计时要结合现状特征见缝插针，合理利用边角零碎绿地。

（3）入口形象区、办公区、研发区等功能区的绿地设计在满足交通流线的前提下，应考虑与区域城市景观、区内建筑风格的协调，体现企业的形象和文化内涵。植物设计宜简洁、明快，以常绿乔木为主，乔、灌、草立体搭配形成群落。

道路绿化（1）

（4）生产区外围绿化应根据实际情况，有针对性地选择对有害气体抗逆性较强、有吸附作用、隔音效果较好的树种。

（5）根据生产区车间的特点进行室外绿化配置。化工车间室外宜种植抗逆性强、生长快的低矮树木；高温车间室外宜选择高大阔叶乔木及色浓味香的花灌木；噪声强烈车间室外宜选择枝叶茂密、树冠矮、分枝点低的乔灌木，密集栽植形成隔音带；食品、光学、精密仪器制造车间室外宜选择无飞絮、无花粉、落叶整齐的树种，同时应用低矮地被和草坪来固土、防尘。

（6）仓储物流区绿化宜选择树干通直、分枝点高的树种（以稀疏栽植乔木为主），以便于各种运输车辆行驶畅通。

（7）预留地绿化应通过植草绿化等方式，减少裸露地面的面积。

2. 道路绿化设计指引

（1）道路绿地率及覆盖率指标。

①园林景观路，绿地率应大于等于40%。

②新建城市道路红线宽度大于等于50 m的道路，绿地率应大于等于30%。

③新建城市道路红线宽度为40~50 m（含40 m）的道路，绿地率应大于等于25%。

④新建城市道路红线宽度为30~40 m（含30 m）的道路，绿地率应大于等于20%。

⑤新建城市道路红线宽度小于30 m的道路，绿地率应大于等于15%。

⑥改扩建道路的绿地率应不低于原绿地率，原道路绿地率低于15%且有建设条件的道路，改扩建后的绿地率应当达到15%。

⑦道路绿化工程建设中乔木和灌木的覆盖率应大于等于绿地总面积的70%，其中乔木覆盖率应大于60%，人行道的乔木覆盖率应大于80%。

（2）基本建设原则。

①三个同步原则：新建、改建、扩建道路，绿化工程应与道路同步规划设计、同步施工、同步验收，确保落实道路绿化指标和功能效益。

②以人为本原则：道路绿化应符合行车和行人安全通行的要求。不同类型的道路沿线，应最大限度营造功能完善、生态良好、景观优美的绿化景观带，保证机动车道、非机动车道、人行道之间通过不同绿化形式达到互不干扰的效果。

③地方特色原则：注重以乡土树种为主，结合本地实际，突显地方特色，兼顾植物多样性，力争做到一路一景，体现本地区人文历史、文化时尚、和谐宜居的地方特色。

④科学造景原则：以种植冠大叶浓的乔木为主，科学搭配灌木、爬藤、地被植物，疏密有致，形成层次；将彩叶植物与开花植物、常绿植物与落叶植物、速生植物与慢生植物相结合，形成四季有景的景观特点，突出植物的季相变化。禁止使用"断头苗"，力促道路绿化"速成林、快浓荫、景观美、生态优"。

⑤因地制宜原则：植物选择应因地制宜，土壤条件和土层厚度必须满足植物长期正常生长需求。做到宜树种树、宜花栽花、宜草铺草、宜藤植藤。

⑥保护优先原则：新建、改建、扩建道路和道路绿化提质改造时，应最大限度保留原有植物（特别是乔木），对古树名木应依法无条件原地保护；对于树龄在 20 年以上的乔、灌木，应根据实际情况进行原地保护或者移栽，并建档管理。

⑦节约型原则：遵循节地、节水、节能理念，提高绿化效能，降低养护成本，建设节约型园林绿化。

（3）树种选择。

①树种选择应考虑土壤条件、生态习性、抗性强、耐修剪等因素，做到适地适树。

②优先选用能够体现地域特点、美化城市，并符合植物间伴生的生态习性的树种。

③选择的植物应适应栽植地的环境条件，宜优先选用体现地域特色的植物。

④分车绿化带、行道树绿化带种植的乔木，应选择抗逆性较强的树种。

⑤行道树应选择深根性、分枝点高、冠大荫浓、生长健壮、适应城市道路环境条件，且落果对行人不会造成危害的树种。

⑥花灌木应选择花繁叶茂、花期长、生长健壮和便于管理的树种。

⑦绿篱植物和观叶灌木应选用萌芽力强、枝繁叶密、耐修剪的树种。

⑧地被植物应选择茎叶茂密、长势优良、病虫害少和易管理的木本或草本观叶、观花植物。其中草坪地被植物应选择萌蘖力强、覆盖率高、耐修剪和绿色期长的种类。

⑨道路绿化所用乔木应采用全冠苗（移植时应保留正常冠幅的 2/3 以上）。

⑩道路绿化不应移植异地古树名木。

道路绿化（2）

（4）绿地选择。

①道路绿化带应设计为集雨型绿地。

②道路分车带宜设计为下凹式绿地。

③行道树树池宜设计成下凹树池。

（5）中央分隔带绿化指引。

中央分隔带绿化应可阻挡相向行驶车辆的眩光，在距相邻机动车道路面高度0.6~1.5 m的范围内，配置植物的树冠应常年枝叶茂密，且植物的株距不得大于冠幅的5倍。

快速路绿化分隔带端头20.0 m范围内，应采用通透式设计，在距相邻机动车道路面高度0.9~3.0 m的范围内，绿化植物不遮挡驾驶员视线。

道路交叉口导流岛宜适当进行绿化。

分车绿化带宜采用下凹式绿化，结合雨水资源化利用，采用U形槽等方式，将地表雨水径流引入绿化带。

分车绿化带植物宜选择耐水湿、抗性强的乡土植物。

道路绿化（3）

（6）机非隔离绿化带指引。

机非隔离绿化带的植物配置应形式简洁，树形整齐，排列一致。乔木树干中心至机动车道路缘石外侧距离不宜小于0.75 m。

机非隔离绿化带宽度大于等于1.5 m时，应以种植乔木为主，并宜将乔木、灌木、地被植物相结合。其两侧乔木树冠不宜在机动车道上方搭接。

机非隔离绿化带宽度小于1.5 m时，应以种植灌木为主，并应将灌木和地被植物相结合。

道路绿化（4）

（7）人行道绿化指引。

人流量较大路段，宜布置单体树池，树穴设置透气、透水硬质树池箅子，树池侧石应与人行道路面齐平。

行道树宜选择胸径大于等于 10.0 cm 的树木，间距应以 6.0~8.0 m 为宜，行道树树池最小尺寸为 1.5 m×1.5 m，行道树树干中心至路缘石外侧距离不宜小于 0.75 m。

行道树分枝点出圃高度应大于等于 2.5 m，通过管养、修剪后枝下高宜大于等于 3.0 m。

在道路交叉口视距三角形范围内，绿化应采用通透式设计，在距相邻机动车道路面高度 0.9~3.0 m 的范围内，绿化植物不遮挡驾驶员视线；平行交叉口视距三角形范围的确定应符合行业标准 CJJ 152 中的规定。

行道树的种植选择穴状或带状种植，有条件的地段，行道树种植可与植草沟相结合，以增强对雨水的蓄渗和消纳能力。

路侧绿化带应根据相邻用地性质、防护和景观要求进行设计，并应在路段内保持连续且完整的景观效果。路侧绿化带宽度大于 8.0 m 时，可结合慢行系统进行设计，适当设置沿街休息设施。

滨水路一侧的绿地，应结合水面与岸线地形设计成滨水绿化带。滨水绿化带的绿化应在道路和水面之间留出透景线，乔木种植间距宜大于等于 8.0 m。

设置于人行道的树池，宜采用下凹树池，有条件的地段，可形成行道树绿化带。

人行道与非机动车道间可设置下凹式绿化带，通过路缘石开孔，使两侧雨水汇集到绿化带中。

人行道宜采用透水铺装。

行道树立地条件及相关措施如下。

①土壤 pH 值应满足植物的要求；土壤有机质含量不应小于 1.5%；土壤块径不大于 3 cm。

②花卉种植土壤基质配比为红土：腐殖土：沙 =6：3：1；绿地种植土壤基质配比为红土：腐殖土：沙 =7：2：1。

③开挖的种植穴（槽）遇灰土、石砾、有机污染物、黏性土等土壤状况时，应扩大种植穴（槽），种植土中应无直径大于 2 cm 的渣砾，无沥青、混凝土及其他对植物生长有害的污染物。

④将种植土深度以下的土壤翻松 20~30 cm。

⑤挖穴时，遇到地下管线、构筑物、障碍物影响植株株距时应停止操作，并与设计单位联系调整。

（8）高速公路城市段绿地指引。

①种植设计时应考虑视线引导功能，体现道路的连续性，反映线性变化。

②分车带种植间距合理，考虑其对对向车道的遮光功能。

③道路护坡绿化应结合工程措施栽植地被植物或攀缘植物。

④公路与城市道路连接处应利用植物景观作为行驶提示。宜选用乡土植物营造景观效果，体现城市特色。

⑤高速公路服务区绿化设计应营造良好的绿化景观，力求场区周围的绿地与周边景观互相协调、有机融合，使整体环境舒适宜人。

⑥加油站的绿化设计应在满足使用功能的基础上，选择少修剪、抗性强的植物，不宜铺设草坪，其中含水量高、可吸收有毒气体的植物优先选用。严禁使用剪草机、打药机等机器设备。

五、区域绿地设计指引

（一）总体要求

（1）区域绿地应协调保护与利用的关系，尊重现状资源，传承历史文化，避免大拆大建。应对区域内的生态环境、林业资源、农业资源、特色风貌与历史文化资源进行保护，对受到破坏的环境与资源应予以修复和恢复。

（2）区域绿地设计应符合其功能定位，体现自然野趣的郊野风貌特点，游憩活动内容应符合郊野生态主题，面向普通大众。

（3）应构建完善的基质、斑块、廊道结构，并确保斑块具有一定的规模，以保证内部生物多样性与群落稳定性，确保廊道的宽度及连通度以实现斑块之间的联系、保证生物通道的畅通；致力打造生态连绵带，坚持人与自然和谐共生，兼顾自然资源的开发利用和保护，达到"服务城市、服务人民、生态宜居"的愿景。

（4）区域绿地设计应遵循低维护、可持续的设计原则，并能满足绿地长期运营管理的需要。山地风景林应遵循森林自然演替规律，封、造、补、抚、管相结合，以天然更新为主，辅以人工促进天然更新，做到保护与利用并重。

（5）对风景林的提升改造以保护为前提，因地制宜，树种选择以优良的乡土树种为主，适地适树，

注意树种的抗逆性。同时注重季相景观设计，使风景林具有季节变化。所选植物应避免对当地的生态环境构成安全隐患或威胁。

（二）郊野公园设计指引

1. 生态化的本底特色

尊重郊野生态资源本底条件，利用郊区农田、生态片林、水系湿地、自然村落、历史风貌等现有的人文资源、生态资源，打造郊野生态空间。

根据资源禀赋，对水源保护区、生态涵养林、自然湿地等生态资源集聚的核心区域加强生态空间保护，严格控制各类建设行为，尽量减少人工景观痕迹，尊重地区原有风貌，保护风土人情。

2. 综合性的功能配套

结合出行需要，完善基础配套设施和公共服务设施。根据区位条件，布置交通道路、生态车位，优化交通出行方式，配置游客接待中心、公厕、售卖点等。

结合公园的主体定位，配置步道、自行车道、休闲中心、科普展览馆等特色设施，提升活动的丰富度。

依托土地资源，鼓励开拓多种类型的田园住宿形式，如帐篷营地、房车营地等。

3. 参与式的互动体验

结合资源特点，布局生态体验、自然教育等功能。开展生态教育，可与专业机构合作，设置自然教室、野营地等，提供亲子研学、自然观察等深度体验服务。

绿化建设细部（1）

（三）森林公园设计指引

（1）森林公园建设应以生态经济和旅游经济理论为指导，以保护为前提，遵循开发与保护相结合的原则。在开发森林旅游项目的同时，重点保护好森林生态环境。

（2）森林公园建设应以森林旅游资源为基础，以旅游客源市场为导向，其建设规模必须与游客规模相适应，充分利用原有设施，进行适度建设，切实注重实效。

（3）森林公园应以森林生态环境为主体，突出自然野趣和保健等多种功能，因地制宜，发挥自身优势，形成独特风格和地方特色。

（4）统一布局，统筹安排建设项目，做好宏观控制，建设项目的具体实施应突出重点、先易后难，可视条件分步实施。

（5）森林公园总体设计应符合国家现行有关专业技术标准、规范的规定。

六、立体绿化设计要求

（一）立体绿化设计原则

（1）精细美观、特色鲜明。立体绿化的形态、色彩和体量应与环境协调；应具有较高的艺术和工程技术水平；应充分营造昆明市"世界春城花都"的城市生态景观，彰显城市文化内涵，体现"开放包容、产城融合、绿色发展、宜居宜业"的昆明经开区城市总体意象，展示"极具自贸试验区特色魅力的公园城市建设典范区"的特色。

（2）乡土适生、抗逆性强。立体绿化的植物配置应以长势旺盛的乡土植物和适生植物为主，应具有较强的抗逆性。

（3）利于维护、稳定持久。应积极探索和采用现代生态技术，降低后期维护管养难度，增强立体绿化稳定性，确保持久的景观效果。

沪滇临港昆明科技城示范区

（二）墙体绿化

（1）墙体绿化设计应充分考虑建筑物墙体的牢固度、强度、稳定性、朝向、光照等因素，不得破坏墙体结构和功能，同时考虑绿化载体的其他功能。

（2）墙体绿化的建筑物应确保结构安全，绿化种植荷载应符合种植墙体所能承受的荷载要求，并应考虑墙体防潮、抗风及防震等因素。

（3）墙体攀爬植物或墙体贴植应充分利用周边绿地进行栽植。如无立地栽植条件，可使用种植槽或种植箱，并满足如下要求：种植槽或种植箱底部应设排水孔，应保证安全。绿墙容器构件应保证安全，临时墙体绿化除外。

（4）墙体贴植的生长基质宜挑选结构稳定、疏松透气、无异味、使用年限长的经济型生长基质。

（5）墙体绿化灌溉、排水及亮化等设施宜采用智能化自动控制技术。

（6）应在设计阶段设预埋构件或基体钢支架，构件应与墙体连接，并保持墙体完整性，且应满足如下要求。

①应根据绿化构筑物尺寸合理设计预埋件，并根据相应规范进行耐久性设计（如钢构件的防腐设计）。

②基体钢支架结构应符合《钢结构工程施工质量验收标准》（GB 50205）的规定进行设计。

③钢支架结构与墙体的构筑方式及定位应根据不同的建筑环境，采用合理的结构设计形式。在没有墙体依附的情况下，植物墙需要采用自主支撑的钢支架结构形式。

立体绿化

（三）屋顶绿化

（1）屋顶绿化设计应与主体建筑风格保持一致。

（2）建设屋顶绿化的屋面，其坡度宜平缓，一般小于15°。大于15°时，应采取相应安全可行的措施，保护层应采用细石钢筋混凝土，沿山墙和檐沟设置安全防护栏，同时应做防滑处理。

（3）屋顶绿化设计应满足屋顶的实际荷载要求，保证建筑荷载安全。屋顶荷载应符合下列要求。

①屋顶绿化不宜选用大型乔木及速生性、深根性、根系穿透能力强的植物。

②新建建筑屋顶绿化设计应该与屋面结构荷载设计同步进行；对现有建筑屋顶进行屋顶绿化设计时，应根据房屋竣工图和房屋质量安全实测数据，将设计荷载控制在屋面结构实际承载允许范围内。

③荷载的设计及计算应符合《建筑结构荷载规范》（GB 50009）的规定要求。

④屋顶恒荷载设计应准确核算各项施工材料的重量和一次容纳人数的重量；屋顶植物的荷载应考虑植物种植后5年内生长的重量增加值。

⑤屋顶活荷载应考虑因种植土层蓄水、蓄排水层蓄水及短时间积水引起的荷载变化，一般要求屋顶活荷载设计值不小于300 kg/m^2。

（4）屋顶绿化的种植土、植物选择及各类设施应按照轻质化的要求进行设计。不同屋顶绿化类型对荷载的要求详见表3-12。

表3-12　不同屋顶绿化类型对荷载的要求

序号	屋顶绿化类型	荷载要求	屋顶绿化类型特点
1	花园式屋顶绿化	≥6.5 kN/m^2	植物造景并综合配套园路、座椅、亭子、水池等园林小品
2	组合式屋顶绿化	≥4.5 kN/m^2	在屋顶承重部位进行绿化配置并放置盆栽植物
3	地被式屋顶绿化	≥2.5 kN/m^2	采用适生地被植物或攀缘植物进行屋顶覆盖

（5）屋顶绿化设计类型应根据具体项目的建筑物高度、屋面类型、坡度大小、风荷载、光照、功能要求和养护条件等因素综合确定。

（6）屋顶绿化构造层由下而上依次为：防水（阻根）层、排（蓄）水层、过滤层、种植土层、植被层、园路及小品。

（7）屋顶绿化防水（阻根）层应满足如下要求。

①花园式屋顶绿化必须采用二道防水设计，下层为普通防水层（简称防水层），上层为阻根防水层（简称阻根层）。组合式和草坪式屋顶绿化种植根系不发达的植物时，可只设计普通防水层而不设计阻根防水层。

②既有建筑物屋顶绿化设计前应对屋面做大于24 h的蓄水试验，如屋面防水层仍有效，可只增加一层耐根穿刺防水层。

屋顶花园（2）

③屋面防水层有破损、渗漏时应及时修复，并根据具体情况再设一道普通防水层，蓄水试验后再完成耐根穿刺防水层。

④不同的防水层宜采用相应的施工工艺，应按《屋面工程技术规范》（GB 50345）和《种植屋面工程技术规程》（JGJ 155）执行。

⑤应注意耐根穿刺防水层接缝的处理，其搭接宽度不小于 10 cm，并向建筑侧墙面延伸15~20 cm。

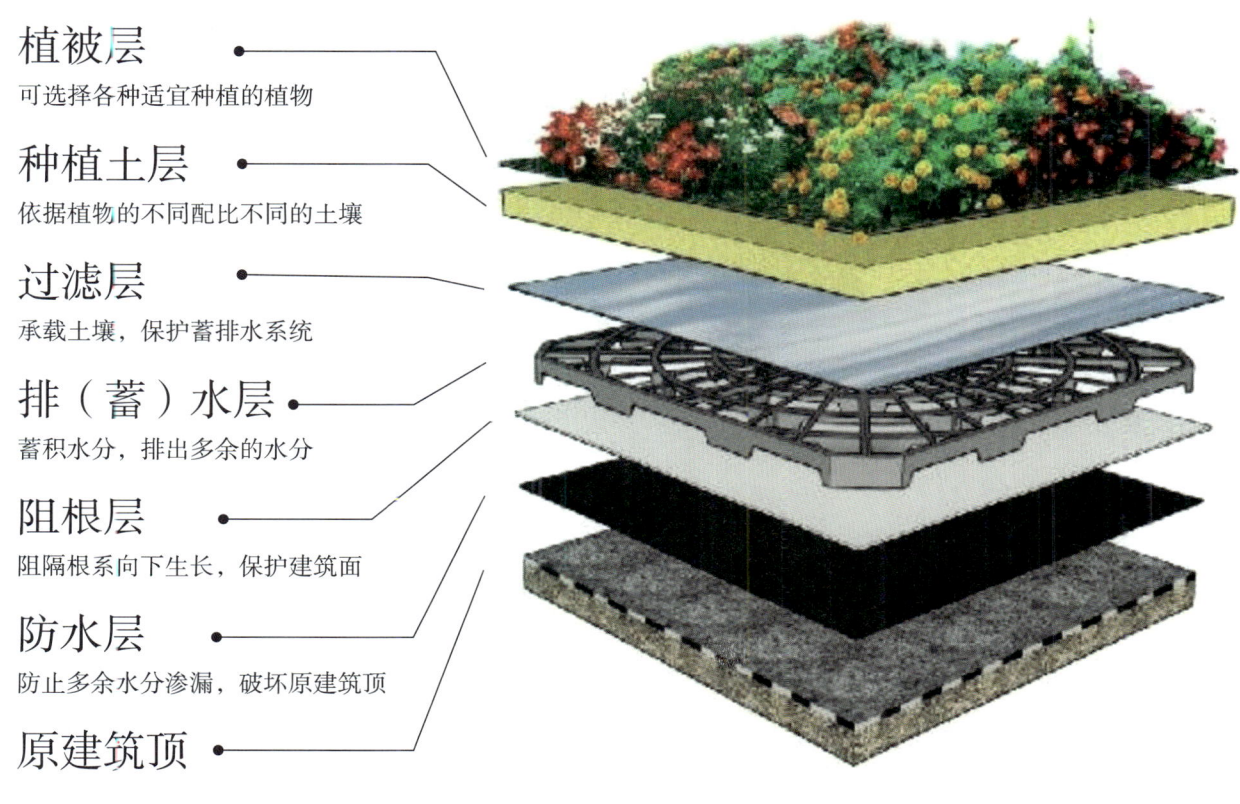

植被层
可选择各种适宜种植的植物

种植土层
依据植物的不同配比不同的土壤

过滤层
承载土壤，保护蓄排水系统

排（蓄）水层
蓄积水分，排出多余的水分

阻根层
阻隔根系向下生长，保护建筑面

防水层
防止多余水分渗漏，破坏原建筑顶

原建筑顶

屋顶结构图

（8）屋顶绿化排（蓄）水层应满足如下要求。

①屋顶绿化排（蓄）水层应与屋顶排水系统整合设计，合理组织原屋顶排水系统，种植槽或种植箱等必须根据实际情况设置排水孔。屋顶排水孔周边应采用二道过滤措施，过滤材料宜选择粗骨料或加格篦以防止堵塞，排水口应设置为观察井，严禁覆盖。

②排（蓄）水层材料可选择模块式、组合式等多种排（蓄）水板，或用颗粒直径 0.4~1.6 cm、厚度在 5 cm 以上的陶粒层等。屋面面积较大时，排（蓄）水层宜分区设置，每区不宜大于 1 m×1.2 m，且应增加集（排）水管的排水形式，组织迅速排出多余水分。

③种植区和女儿墙之间应设计宽度不大于 300 mm 的明沟，用作隔离和排水。

④种植平屋面的排水坡度不应小于 2%；天沟、檐沟排水坡度不应小于 1%。

（9）屋顶绿化过滤层应满足如下要求。

①过滤层设计应根据种植土颗粒大小，选择既能透水又能隔绝种植土、颗粒细小，且防腐的过滤材料。

②材料搭接缝的有效宽度不得小于 10 cm，并向建筑墙面延伸至基质层表层下方 5 cm 处。

（10）屋顶绿化种植土层应满足如下要求。

①种植土宜为质量轻、通透性好、持水量大、酸碱度适宜、清洁无毒的轻质混合土壤。

②种植土进行地形设计时应结合荷载要求、排水条件、景观布局和植被种植对基质厚度的要求统一考虑，在承重梁、柱部位可增加土层厚度。

③种植土层应在荷载允许范围内根据湿容重进行核算，并增加防风防倾覆措施。

④屋顶花园种植土深度：地被 15~30 cm，花卉和小灌木 30~45 cm，小乔木 60~90 cm。

（11）屋顶绿化园路及小品应满足如下要求。

①园路铺装宜选择轻型、环保、防滑的材料。园路与绿化表面高度相差较大时，宜设计轻质垫层垫高路面。

②各类小品必须准确计算其荷载，并根据建筑面层荷载情况，设置相对独立的基础，不得破坏屋面层及绿化构造层的防水层、保温层等，并宜设置在建筑墙体、承重梁柱位置，且高度不宜高于 3 m。

（12）屋顶绿化种植设计应符合现行国家标准《建筑设计防火规范》（GB 50016）的规定，大型屋顶绿化种植屋面应设置消防设施。

（13）在屋顶绿化上选用种植槽或种植箱种植时，应根据建筑、景观和结构设计要求，以及植物种类确定种植容器的形式、规格和荷重，并满足如下要求。

①设计种植槽或种植箱时，容器应轻便，易搬移，连接点稳固，便于组合。

②宜设计有组织排水；宜采用滴渗灌系统；种植容器放置在防水层时，应设置保护层。

③种植土厚度应满足植物生长的营养需求。

（14）辅助设施设计应该符合以下规定。

①屋顶四周应根据边缘情况设置防护围栏。

②屋顶绿化根据功能需求设置照明系统，并注重新型生态光源的选用。

③屋顶面水池设计应根据屋顶面积和荷载要求，确定水池的大小和容量，计算并设计水池的各项荷载，必须设置完整的进水、排水、溢水和电力等系统，并落实各项安全措施。

④避雷装置设计应符合现行国家标准《建筑物防雷设计规范》（GB 50057）的规定。

⑤屋顶绿化种植屋面应根据不同地区的风力、地震等情况和植物高度，采取植物抗风抗震固定措施。

⑥屋顶绿化应设置独立出入口、安全通道以及专门的养护通道，以便日后养护。

（15）屋顶绿化的设计可以与雨水花园相结合，缓解城市雨水压力，设置相应的雨水净化措施和收集措施，过滤净化后结合屋顶绿化设计进行利用。

（16）浇灌设计应优先选用自动喷灌、滴灌，并预留人二浇灌接口。水源或水池如接饮用自来水源的应设防污止回阀。

屋顶绿化示意图（1）

屋顶绿化示意图（2）

（四）桥体绿化

（1）桥体的绿化必须服从其交通功能，满足交通安全要求，不得对桥下行车和行人造成安全隐患，不宜采用悬挂式绿化，且不得妨碍桥体日常的维护检修。

（2）桥体的绿化必须服从整个道路的总体规划要求，充分考虑降噪、防尘、降低风速、净化空气等功能，且和整个道路的绿化风格相协调。

（3）条件适宜的桥沿绿化，在符合安全的前提下，应在桥沿全线上贯通。

（4）桥体绿化设计必须充分考虑桥梁的承重能力，既有桥梁应进行结构验算，并根据植物生长的最大体量及桥梁随时间推移其承重能力的变化来设计绿化。

（5）桥墩位于绿地内时，应在保证桥梁安全及不影响桥梁日常检测维护的前提下有条件地设置绿化，可在确保交通安全标识清晰可见的前提下，直接在周边种植爬藤植物或者藤本植物；立柱位于铺装路面上时，应环绕其基部开种植槽进行栽培，或采用贴植方式并选择低矮耐阴植物进行种植。

桥体绿化示意图

（6）桥体下方隔离带绿化可设置长条形的花坛或花槽；也可设置格栅等，种植藤本植物。

（7）桥墩处绿化灌溉管道在进行锚固固定措施设计时应注意避让原有构筑物钢筋。

（8）桥沿绿化应在设计阶段充分考虑在沿口预留种植槽或种植箱，并满足如下要求。

①种植槽或种植箱宜结合载体共同设计，种植槽或种植箱的结构强度应满足最大有效荷载条件下的施工作业要求；固定设施应能承受种植槽或种植箱的有效种植荷载；支架、连接器及其他附属物必须牢固、耐久且应定期维修保养。

②沿口预留的沟槽宽度和深度按种植槽或种植箱实际规格取值。

③种植槽或种植箱附于栏杆设置时，固定构件不应附着于栏杆扶手。

④高架道路、天桥两侧绿化宜采用对称布置；种植槽或种植箱不应占用人行通道。如必须占用人行通道的，应当按规定办理手续，并且不得占用无障碍设施；种植槽或种植箱应与无障碍设施保持0.25~0.5 m的距离，且应保证安全疏散距离。

⑤种植箱或种植槽应设有排水、透气孔；种植箱或种植槽宜选用符合有效种植荷载设计要求的、安全环保的合成材料。

⑥种植箱或种植槽应选用轻质土壤和透气基质。

⑦种植箱或种植槽设置位置应方便后期养护管理。

（9）桥沿绿化设计应设置集中排水系统，并与建（构）筑物及桥体排水系统整合设计。

（五）阳台窗台绿化

在阳台种植植物时，应当根据光照，选择适宜的植物，同时应当注意植物的层次分明、格调统一，种类不宜太多太杂。

（1）南向阳台或东向阳台光照时间长、温度高、易干燥，宜种植喜光、耐旱的观花、观果类花卉。

（2）北向的阳台宜种植耐荫或半耐荫的观花、观叶植物。

（3）西向阳台夏季西晒较严重，宜选择藤蔓植物及喜光、耐高温植物。

（4）阳台绿化所使用的花盆、花架等各种部件要严格固定，防止坠落。不能在阳台上超越安全负荷堆放过多的花木。

（5）阳台绿化植物应当及时浇水　保持土壤湿润，适时施肥。

墙体绿化示意图

（六）园区边坡、取弃土场、临时用地绿化

（1）园区边坡、取弃土场、临时用地绿化应符合相关国家标准规范，与山地防护林二程、石漠化治理、义务植树等工作充分结合。坡度＜25°的绿地应充分利用良好的绿化条件打造植被相对丰富的绿地景观，坡度≥25°的绿地应结合工程设施进行详细设计。

（2）面山绿化按照生态效益优先的要求，结合立地条件，遵循"因地制宜、能封则封、能造则造、适地适树"原则，打造兼具生态性、景观性、文化性的绿化景观。

（3）因地制宜地选择苗木，优先选择生长良好、根茎发达、耐旱瘠薄、萌生能力强、亢病虫害、抗逆性强的乡土树种。

（4）在岩石裸露、含石量大且土层薄的地段，应着重选择抓地力强、能防风固石、保持水土的适种植物。

（5）园区边坡、取弃土场、临时用地绿化应与各类地质灾害防护工作统筹考虑。

第四章　植物选择

一、选择原则

昆明经开区作为云南省最大的新型工业化基地、招商引资和对外贸易的重要平台、推动城市化进程的重要力量和体制机制创新的试验示范区，树种规划应结合《昆明经开区（自贸试验区昆明片区）绿地系统规划（2021—2035年）》中的绿地景观特色规划内容，巧妙且合理地选用与自身园区发展特色相匹配的植物品种，以形成具有区域特征的特色产业园区植物景观风貌。

1."适地适树"原则

因产业园区多处于城市边缘，应尽可能选择适应能力强、抗逆性强的乡土树种，构建有地域特点的植物景观。乡土树种具有对土壤、气候适应性强，易于栽培繁殖和具有浓郁地方特色等优点，应作为城市绿化的主要树种。

昆明当地乡土树种主要为滇朴、清香木、四照花、滇润楠、球花石楠、云南樱花、冬樱花等，在选择树种时，应以当地树种为首选，突出地方特色，并筛选抗逆性强的树种。另外，还应重视树种对昆明经开区特色形象的塑造作用，充分体现产业园区的景观特色。

2.季相变化特征原则，体现园林植物景观的时序性

昆明四季如春，气候变化特征不明显，应选择能体现季相变化的色叶开花植物，通过色彩变化体现产业园区的季相变化特征和植物景观演替。

3.植物适配原则，体现产业园区用地植物功能属性

应根据用地性质和功能需求，选择相应适配的植物品种。例如，工业附属绿地、道路防护绿地可选择既满足城市对卫生、隔离、安全的要求，又兼顾景观效果的树种。

4.绿视率最大化原则

乔木尽量选择冠大荫浓的常绿树种，植物配置注重多层搭配混植，在有限的绿地空间尽可能提高绿视率，彰显绿色生态园区风貌。

5.生态效益优先原则

产业园区绿化树种选择要优先考虑生态效益，宜多考虑具有隔音降尘、吸附尾气等功效的园林树种。同时还应将近期与远期结合、速生植物与慢生植物相结合，通过合理的统筹安排，充分发挥园林植物的生态效益。

6.树种多样性原则

现代城市绿化树种应当多样化，提倡"绿化、美化、香化、彩化"，从而使城市生态内容丰富、环境优美，创造出充满生机的城市空间。树种多样性是群落多样性、物种多样性、基因多样性、景观多样性的基础，因此，在适地适树的前提下，要尽量使用多种植物进行栽培，将乔、灌、藤、草本植

物综合应用，使其比例协调、空间组合合理、形态色彩搭配错落有致，促进生态系统的稳定性。

二、植物品种选择

结合昆明经开区园林绿化建设目标及园林绿地全面提升等有关要求，植物选择以《昆明城市园林植物推荐名录（2016年修订）》及《昆明地区园林绿化植物推荐应用手册》为主要参考依据，同时根据昆明市园林绿化局发布的昆明乡土苗木的研发应用和昆明绿化苗木产业发展情况内容结合市场苗源进行选择。

（一）基调树种

基调树种是指能充分表现当地植被特点、反映城市特色、适应性强、适应范围广、栽培管理简便，能作为城市景观重要标志的树种。其选择要能体现昆明地域特色，形成城市绿化的基调和背景，具有适用面广、效益大、生长良好、抗性强、景观价值高的特点。

昆明经开区基调树种的选择应以《昆明市绿地系统规划（2021—2035年）》及《昆明经开区（自贸试验区昆明片区）绿地系统规划（2021—2035年）》树种规划中明确的基调树种为依据。选择云南樟、香樟、球花石楠、滇润楠、滇朴、冬樱花、云南樱花、白玉兰、枫香、复羽叶栾树作为昆明经开区基调树种。

（二）骨干树种

骨干树种是指在对城市影响最大的道路、广场、公园的中心点、边界等地应用的孤赏树、绿荫树及观花树木。骨干树种的选择标准为既能表现城市景观绿地特色，又能满足绿地功能要求。针对不同功能类型的绿地，应选用具有不同使用价值和景观价值的树种，使这些树种在不同的园林类型中起骨干作用。

根据绿地的不同类型，在不排除基调树种的同时选择云南樟、香樟、桂花、头状四照花、清香木、球花石楠、石楠、滇润楠、广玉兰、云南拟单性木兰、肋果茶、白玉兰、鹅掌楸、云南樱花、冬樱花、垂丝海棠、紫叶李、紫薇、黄连木、枫香、川滇无患子、乌桕、复羽叶栾树、滇楸、水杉等植物作为骨干树种。

（三）一般树种

（1）针叶树种：云南松、雪松、云南油杉、柳杉、落羽杉、中山杉、圆柏等。

（2）常绿阔叶树种：山玉兰、多花含笑、毛果含笑、深山含笑、香叶树、厚皮香、云南山茶、长梗润楠、银木荷、枇杷、牛筋木、石栎、清香木、头状四照花、杨梅等。

（3）落叶阔叶树种：银杏、鹅掌楸、紫叶李、石榴、云南梧桐、青桐、碧桃、梅花、日本晚樱、垂丝海棠、云南紫荆、滇合欢、悬铃木、垂柳、蓝花楹、无患子、三角枫、鸡爪槭、红枫、黄连木、

滇楸、滇杨、梓树等。

（4）防护树种：银桦、旱冬瓜、板栗、核桃、香椿、麻栎、夹竹桃、滇石栎、滇青冈、银荆树、黑荆树、油桐等。

（5）棕榈树种：加拿利海枣、华盛顿椰子、棕榈等。

（6）竹类树种：凤尾竹、小琴丝竹、孝顺竹、慈竹、紫竹、金竹、筇竹等。

（7）灌木树种：迷迭香、薰衣草、枸骨、龟甲冬青、夏鹃、毛叶杜鹃、锦绣杜鹃、板凳果、黄杨、小叶黄杨、红花檵木、鸭嘴花、云南含笑、尖叶木樨榄、金森女贞、小叶女贞、云南黄素馨、火棘、月季、红叶石楠、西南栒子、华东茶、茶梅、金丝桃、八角金盘、南天竹、十大功劳、棕竹、木芙蓉、木槿、皱皮木瓜、欧洲荚蒾等。

（8）草本植物：禾叶山麦冬、丝兰、萱草、沿阶草、花叶芦竹、紫花地丁、黄冠菊、大花美人蕉、旱伞草、葱兰、韭兰、金边龙舌兰、紫娇花、马蹄莲、德国鸢尾、鸢尾、黄菖蒲、大花酢浆草、百子莲、花菖蒲、再力花、梭鱼草、纸莎草、水葱等。

（9）藤本植物：蔓长春花、常春油麻藤、五叶地锦、香水月季、厚萼凌霄、紫藤、爬山虎、木香、野蔷薇等。

（四）针对性树种

产业园区多为工业、物流用地，可针对性选择抗逆性强、净化能力强的植物，推荐树种有：香樟、复羽叶栾树、银杏、合欢、枫杨、悬铃木、鹅掌楸、国槐、臭椿、滇杨、垂柳、旱柳、杜梨、君迁子、白皮松、胡桃、泡桐、柿树、连翘、云杉、山楂、紫薇、紫荆、木槿、夹竹桃、五叶地锦、地锦、雀舌黄杨等。它们既可以满足防尘、隔离、安全的要求，同时又兼顾景观效果。

三、品相选择

植物品相选择根据昆明市地方规范《园林绿化工程施工规范》（DB5301/T 22）中苗木质量内容选择进行明确。

（一）选择原则

（1）苗木按培养方法分为实生苗、嫁接苗；按进场苗木来源分为容器苗（围砖苗、控根容器苗、袋苗）、移植苗（又称移栽苗、假植苗）、地苗（大田苗）；按苗木修剪程度分为全冠苗、骨架苗、截干苗。应杜绝使用截干苗，种植成活难度较大的品种可选择三级以上骨架苗，一般应使用全冠苗。

（2）所有苗木必须健壮、新鲜、无病虫害，无缺乏矿物质症状，生长旺盛而不老化，树皮无人为损伤或虫眼。

（3）所有苗木的冠型应生长茂盛、分枝均衡、整冠饱满，能充分体现个体的自然景观美；景观孤植树讲究树形优美、造型奇特、冠圆耐看等特点。

（4）严格按设计规格选苗，苗龄立为青壮期，花灌木尽量选用袋苗、盆苗，地苗尽量用假植苗。应保证移植根系良好并带好土球，包装结实牢靠。

（二）树形选择

1. 乔木

乔木选择如表 4-1 所示。

表 4-1　乔木选择

种植地点	质量要求			
	树干	树冠	根系	病虫害
主要干道、广场	主干挺直、定干定型或按设计特殊要求	树叶茂密、层次清晰、冠形匀称	根系发育良好	无病虫害
次要干道	主干不应有明显弯曲、无断头或按设计特殊要求	冠形匀称无明显损伤	根系发育良好	无病虫害
林地	主干弯曲不超过一次或按设计特殊要求	冠形无严重损伤	根系发育良好	无病虫害

2. 花灌木

花灌木选择如表 4-2 所示。

表 4-2　花灌木选择

植株类型	质量要求
自然式	根系发达，生长苗壮，灌丛匀称，植株姿态自然优美；丛生型灌木的主枝条不少于 4 根，且生长均匀无明显病虫害；有主干的灌木应主干挺直明显
整形式	冠形宜规则，根系发达，土壤符合要求，无明显病虫害

3. 藤本

藤本选择如表 4-3 所示。

表 4-3　藤本选择

植株类型	质量要求
高 0.5 m 以上	枝干具有攀缘性，根系发达，生长健壮，无病虫害

（三）植物品相要求

可接受

苗木需具备以下特性：

①枝叶茂密；

②树冠形态完整；

③树叶完全展开

乔木（可接受）

不可接受

　苗木尺寸及特性不符

以至于无法立即营造所要

求的景观效果

乔木（不可接受）

可接受

苗木需具备以下特性：

①枝叶茂密；

②树冠形态完整；

③树叶完全展开

灌木（可接受）

不可接受

苗木具有徒长枝以及感染病虫害的叶子

灌木（不可接受）

可接受

地被株型饱满健壮，枝叶茂盛。

草坪平整，无病虫害

地被及草坪（可接受）

不可接受

地被因病害、虫害而枯黄，且出现脱水、长势不良的现象。

草坪平整度差，病虫害严重，脱水枯黄

地被及草坪（不可接受）

第五章 各区域植物景观风格特色塑造

根据《昆明经开区（自贸试验区昆明片区）绿地系统规划（2021—2035年）》中明确的总体景观系统规划、商住区特色景观规划、产业区特色景观规划、老旧小区特色景观规划，我们借助景观风格、植物配置形式、植物景观风貌、特色主题植物等元素，塑造出各个区域植物景观形象，旨在打造出具有区域特色的产业园区植物景观风貌。

一、产业园区总体植物景观风貌

昆明经开区总体形成"一屏两带，三核五轴多节点"的绿地系统结构，构筑蓝绿交织的开敞空间系统，实现地理山水本底、多层级生态格局与城乡生活空间的有机融合。植物景观风貌以基调树种作为植物基底，强调绿廊、绿道及核心区域绿地景观的特色性，构建现代化的园区门户形象。

绿化建设细部（2）

二、商住区植物特色景观

规划商住区内以果林水库、尖山为核心形成生态水绿网，构建"双环"（无忧学道环和生态野趣环）和"双廊"（历史文化廊和科技文化廊）的特色带状景观。

（一）无忧学道环

无忧学道环缝合居住组团，串联学校、邻里公园和邻里中心，景观设计应从城市友好空间角度进行人性化设计，植物景观设计从舒适度、趣味性、多彩等角度进行考虑。舒适度可考虑植物的遮荫、视线通透等因素；趣味性可考虑开敞草坪活动空间、易辨识特色性科普植物（如马褂木、银杏、枫香等）、智慧植物系统等；多彩主要指从色彩缤纷的植物景观中营造轻松愉悦的现代友好型园区氛围。

（二）生态野趣环

规划结合果林水库、尖山、观山公园、周山公园、马料河等滨水空间及公园绿地，打造一条生态水绿环。滨水空间植物景观应强调植物滨水特色性，以开花植物为特色，成为展现"花都春城"的靓丽花带，特色植物可选用云南樱花、日本樱花、垂丝海棠、白玉兰、滇合欢、蓝花楹、紫薇、冬樱花。山体公园绿地植物景观应强调山的色彩层次特色性，以"绿"为主，以"色"为辅，突出区域地带性植物群落及林相、季相特色，从而成为城市天然调色板。色叶特色植物可选用枫香、三角枫、元宝枫、无患子、黄连木、鹅掌楸、复羽叶栾树等。

绿化建设细部（3）

（三）历史文化廊

昆明经开区作为新兴的产业新城，并无悠久的历史沿革，但它通过历史文化廊串联茶文化公园、人才公园、曲艺公园等新型文化节点空间，打造出了新兴的人文科技文化景区。历史文化廊的植物应配合文化主题选用具有针对性的主题特色植物，以营造清新、淡雅的现代人文植物景观氛围。

安流桥

（四）科技文化廊

科技文化廊沿线串联春漫公园和大冲公园，对接以牛鸣、羊甫、信息产业基地为主的产业区。林溪路一侧绿带景观设计，充分展示了科技特色。植物景观采用纯净式景观风格，选用树形高大、整齐划一且具有整体形象标识性的植物，营造出了"绿色、科技、简洁"的现代化科技景观特色氛围。

三、工业园区植物特色景观

工业园区植物特色景观如表 5-1 所示。

表 5-1　工业园区植物特色景观

序号	类别	西部园区	南部园区	北部园区
1	景观风格	现代城市景观风格，体现"优雅、简洁、人文"的多尺度弹性绿色园区	纯净式景观风格，体现"绿色、协调、统一"的可持续绿美生态园区	自然式景观风格，体现"生态、彩色、多样"的多维度自然通达园区
2	植配形式	"乔木+地被"的规则式配置	"乔木+灌木+地被"的复层配置	多层复合式配置
3	植物特色	以春、夏开花植物为特色	以常绿植物为主	以色叶植物为特色
4	主要特色植物	清香木、黄连木、桂花、云南樱花、日本樱花、垂丝海棠、紫叶李、红枫、玉兰、蓝花楹、滇合欢、栾树	大叶樟、香樟、球花石楠、深山含笑、四照花、肋果茶	滇朴、黄连木、枫香、复羽叶栾树、无患子、三角枫、喜树

四、老旧小区植物特色景观

老旧小区植物特色景观应结合老旧小区改造和居住区微改造，通过"拆迁建绿""拆墙透绿""破硬增绿""立体绿化"等多种形式，打造多样化、高品质的绿化，从而有效提升老旧小区绿视率，同时通过居住环境品质的提升来增强居民幸福感、归属感。

第六章　植物设计一般要求

昆明经开区园林绿化植物设计的一般要求主要以国家行业标准、设计规范以及昆明市地方规范为参考依据。

一、植物与架空电力线路导线最小垂直间距

植物与架空电力线路导线最小垂直间距（考虑树木自然生长高度）应符合表 6-1 规定。

表 6-1　植物与架空电力线路导线最小垂直间距

线路电压 /kV	< 1	1~10	35~110	220	330	500	750	1000
最小垂直距离 /m	1.0	1.5	3.0	3.5	4.5	7.0	8.5	16.0

二、植物与建（构）筑物最小间距

植物与建（构）筑物最小间距如表 6-2 所示。

表 6-2　植物与建（构）筑物最小间距

建筑物、构筑物名称		最小间距 /m	
		至乔木主干	至灌木主干
建筑物外墙	有窗	3.0 ~ 5.0	1.5
	无窗	2.0	1.5
挡土墙顶或墙角		2.0	0.5
高 2 m 及 2 m 以上围墙		2.0	1.0
标准轨距铁路中心线		5.0	3.5
窄轨距铁路中心线		3.0	2.0
道路路面边缘		0.75	0.5
人行道边缘		0.75	0.5

表 6-2 中，间距除注明者外，建筑物、构筑物自最外边轴线算起；城市型道路自路面边缘算起，公路型道路自路肩边缘算起；管线自管壁或防护设施外缘算起；电缆按最外一根算起；树木至建筑物外墙（有窗时）的距离，当树冠直径小于 5 m 时采用 3 m，大于 5 m 时采用 5 m；树木至铁路、道路弯道内侧的间距应满足视距要求。

三、地下管线与植物的最小间距

地下管线不宜横穿公共绿地和庭院绿地，其与植物的最小间距应符合表 6-3 规定。

表 6-3　地下管线与植物的最小间距

建筑物、构筑物及地下管线名称	最小间距 /m	
	至乔木中心	至灌木中心
排水明沟边缘	1.0	0.5
给水管	1.5	1.5
排水管	1.5	1.5
热力管	2.0	2.0
煤气管	1.2	1.2
氧气管、乙炔管、压缩空气管	1.5	1.0
石油管、天然气管、液化石油气管	2.0	1.5
电缆	1.0	1.0

四、植物种植土层厚度及基质配比厚度

植物生长所必需的最低种植土层厚度及基质配比厚度应符合表 6-4 规定。

表 6-4　植物种植土层厚度及基质配比厚度

序号	植被类型	土层厚度 /cm	基质配比厚度 /cm
1	草本花卉	30	15
2	草坪	30	15
3	地被	30 ~ 50	30
4	小灌木	50 ~ 60	30
5	大灌木	80 ~ 90	50
6	乔木	≥ 120	80 ~ 100

第二部分 昆明经开区优选园林植物推荐

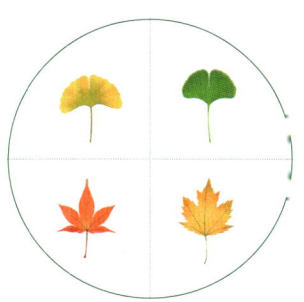

第一章　乔木植物

一、银杏科

1. 银杏 *Ginkgo biloba*

植物名：银杏	学　名：*Ginkgo biloba*
别　名：白果、公孙树、鸭脚子、鸭掌树	科　属：银杏科银杏属

产地分布：银杏为中生代孑遗的稀有树种，中国特产，仅浙江天目山有野生状态的树木；云南各地公园、学校、道路等均有栽培。

形态特征：落叶乔木，高可达 40 米；幼树树皮浅纵裂，大树树皮呈灰褐色，深纵裂，粗糙；叶扇形，有长柄，淡绿色，无毛，有多数叉状并列细脉，顶端宽 5~8 厘米；在短枝上常具有波状缺刻，在长枝上常 2 裂，基部呈宽楔形，叶在一年生长枝上螺旋状散生，在短枝上 3~8 枚叶呈簇生状，秋季落叶前变为黄色；种子具长梗，下垂，常为椭圆形、长倒卵形、卵圆形或近似圆球形；外种皮肉质，熟时呈黄色或橙黄色，外被白粉，有臭味；花期 3~4 月，种子 9~10 月成熟。

基本属性	光照性：强	生长速度：慢
	生物习性：落叶	根系特点：深根
	观赏特性：观叶	观赏期：3~12 月，其中 10~12 月叶片为黄色

园林应用：庭荫树、园景树，适种于学校、居住区、公园、厂区等，建议种植雄株。

二、松科

2. 雪松 *Cedrus deodara*

植物名：雪松
别　名：塔松、香柏、宝塔松

学　名：*Cedrus deodara*
科　属：松科雪松属

产地分布：分布于阿富汗至印度　海拔 1300~3300 米地带；中国云南昆明、曲靖、昭通等多地学校、公园已广泛栽培作庭院树。

形态特征：常绿乔木，高可达 50 米；树皮深灰色，裂成不规则的鳞状片；枝平展、微斜展或微下垂，基部宿存芽鳞向外反曲，小枝常下垂；叶呈针形，淡绿色或深绿色，叶在长枝上辐射伸展，短枝之叶成簇生状（每年生出新叶 15~20 枚）；球果成熟前呈淡绿色，微有白粉，熟时呈红褐色，形状为卵圆形或宽椭圆形；雌雄同株，花单生于支顶，花期 10~11 月。

基本属性	光照性：中	生长速度：慢
	生物习性：常绿	根系特点：浅根
	观赏特性：全株	观赏期：全年

园林应用：庭荫树、园景树、防护树，适种于学校、居住区、公园、厂区、防护林等。

3. 华山松 *Pinus armandi*

植物名：华山松	学 名：*Pinus armandi*
别 名：白松、五须松、果松、青松、五叶松	科 属：松科松属

产地分布：中国特有种，产于山西南部中条山、河南西南部及嵩山、陕西南部秦岭、甘肃南部、四川、湖北西部、贵州中部及西北部、云南及西藏雅鲁藏布江下游海拔1000~3300米地带。昆明世博园、金殿、植物园等均有栽培。

形态特征：常绿乔木，高可达35米；幼树树皮呈灰绿色或淡灰色，平滑，老时则呈灰色，裂成方形或长方形厚块片固着于树干上或脱落；枝条平展，形成圆锥形或柱状塔形树冠；一年生枝呈绿色或灰绿色（干燥后呈褐色），无毛，微被白粉；针叶5针一束，少数情况下6~7针一束，长8~15厘米，叶鞘早落；雄球花呈黄色，卵状圆柱形；球果圆锥状长卵圆形，幼时呈绿色，成熟时呈黄色或褐黄色；鳞盾近斜方形或宽三角状斜方形，不具纵脊，先端钝圆或微尖，不反曲或微反曲，鳞脐不明显；种子呈黄褐色、暗褐色或黑色，可食用；花期4~5月，球果第二年9~10月成熟。

基本属性	光照性：强	生长速度：慢
	生物习性：常绿	根系特点：深根
	观赏特性：全株	观赏期：全年

园林应用：庭荫树、园景树、防护树，适种于学校、居住区、公园、厂区、防护林等。

4. 云南松 *Pinus yunnanensis*

植物名：云南松	学　名：*Pinus yunnanensis*
别　名：青松、飞松、长毛松	科　属：松科松属

产地分布：云南松原产于中国，分布于云南、西藏、四川、贵州、广西等地；昆明植物园、世博园等公园内均有种植。

形态特征：常绿乔木，高可达30米；树皮呈褐灰色，深纵裂，裂片厚或裂成不规则的鳞状块片；枝开展，稍下垂；冬芽圆锥状卵圆形，粗大，红褐色，无树脂，芽鳞披针形，先端渐尖，散开或部分反曲，边缘有白色丝状毛齿；针叶通常3针一束，少数情况下2针一束，常在枝上宿存3年；先端尖，横切面呈扇状三角形或半圆形；叶鞘宿存；雄球花圆柱状，生于新枝下部的苞腋内，聚集成穗状；球果圆锥状卵圆形，有短梗，鳞盾通常肥厚、隆起，偶尔反曲，有横脊，鳞脐微凹或微隆起，有短刺；种子呈褐色，其形状呈卵圆形或倒卵形；花期4~5月，果期翌年10月。

基本属性	光照性：强	生长速度：慢
	生物习性：常绿	根系特点：深根
	观赏特性：全株	观赏期：全年

园林应用：庭荫树、园景树、防护林，适种于学校、居住区、公园、厂区、防护林等。

5. 云南油杉 *Keteleeria evelyniana*

植物名：云南油杉	学　名：*Keteleeria evelyniana*
别　名：杉松、云南杉松	科　属：松科油杉属

产地分布：产自中国云南、贵州西部及西南部、四川西南部安宁河流域至西部大渡河流域海拔 700~2600 米的地带，常混生于云南松林中或组成小片纯林，亦有人工林；安宁龙山等地有大片纯林，石安公路等将其用作绿化带大树。

形态特征：常绿乔木，高可达 40 米；树皮粗糙，呈暗灰褐色，不规则深纵裂，成块状脱落；枝条较粗，开展；一年生枝干枯后呈粉红色或淡褐红色，通常有毛，二、三年生枝无毛，呈灰褐色、黄褐色或褐色，枝皮裂成薄片；叶条形，在侧枝上排列成 2 列，先端通常有微凸起的钝尖头（幼树或萌生枝之叶有微急尖的刺状长尖头），基部呈楔形，渐窄成短叶柄，上面光绿色，中脉两侧通常每边有 2~10 条气孔线，少数情况下无气孔线，下面沿中脉两侧每边有 14~19 条气孔线；球果呈圆柱形，中部的种鳞呈卵状斜方形或斜方状卵形，上部向外反曲，边缘有明显的细小缺齿，鳞背露出部分有毛或几乎无毛；花期 4~5 月，种子 10 月成熟。

基本属性	光照性：强	生长速度：慢
	生物习性：常绿	根系特点：深根
	观赏特性：全株	观赏期：全年

园林应用：庭荫树、园景树，适种于学校、居住区、公园、厂区等。

6. 云杉 *Picea asperata*

植物名：云杉	学　名：*Picea asperata*
别　名：大果云杉、粗皮云杉、大云杉、虫松	科　属：松科云杉属

产地分布：产于中国陕西西南部、甘肃东部及白龙江流域、洮河流域、四川岷江流域上游及大小金川流域，海拔2400~3600 米地带，常与紫果云杉、岷江冷杉、紫果冷杉混生，或成纯林；昆明植物园、世博园、翠湖等公园内均有种植。

形态特征：常绿乔木，高可达 40 米；树皮呈淡灰褐色，裂成稍厚的不规则鳞状块片脱落；小枝疏生或密被短毛，一年生枝呈淡褐黄、褐黄或淡红褐色，一枕有白粉，基部宿存芽鳞反曲，冬芽呈圆锥形，有树脂；主枝之叶辐射伸展，侧枝上面之叶向上伸展，下面及两侧之叶向上方弯伸，四棱状条形，微弯曲，先端微尖或急尖，横切面四棱形，四面有气孔线，上面每边 4~8 条，下面每边 4~6 条；球果呈圆柱状矩圆形或圆柱形，上端渐窄，成熟前呈绿色，熟时呈淡褐色或栗褐色；种子呈倒卵圆形；花期 4~5 月，球果 9~10 月成熟。

基本属性	光照性：中 生物习性：常绿 观赏特性：全株	生长速度：慢 根系特点：浅根 观赏期：全年

园林应用：庭荫树、园景树，适种于学校、公园等。

三、杉科

7. 水杉 *Metasequoia glyptostroboides*

植物名：水杉	学　名：*Metasequoia glyptostroboides*
别　名：水椤	科　属：杉科水杉属

产地分布：原产地为四川石柱县及湖北利川县，昆明地区广泛栽培。

形态特征：落叶乔木，高可达 35 米；树干基部常膨大；树皮呈灰色、灰褐色或暗灰色，幼树裂成薄片脱落，大树裂成长条状脱落，内皮呈淡紫褐色；枝斜展，小枝下垂，幼树树冠尖塔形，老树树冠广圆形，枝叶稀疏；一年生枝光滑无毛，幼时呈绿色，后渐变成淡褐色，二、三年生枝呈淡褐灰色或褐灰色；侧生小枝排成羽状，长 4~15 厘米，冬季凋落；叶呈条形，上面呈淡绿色，下面颜色较淡，沿中脉有两条较边带稍宽的淡黄色气孔带，每带有 4~8 条气孔线，叶在侧生小枝上列成 2 列，羽状，冬季与枝一同脱落；球果下垂，近似四棱状球形或矩圆状球形，成熟前呈绿色，熟时呈深褐色，其上有交对生的条形叶；种鳞木质，呈盾形，通常 11~12 对，交叉对生，鳞顶呈扁菱形，中央有一条横槽，基部呈楔形，高 7~9 毫米，能育种 5~9 粒种子；花期 2 月下旬，球果 11 月成熟。

基本属性	光照性：强	生长速度：快
	生物习性：落叶	根系特点：深根
	观赏特性：观叶	观赏期：10 月至次年 1 月

园林应用：庭荫树、园景树，适种于学校、居住区、公园、厂区、沼泽地区及水湿地等。

8. 池杉 *Taxodium distichum* var. *imbricatum*

植物名：池杉	学　名：*Taxodium distichum* var. *imbricatum*
别　名：池柏、沼落羽松	科　属：杉科落羽杉属

产地分布：原产自北美东南部，中国江苏南京、南通和浙江杭州、河南鸡公山、湖北武汉等地有栽培；昆明地区广泛栽培。

形态特征：落叶乔木，高可达 25 米；枝干基部膨大，通常有屈膝状的呼吸根（低湿地生长尤为显著）；树皮呈褐色，纵裂，成长条片脱落；枝条向上伸展，树冠较窄，呈尖塔形；当年生小枝呈绿色，细长，通常微向下弯垂，二年生小枝呈褐红色；叶钻形，微内曲，在枝上螺旋状伸展，上部微向外伸展或接近直展，下部通常贴近小枝，基部下延，长 4~10 毫米，基部宽约 1 毫米，向上渐窄，先端有渐尖的锐尖头，下面有棱脊，上面中脉微隆起，每边有 2~4 条气孔线；球果呈圆球形或矩圆状球形，有短梗，向下斜垂，熟时呈褐黄色；种鳞木质，呈盾形；花期 3~4 月，球果 10 月成熟。

基本属性	光照性：强	生长速度：快
	生物习性：落叶	根系特点：深根
	观赏特性：观叶	观赏期：10 月至次年 1 月

园林应用：庭荫树、园景树，适种于学校、居住区、公园、厂区、沼泽地区及水湿地等。

9. 中山杉 *Taxodium 'Zhongshanshan'*

植物名：中山杉	学　名：*Taxodium 'Zhongshanshan'*
别　名：无	科　属：杉科落羽杉属

产地分布：中山杉主要分布于中国江苏、浙江、安徽、云南和重庆等地；昆明地区滇池周边广泛栽培。

形态特征：落叶乔木，高可达 25 米；树皮为长条片状脱落，棕色；枝条呈水平开展；树冠以圆锥形和伞状卵形为主，枝叶非常茂密，树干挺拔、通直，主干明显，中上部易出现分叉现象，通常会形成扫帚状；树叶呈条形，互相伴生；叶子较小，长度一般在 0.6~1 厘米，呈螺旋状散生于小枝上；花期 3 月，果实 10~11 月成熟。

基本属性	光照性：中	生长速度：快
	生物习性：落叶	根系特点：深根
	观赏特性：观叶	观赏期：10 月至次年 1 月

园林应用：庭荫树、园景树，适种于学校、居住区、公园、厂区、沼泽地区及水湿地等。

四、柏科

10. 干香柏 *Cupressus duclouxiana*

植物名：干香柏	学　名：*Cupressus duclouxiana*
别　名：冲天柏、干柏杉、云南柏	科　属：柏科柏木属

产地分布：产自中国云南中部、西北部及四川西南部海拔1400~3300米地带；散生于干热或干燥山坡之林中，或成小面积纯林（如丽江雪山等地）。

形态特征：常绿乔木，高可达25米；树干端直，树皮呈灰褐色，裂成长条片脱落；枝条密集，树冠接近圆形或广圆形；小枝不排成平面，不下垂，一年生枝四棱形，呈绿色，二年生枝上部稍弯，向二斜展，接近圆形，呈褐紫色；鳞叶密生，近斜方形，先端微钝，有时稍尖，背面有纵脊及腺槽，呈蓝绿色，微被蜡质白粉，无明显的腺点；雄球花接近球形或椭圆形，球果呈圆球形。

基本属性	光照性：强	生长速度：慢
	生物习性：常绿	根系特点：深根
	观赏特性：全株	观赏期：全年

园林应用：庭荫树、园景树、防护林，适种于学校、居住区、公园、厂区、防护林等。

11. 柏木 *Cupressus funebris*

植物名：柏木
别　名：垂丝柏、柏木树、柏树
学　名：*Cupressus funebris*
科　属：柏科柏木属

产地分布：分布很广，产于中国浙江、福建、江西、湖南、湖北西部、四川北部及西部大相岭以东、贵州东部及中部、广东北部、广西北部、云南东南部及中部等地；以四川、湖北西部、贵州栽培最多，生长旺盛；江苏南京等地有栽培；柏木在云南中部分布于海拔 2000 米以下，均长成大乔木。

形态特征：常绿乔木，高可达 35 米；树皮呈淡褐灰色，裂成窄长条片；小枝细长下垂，生鳞叶的小枝扁，排成一平面，两面同形，呈绿色，宽约 1 毫米；较老的小枝圆柱形，呈暗褐紫色，略有光泽；鳞叶为二型，先端锐尖，中央之叶的背部有条状腺点，两侧的叶对折，背部有棱脊；雄球花呈椭圆形或卵圆形，球果呈圆球形，熟时呈暗褐色；花期 3~5 月，种子第二年 5~6 月成熟。

基本属性	光照性：强	生长速度：慢
	生物习性：常绿	根系特点：深根
	观赏特性：全株	观赏期：全年

园林应用：庭荫树、园景树、防护树，适种于学校、居住区、公园、厂区、防护林等。

12. 翠柏 *Calocedrus macrolepis*

植物名：翠柏	学　名：*Calocedrus macrolepis*
别　名：长柄翠柏、大鳞肖楠	科　属：柏科翠柏属

产地分布：产于中国云南昆明、易门、龙陵、禄丰、石屏、元江、墨江、思茅、景洪等地海拔 1000~2000 米地带；贵州、广西、广东及海南亦有散生林木。

形态特征：常绿乔木，高可达 35 米，胸径 1.2 米；树皮呈红褐色、灰褐或褐灰色；鳞叶枝上约鳞叶节上下几乎等宽，中央之叶较两侧之叶宽，先端急尖，两侧之叶的先端微急尖或渐尖，鳞叶长 1.5~8 毫米；球果长 1~2 厘米，熟时呈红褐色，着生球果约小枝呈四棱状柱形或圆柱形，长 0.3~1.7 厘米；种子呈卵圆形或椭圆形，长约 6 毫米，微扁，呈暗褐色，长翅连同种子几乎与种鳞等长；花期 3~4 月，果期 3~10 月。

基本属性	光照性：强		生长速度：慢
	生物习性：常绿		根系特点：浅根
	观赏特性：全株		观赏期：全年

园林应用：庭荫树、园景树、防护树，适种于学校、居住区、公园、厂区、防护林等。

13. 福建柏 *Fokienia hodginsii*

植物名：福建柏	学　名：*Fokienia hodginsii*
别　名：滇柏、建柏、广柏	科　属：柏科福建柏属

产地分布： 产自中国浙江南部、福建、广东北部、江西、湖南南部、贵州、广西、四川及云南东南部及中部安宁等地；在福建分布于海拔 100~700 米地带，在贵州、湖南、广东及广西分布于海拔 1000 米上下地带，在云南地区分布于海拔 800~1800 米地带；均生于温暖湿润的山地森林中，数量不多；越南北部亦有分布；模式标本采自福建福州。

形态特征： 常绿乔木，高可达 17 米；树皮呈紫褐色，平滑；生鳞叶的小枝扁平，排成一平面，二、三年生枝呈褐色，光滑，圆柱形；鳞叶两对交叉对生，成节状，背侧面具有一凹陷的白色气孔带；生于成龄树上之叶较小，两侧之叶长 2~7 毫米，先端稍内曲，急尖或微钝，常较中央的叶稍长或几乎等长；雄球花接近球形，球果接近球形，熟时呈褐色；种鳞顶部为多角形，表面皱缩稍凹陷，中间有一小尖头突起；种子顶端尖，具有 3~4 条棱，长约 4 毫米，上部有 2 个大小不等的翅；花期 3~4 月，种子翌年 10~11 月成熟。

基本属性	光照性：强	生长速度：慢
	生物习性：常绿	根系特点：深根
	观赏特性：全株	观赏期：全年

园林应用： 庭荫树、园景树、防护树，适种于学校、居住区、公园、厂区、防护林等。

14. 侧柏 *Platycladus orientalis*

植物名: 侧柏	学　名: *Platycladus orientalis*
别　名: 黄柏、香柏、扁柏	科　属: 柏科侧柏属

产地分布: 产自中国内蒙古南部、吉林、辽宁、河北、山西、山东、江苏、浙江、福建、安徽、江西、河南、陕西、甘肃、四川、云南、贵州、湖北、湖南、广东北部及广西北部等地; 在云南中部及西北部分布于海拔3300米上下。

形态特征: 常绿乔木, 高可达20米; 树支薄, 呈浅灰褐色, 纵裂成条片; 枝条向上伸展或斜展, 幼树树冠呈卵状尖塔形, 老树树冠则为广圆形; 生鳞叶的小枝细, 向上直展或斜展, 扁平, 排成一平面; 叶鳞形, 先端微钝, 小枝中央的叶的露出部分呈倒卵状菱形或斜方形, 背面中间有条状腺槽, 两侧的叶船形, 先端微内曲, 背部有钝脊, 尖头的下方有腺点; 雄球花呈黄色, 卵圆形, 雌球花接近球形, 呈蓝绿色, 被白粉; 球果接近卵圆形, 长1.5~2.5厘米, 成熟前接近肉质, 呈蓝绿色, 被白粉, 成熟后木质, 开裂, 呈红褐色; 花期3~4月, 球果10月成熟。

基本属性	光照性: 强	生长速度: 慢
	生物习性: 常绿	根系特点: 浅根
	观赏特性: 全株	观赏期: 全年

园林应用: 庭荫树、园景树、防护树, 适种于学校、居住区、公园、厂区、防护林等。

15. 圆柏 *Juniperus chinensis*

植物名：圆柏	学　名：*Juniperus chinensis*
别　名：刺柏、柏树、桧、桧柏	科　属：柏科刺柏属

产地分布：分布于中国内蒙古乌拉山、河北、山西、山东、江苏、浙江、福建、安徽、江西、河南、陕西南部、甘肃南部、四川、湖北西部、湖南、贵州、广东、广西北部以及云南等地。

形态特征：常绿乔木，高可达 20 米；种子卵圆形；树皮呈深灰色，纵裂，成条片开裂；幼树的枝条通常斜上伸展，形成尖塔形树冠，老树则下部大枝平展，形成广圆形的树冠；小枝通常直立或稍成弧状弯曲，生鳞叶的小枝呈圆柱形或接近四棱形；叶为二型，刺叶生于幼树之上，老树则全为鳞叶，壮龄树兼有刺叶与鳞叶；雌雄异株，少数情况下雌雄同株，雄球花呈黄色，椭圆形；球果接近圆球形，直径 6~8 毫米，两年成熟，熟时呈暗褐色，被白粉或白粉脱落，有 1~4 粒种子。

基本属性	光照性：强	生长速度：慢
	生物习性：常绿	根系特点：浅根
	观赏特性：全株	观赏期：全年

园林应用：庭荫树、园景树、防护树，适种于学校、居住区、公园、厂区、防护林等。

五、罗汉松科

16. 罗汉松 *Podocarpus macrophyllus*

植物名：罗汉松

别　名：罗汉杉、长青罗汉杉、土杉、金钱松、仙柏

学　名：*Podocarpus macrophyllus*

科　属：罗汉松科罗汉松属

产地分布：产自中国江苏、浙江、福建、安徽、江西、湖南、四川、云南、贵州、广西、广东等地，现全国均有栽培。

形态特征：常绿小乔木，高可达 20 米，树皮呈灰色或灰褐色，浅纵裂，成薄片状脱落；枝开展或斜展，较密；叶螺旋状着生，条状披针形，微弯，先端尖，基部呈楔形，上面为深绿色，有光泽，中脉显著隆起，下面为白色、灰绿色或淡绿色，中脉微隆起；雄球花穗状、腋生，常 3~5 个簇生于极短的总梗上，长 3~5 厘米，基部有数枚三角状苞片；雌球花单生叶腋，有梗，基部有少数苞片；种子呈卵圆形，熟时肉质，假种皮呈紫黑色，有白粉，种托肉质圆柱形，呈红色或紫红色。

基本属性	光照性：中	生长速度：慢
	生物习性：常绿	观赏期：全年
	观赏特性：全株、造型	

园林应用：园景树、造型树，适种于学校、居住区、公园等。

17. 竹柏 *Nageia nagi*

植物名：竹柏	学　名：*Nageia nagi*
别　名：罗汉柴、大果竹柏、竹叶柏	科　属：罗汉松科竹柏属

产地分布： 产自中国浙江、福建、江西、湖南、广东、广西、四川；昆明等地有栽培。

形态特征： 常绿小乔木，高可达 20 米；树皮近于平滑，呈红褐色或暗紫红色，成小块薄片脱落；枝条开展或伸展，树冠广圆锥形；叶对生，革质，呈长卵形、卵状披针形或披针状椭圆形，有多数并列的细脉，无中脉，上面为深绿色，有光泽，下面为浅绿色，上部渐窄，基部呈楔形或宽楔形，向下窄成柄状；雄球花呈穗状圆柱形，单生叶腋，常呈分枝状，长 1.8~2.5 厘米，总梗粗短，基部有少数三角状苞片；雌球花单生叶腋，偶尔成对腋生，基部有数枚苞片，花后苞片不肥大成肉质种托；种子呈圆球形，成熟时假种皮呈暗紫色，被白粉；花期 3~4 月，种子 10 月成熟。

基本属性	光照性：中	生长速度：慢
	生物习性：常绿	观赏期：全年
	观赏特性：全株	

园林应用： 园景树，适种于学校、居住区、公园区等。

六、木兰科

18. 广玉兰 *Magnolia grandiflora*

植物名：广玉兰	学　名：*Magnolia grandiflora*
别　名：荷花玉兰、洋玉兰	科　属：木兰科木兰属

产地分布：原产北美洲东南部，我国长江流域以南各城市有栽培，中国北方城市如北京、兰州等地，已引种栽培；是江苏省常州市、南通市、镇江市、连云港市，安徽省合肥市、六安市，浙江省余姚市的市树；在上海、南京、镇江、杭州、云南等地比较多见。

形态特征：常绿乔木，在原产地高达 30 米；树皮呈淡褐色或灰色，薄鳞片状开裂；小枝、芽、叶柄均密被褐色或灰褐色短绒毛（幼树的叶下面无毛）；叶厚革质，呈椭圆形、长圆状椭圆形或倒卵状椭圆形；无托叶痕；花呈白色，有芳香，花被片 9~12 片，厚肉质，呈倒卵形；聚合果呈圆柱状长圆形或卵圆形；花期 5~6 月，果期 9~10 月。

基本属性	光照性：中	生长速度：□
	生物习性：常绿	根系特点：深根
	观赏特性：全株、观花	观赏期：5~6 月

园林应用：庭荫树、园景树、行道树，适种于学校、居住区、公园、道路、厂区等。

19. 山玉兰 *Magnolia delavayi*

植物名：山玉兰	学　名：*Magnolia delavayi*
别　名：优昙花、山波萝、山木兰	科　属：木兰科木兰属

产地分布：分布于中国四川西南部、贵州西南部、云南；喜生于海拔 1500~2800 米的石灰岩山地阔叶林中或沟边较潮湿的坡地。

形态特征：常绿乔木，高达 12 米；树皮呈灰色或灰黑色，粗糙而开裂；嫩枝呈榄绿色，被淡黄褐色平伏柔毛，老枝粗壮，具圆点状皮孔；叶厚革质，卵形，卵状长圆形；托叶痕几达叶柄全长；花梗直立，长 3~4 厘米，花芳香，杯状，花被片 9~10 片，外轮 3 片，呈淡绿色，长圆形，内 2 轮呈乳白色，倒卵状匙形；聚合果呈卵状长圆形，长 9~20 厘米，蓇葖为狭椭圆体形，背缝线两瓣全裂，被细黄色柔毛，顶端缘外弯；花期 4~6 月，果期 8~10 月。

基本属性	光照性：中	生长速度：慢
	生物习性：常绿	根系特点：浅根
	观赏特性：全株、观花	观赏期：4~6 月

园林应用：庭荫树、园景树，适种于学校、居住区、公园、厂区等。

20. 玉兰 *Magnolia denudata*

植物名：玉兰 　　　　　　　　　　　　　　学　名：*Magnolia denudate*
别　名：木兰、望春花、白玉兰 　　　　　　科　属：木兰科木兰属

产地分布：产于中国江西、浙江、湖南、贵州；生于海拔 500~1000 米的林中；现全国各大城市园林广泛栽培。

形态特征：落叶乔木，高达 25 米；枝广展形成宽阔的树冠；树皮呈深灰色，粗糙开裂；小枝稍粗壮，呈灰褐色；冬芽及花梗密被淡灰黄色长绢毛；叶纸质，呈倒卵形、宽倒卵形或倒卵状椭圆形；托叶痕为叶柄长的 1/4~1/3；花蕾卵圆形，花先叶开放，直立，芳香，花被片 9 片，呈白色，基部常带粉红色；聚合果呈圆柱形（庭院栽培的品种常因部分心皮不育而弯曲）；花期 2~3 月（亦常于 7~9 月再开一次花），果期 8~9 月。

基本属性	光照性：中	生长速度：慢
	生物习性：落叶	根系特点：深根
	观赏特性：观花	观赏期：2~3 月（或 7~9 月）

园林应用：庭荫树、园景树、行道树，适种于学校、居住区、公园、道路、厂区等。

21. 紫玉兰 *Magnolia liliflora*

植物名：紫玉兰	学　名：*Magnolia liliflora*
别　名：辛夷、木笔	科　属：木兰科木兰属

产地分布：产自中国福建、湖北、四川、云南西北部；生于海拔 300~1600 米的山坡林缘。

形态特征：落叶小乔木，高达 3 米，常丛生；树皮呈灰褐色，小枝呈绿紫色或淡褐紫色；叶呈椭圆状倒卵形或倒卵形，先端急尖或渐尖，基部渐狭沿叶柄下延至托叶痕，上面为深绿色，幼嫩时疏生短柔毛，下面为灰绿色，沿脉有短柔毛；托叶痕为叶柄长的一半；花蕾呈卵圆形，被淡黄色绢毛；花叶同时开放，瓶形，直立于粗壮、被毛的花梗上，稍有香气；花被片 9~12 片，外轮 3 片呈萼片状，呈紫绿色，披针形，长 2~3.5 厘米，内 2 轮肉质，外面呈紫色或紫红色，内面带白色，呈花瓣状或椭圆状倒卵形；聚合果呈深紫褐色或变褐色，圆柱形，长 7~10 厘米；成熟蓇葖接近圆球形，顶端具短喙；花期 12 月至次年 3 月，果期 8~9 月。

基本属性	光照性：中	生长速度：慢
	生物习性：落叶	根系特点：浅根
	观赏特性：观花	观赏期：12 月至次年 3 月

园林应用：庭荫树、园景树，适种于学校、居住区、公园、厂区等。

22. 二乔玉兰 *Yulania × soulangeana*

植物名：二乔玉兰		学　名：*Yulania × soulangeana*	
别　名：木兰		科　属：木兰科玉兰属	

产地分布：本种是玉兰与辛夷的杂交种，中国杭州、广州、昆明有栽培。

形态特征：落叶乔木，高达 6~10 米；小枝无毛；叶纸质，呈倒卵形 先端短急尖，2/3 高度以下渐狭成楔形，上面的基部中脉常残留有毛，下面被一定程度柔毛；花蕾呈卵圆形，花先于叶开放，呈浅红色至深红色，花被片 6 片，外轮 3 片被片常较短，约为内轮长的 2/3；托叶痕约为叶柄长的 1/3；聚合果长约 8 厘米，直径约 3 厘米；菁葖呈卵圆形或倒卵圆形，长 1~1.5 厘米，熟时呈黑色，具有白色皮孔；种子呈深褐色，宽倒卵圆形或倒卵圆形，侧扁；花期 2~3 月，果期 9~10 月。

基本属性	光照性：中	生长速度：慢
	生物习性：落叶	根系特点：浅根
	观赏特性：观花	观赏期：2~3 月

园林应用：庭荫树、园景树、行道树，适种于学校、居住区、公园、道路、厂区等。

23. 深山含笑 *Michelia maudiae*

植物名：深山含笑	学　名：*Michelia maudiae*
别　名：光叶白兰花、莫夫人含笑花	科　属：木兰科含笑属

产地分布： 产自中国浙江南部、福建、湖南、广东（北部、中部及南部沿海岛屿）、广西、贵州；生于海拔600~1500 米的密林中。

形态特征： 常绿乔木，高达 20 米；树皮薄，呈浅灰色或灰褐色；芽、嫩枝、叶下面、苞片均被白粉；叶革质，叶呈长圆状椭圆形，少数呈卵状椭圆形；叶柄长 1~3 厘米，无托叶痕；花梗绿色，带有 3 处环状苞片脱落痕，佛焰苞状苞片呈淡褐色，薄革质，长约 3 厘米；花芳香，花被片 9 片，纯白色，基部稍呈淡红色，外轮的倒卵形；聚合果长 7~15 厘米，蓇葖形态多样，有长圆体形、倒卵圆形、卵圆形、顶端圆钝或具短突尖头等；种子呈红色，斜卵圆形；花期 2~3 月，果期 9~10 月。

基本属性	光照性：中	生长速度：慢
	生物习性：常绿	根系特点：深根
	观赏特性：观花	观赏期：2~3 月

园林应用： 庭荫树、园景树、行道树，适种于学校、居住区、公园、道路、厂区等。

24. 鹅掌楸 *Liriodendron chinense*

植物名：鹅掌楸   学　名：*Liriodendron chinense*
别　名：马褂木   科　属：木兰科鹅掌楸属

产地分布：分布于中国陕西、安徽以南，西至四川、云南，南至南岭山地。

形态特征：落叶乔木，高可达 40 米，胸径 1 米以上，小枝呈灰色或灰褐色；叶呈马褂状，长 4~18 厘米，近基部每边具有一枚侧裂片，先端具有两处浅裂，叶背面呈苍白色，叶柄长 4~16 厘米；花呈杯状，花被片 9 片，外轮 3 片绿色；萼片状，向外弯垂，内 2 轮 6 枚，直立；花瓣呈倒卵形，长 3~4 厘米，绿色，具有黄色纵条纹；花药长 10~16 毫米，花丝长 5~6 毫米，花期时雌蕊群超出花被之上，心皮呈黄绿色；聚合果长 7~9 厘米，具翅的小坚果长约 6 毫米，顶端钝或钝尖，具有种子 1~2 颗。花期 5 月，果期 9~10 月，秋季叶片金黄。

基本属性	光照性：强	生长速度：慢
	生物习性：落叶	根系特点：深根
	观赏特性：观花、观叶	观赏期：10~11 月

园林应用：庭荫树、园景树、行道树，适种于学校、居住区、公园、道路、厂区等。

七、樟科

25. 樟 *Cinnamomum camphora*

植物名：樟	学　名：*Cinnamomum camphora*
别　名：香樟、芳樟、油樟、樟木	科　属：樟科樟属

产地分布：产南方及西南各省区；常生于山坡或沟谷中，也有人工栽培的；越南、朝鲜、日本也有分布，其他各国亦有引种栽培。

形态特征：常绿乔木，高可达 30 米；树冠广卵形；枝、叶及木材均有樟脑气味；树皮呈黄褐色，有不规则的纵裂；枝条呈圆柱形，淡褐色，无毛；叶互生，呈卵状椭圆形，先端急尖，基部呈宽楔形或近圆形，边缘全缘，软骨质，有时呈微波状，上面为绿色或黄绿色，有光泽，下面为黄绿色或灰绿色，晦暗，两面无毛或下面幼时略被微柔毛，叶脉为离基 3 出脉，有时在基部过渡为不明显的 5 条脉，中脉在两面均十分明显；圆锥花序腋生；花呈绿白色或带少许黄色；果呈卵球形或接近球形，呈紫黑色；果托杯状，顶端截平；花期 4~5 月，果期 8~11 月。

基本属性	光照性：强	生长速度：中
	生物习性：常绿	根系特点：深根
	观赏特性：全株	观赏期：全年

园林应用：庭荫树、园景树、行道树，适种于学校、居住区、公园、道路、厂区等。

26. 云南樟 *Cinnamomum glanduliferum*

植物名：云南樟	学　名：*Cinnamomum glanduliferum*
别　名：樟叶树、红樟、青皮树、大黑叶樟	科　属：樟科樟属

产地分布：产自中国云南中部至北部、四川南部及西南部、贵州南部、西藏东南部；多生于山地常绿阔叶林中，海拔 1500~3000 米处；印度、尼泊尔、缅甸、马来西亚也有分布。

形态特征：常绿乔木，高可达 20 米；树皮呈灰褐色，深纵裂，小片脱落，内皮呈红褐色，具有樟脑气味；枝条粗壮，呈圆柱形，绿褐色，小枝具棱角；芽呈卵形，鳞片接近圆形，密被绢状毛；叶互生，叶形变化很大，呈椭圆形、卵状椭圆形或披针形。叶脉为羽状脉，少数为近离基 3 出脉，侧脉每边 4~5 条，与中脉一起在两面均很明显，斜展，在叶缘之内渐消矢，侧脉脉腋在上面明显隆起，下面有明显的腺窝；圆锥花序腋生，均比叶短；果呈球形，直径达 1 厘米，呈黑色；果托呈狭长倒锥形；花期 3~5 月，果期 7~9 月。

基本属性	光照性：强	生长速度：中
	生物习性：常绿	根系特点：深根
	观赏特性：全株	观赏期：全年

园林应用：庭荫树、园景树、行道树，适种于学校、居住区、公园、道路、厂区等。

27. 猴樟 *Cinnamomum bodinieri*

植物名：猴樟	学　名：*Cinnamomum bodinieri*
别　名：香树、楠木、猴挟木	科　属：樟科樟属

产地分布：产自中国贵州、四川东部、湖北、湖南西部及云南东北和东南部；生于路旁、沟边、疏林或灌丛中，海拔 700~1480 米处。

形态特征：常绿乔木，高可达 20 米；树皮呈灰褐色；枝条呈圆柱形，紫褐色，无毛，嫩时具一定棱角；芽小，呈卵圆形，芽鳞疏被绢毛；叶互生，呈卵圆形或椭圆状卵圆形，坚纸质，上面光亮，幼时被极细的微柔毛老时变无毛，下面苍白，极密被绢状微柔毛，中脉在上面平坦，在下面凸起，侧脉每边 4~6 条，最基部的一对叶接近对生，其余的叶均为互生，侧脉脉腋在下面有明显的腺窝；圆锥花序在幼枝上腋生或侧生；花呈绿白色；果呈球形，绿色，无毛；果托呈浅杯状；花期 5~6 月，果期 7~8 月。

基本属性	光照性：强	生长速度：中
	生物习性：常绿	根系特点：深根
	观赏特性：全株	观赏期：全年

园林应用：庭荫树、园景树、行道树，适种于学校、居住区、公园、道路、厂区等。

28. 滇润楠 *Machilus yunnanensis*

植物名：滇润楠
别　名：滇桢楠、滇楠、云南楠木

学　名：*Machilus yunnanensis*
科　属：樟科润楠属

产地分布：产自中国云南中部、西部至西北部和四川西部；生于海拔 1500~2000 米的山地常绿阔叶林中。

形态特征：常绿乔木，高可达 20 米；枝条呈圆柱形，具纵向条纹，幼时呈绿色，老时呈褐色，无毛；叶互生，疏离，呈倒卵形或倒卵状椭圆形，基部呈楔形，两侧有时不对称，革质，上面呈绿色或黄绿色，光亮，下面呈淡绿色或粉绿色，两面均无毛，边缘软骨质而背卷，上面的中脉下部略凹陷，但上部近于平坦，下面的中脉明显凸起；叶柄长 1~1.75 厘米，腹面具槽，背面呈圆形，无毛；花序由 1~3 朵花的聚伞花序组成；果呈椭圆形，先端具小尖头，熟时呈黑蓝色，具白粉，无毛；宿存花被裂片不增大，反折；果梗不粗；花期 4~5 月，果期 6~10 月。

基本属性	光照性：中	生长速度：慢
	生物习性：常绿	根系特点：深根
	观赏特性：全株	观赏期：全年

园林应用：庭荫树、园景树、行道树，适和于学校、居住区、公园、道路、厂区等。

八、大风子科

29. 栀子皮 *Itoa orientalis*

植物名：栀子皮		学　名：*Itoa orientalis*	
别　名：伊桐、盐巴菜		科　属：大风子科栀子皮属	

产地分布：产自中国四川、云南、贵州和广西等地；生于海拔 500~1400 米的阔叶林中；越南也有分布。

形态特征：落叶乔木，高可达 20 米；树皮呈灰色或浅灰色，光滑；幼枝呈淡灰色，皮孔明显，当年生枝有疏毛，老枝无毛；叶大型，薄革质，呈椭圆形、卵状长圆形或长圆状倒卵形，先端锐尖或渐尖，基部钝或接近圆形，边缘有钝齿，上面深绿色，脉上有疏毛，下面淡绿色，密生短柔毛，中脉在上面稍凹，在下面突起，羽脉 10~26 对；叶柄长 3~6 厘米，上面扁平，下面圆形，有柔毛；花单性，雌雄异株；蒴果大，呈椭圆形，密被橙黄色绒毛，后变无毛，外果皮革质，内果皮为木质；花期 5~6 月，果期 9~10 月。

基本属性	光照性：中	生长速度：慢
	生物习性：落叶	根系特点：根
	观赏特性：全株	观赏期：全年

园林应用：庭荫树、园景树，适种于学校、居住区、公园、厂区等。

九、千屈菜科

30. 紫薇 *Lagerstroemia indica*

植物名：紫薇
别　名：千日红、无皮树、百日红

学　名：*Lagerstroemia indica*
科　属：千屈菜科紫薇属

产地分布：中国广东、广西、湖南、福建、江西、浙江、江苏、湖北、河南、河北、山东、安徽、陕西、四川、云南、贵州及吉林等地均有生长或栽培。

形态特征：落叶小乔木，高可达 7 米；树皮平滑，呈灰色或灰褐色；枝干多扭曲，小枝纤细，具 4 条棱，略成翅状；叶互生或有时对生，纸质，呈椭圆形、阔矩圆形或倒卵形，长 2.5~7 厘米，宽 1.5~4 厘米，顶端短尖或钝形，有时微凹，基部呈阔楔形或接近圆形，无毛或下面沿中脉有微柔毛，侧脉 3~7 对，小脉不明显；无柄或叶柄很短；花色有玫红色、大红色、深粉红色、淡红色、紫色、白色，花直径 3~4 厘米，常组成 7~20 厘米的顶生圆锥花序；花梗长 3~15 毫米，中轴及花梗均被柔毛；花萼长 7~10 毫米，外面平滑无棱，但少量萼筒有微突起短棱，两面无毛，裂片 6 枚，呈三角形，直立，无附属体；花瓣 6 枚，皱缩，长 12~20 毫米，具有长爪；种子有翅。花期 6~9 月，果期 9~12 月。

基本属性	光照性：强	生长速度：慢
	生物习性：落叶	根系特点：浅根
	观赏特性：观花	观赏期：6~9 月

园林应用：园景树，适种于学校、居住区、公园、厂区等。

十、石榴科

31. 石榴 *Punica granatum*

植物名：石榴	学　名：*Punica granatum*
别　名：若榴木、丹若、山力叶、安石榴、花石榴	科　属：石榴科石榴属

产地分布：原产自巴尔干半岛至伊朗及其邻近地区，全世界的温带和热带地区都有种植，目前中国各地均有栽培。

形态特征：落叶乔木，高通常为 3~5 米，少数可达 10 米；枝顶常成尖锐长刺，幼枝具棱角，无毛，老枝接近圆柱形；叶通常对生，纸质，呈矩圆状披针形，顶端短尖、钝尖或微凹，基部短尖至稍钝形，上面光亮，侧脉稍细密；叶柄短；花大，1~5 朵生枝顶；萼筒长 2~3 厘米，通常呈红色或淡黄色，裂片略外展，呈卵状三角形，外面近顶端有一个黄绿色腺体，边缘有小乳突；花瓣通常较大，呈红色、黄色或白色，顶端圆形；浆果接近球形，通常为淡黄褐色或淡黄绿色，有时呈白色，极少数为暗紫色；种子多数为钝角形，呈红色至乳白色，肉质的外种皮可供食用；花期 3~5 月，果期 6~8 月。

石榴根据花的颜色以及重瓣或单瓣等特征又可分为若干个栽培变种，如月季石榴、白石榴、重瓣白花石榴、黄石榴、玛瑙石榴。

基本属性	光照性：强	生长速度：快
	生物习性：落叶	根系特点：浅根
	观赏特性：观花	观赏期：3~5 月

园林应用：适种于学校、居住区、公园、厂区等。

十一、杜英科

32. 杜英 *Elaeocarpus decipiens*

植物名：杜英	学　名：*Eaeocarpus decipiens*
别　名：无	科　属：杜英科杜英属

产地分布：分布于中国广东、广西、福建、台湾、浙江、江西、湖南、贵州和云南。

形态特征：常绿乔木，高可达 15 米；幼枝有微毛，易脱落，干燥后呈黑褐色；叶革质，呈披针形或倒扳针形，长 7~12 厘米，先端渐尖，基部下延，两面无毛，侧脉 7~9 对，边缘有小钝齿；叶柄长 1 厘米；总状花序生于叶腋及无叶老枝上，长 5~10 厘米，花序轴细，有微毛；花白色；萼片呈披针形，长 3.5 毫米；花瓣呈倒卵形，与萼片等长，上半部撕裂，裂片 14~16 枚；雄蕊 25~30 枚，长 3 毫米，花丝极短，花药顶端无附属物；花盘 5 裂，有毛；子房 3 室，花柱长 3.5 毫米。

基本属性	光照性：中	生长速度：快
	生物习性：常绿	根系特点：深根
	观赏特性：全株	观赏期：全年

园林应用：庭荫树、园景树、行道树，适和于学校、居住区、公园、道路、厂区等。

十二、梧桐科

33. 梧桐 *Firmiana simplex*

植物名：梧桐　　　　　　　　　　　学　名：*Firmiana simplex*
别　名：无　　　　　　　　　　　　科　属：梧桐科梧桐属

产地分布：产自中国南北各省，也分布于日本；多为人工栽培。

形态特征：落叶乔木，高达 16 米；树皮呈青绿色，平滑；叶呈心形，掌状 3~5 裂，裂片呈三角形，顶端渐尖，基部呈心形，两面均无毛或略被短柔毛，基生脉 7 条，叶柄与叶片等长；圆锥花序顶生，花呈淡黄绿色；萼深裂至近基部，萼片呈条形，向外卷曲，外面被淡黄色短柔毛，内面仅在基部被柔毛；花梗与花几乎等长；蓇葖果膜质，有柄，成熟前开裂成叶状，外面被短茸毛或几乎无毛，每蓇葖果有种子 2~4 个；种子呈圆球形，表面有皱纹；花期 6 月。秋叶植物，观赏期 10~12 月。

基本属性	光照性：中	生长速度：中
	生物习性：落叶	根系特点：浅根
	观赏特性：观花、观叶	观赏期：6 月，10~12 月

园林应用：庭荫树、园景树，适种于学校、居住区、公园、厂区等。

十三、锦葵科

34. 木芙蓉 *Hibiscus mutabilis*

植物名：木芙蓉	学　名：*Hibiscus mutabilis*
别　名：芙蓉花、酒醉芙蓉	科　属：锦葵科木槿属

产地分布：在中国辽宁、河北、山东、陕西、安徽、江苏、浙江、江西、福建、台湾、广东、广西、湖南、湖北、四川、贵州和云南等地有栽培，系中国湖南原产；日本和东南亚各国也有栽培。

形态特征：落叶小乔木，高 2~5 米；小枝、叶柄、花梗和花萼均密被星状毛与直毛相混的细绵毛；叶呈卵形、圆卵形或心形，常裂 5~7 枚，裂片呈三角形，先端渐尖，具有钝圆锯齿，上面疏被星状细毛和点，下面密被星状细绒毛；花单生于枝端叶腋间，花梗长 5~8 厘米，近端具节；花初开时呈白色或淡红色，后变深红色，花瓣接近圆形，外面被毛，基部具髯毛；蒴果扁球形，被淡黄色刚毛和绵毛，果爿 5 个；花期 6~10 月。

经栽培后，现有重瓣木芙蓉在园林中大量应用。

基本属性	光照性：强	生长速度　中
	生物习性：落叶	根系特点　浅根
	观赏特性：全株	观赏期：6~10 月

园林应用：庭荫树、园景树，适种于学校、居住区、公园、厂区等。

十四、蜡梅科

35. 蜡梅 *Chimonanthus praecox*

植物名：蜡梅

别　名：蜡木、素心蜡梅、黄梅花

学　名：*Chimonanthus praecox*

科　属：蜡梅科蜡梅属

产地分布：野生蜡梅分布于中国山东、江苏、安徽、浙江、福建、江西、湖南、湖北、河南、陕西、四川、贵州、云南等地；中国广西、广东等地均有栽培；生于山地林中；日本、朝鲜和欧洲、美洲均有引种栽培。

形态特征：落叶乔木，高达 13 米；幼枝呈四方形，老枝接近圆柱形，呈灰褐色，无毛或被疏微毛，有皮孔；鳞芽通常着生于第二年生的枝条叶腋内，芽鳞片接近圆形，覆瓦状排列，外面被短柔毛；叶纸质接近革质，呈卵圆形、椭圆形、宽椭圆形或卵状椭圆形，少数呈长圆状披针形；花呈黄色，着生于第二年生枝条叶腋内，芳香；花被片呈圆形、长圆形、倒卵形、椭圆形或匙形，无毛，内部花被片比外部花被片短，基部有爪；果托接近木质，呈坛状或倒卵状椭圆形；花期 11 月至翌年 3 月，果期 4~11 月。

基本属性	光照性：中	生长速度：中
	生物习性：落叶	根系特点：浅根
	观赏特性：观花	观赏期：11 月至翌年 3 月

园林应用：庭荫树、园景树，适种于学校、居住区、公园、厂区等。

十五、蔷薇科

36. 垂丝海棠 *Malus halliana*

植物名：垂丝海棠	学　名：*Malus halliana*
别　名：无	科　属：蔷薇科苹果属

产地分布：产自中国江苏、浙江、安徽、陕西、四川、云南。

形态特征：落叶小乔木，高可达 5 米；小枝微弯曲，初有毛，旋脱落；冬芽呈卵圆形，无毛或仅鳞片边缘有柔毛；叶呈卵形、椭圆形或长椭圆状卵形，长 3.5~8 厘米，先端长渐尖，基部呈楔形或接近圆形，边缘有圆钝细锯齿，沿脉有时被短柔毛，上面有光泽，常带紫晕；花 4~6 朵，组成伞房花序；花梗细弱，下垂，长 2~4 厘米，呈紫色，有稀疏柔毛；花瓣常 5 枚以上，呈粉红色，倒卵形，长约 1.5 厘米，基部有短爪；果呈梨形或倒卵圆形，直径 6~8 毫米，稍带紫色，萼片易脱落。

基本属性	光照性：强		生长速度：□
	生物习性：落叶		根系特点：浅根
	观赏特性：观花		观赏期：3~4 月

园林应用：庭荫树、园景树，适种于学校、居住区、公园、道路、厂区等。

37. 北美海棠 *Malus 'American'*

植物名：北美海棠	学　名：*Malus 'American'*
别　名：无	科　属：蔷薇科苹果属

产地分布：中国南北各地普遍都有引种栽培。

形态特征：落叶小乔木，株高一般在 5~7 米；呈圆丘状，或者整株直立呈垂枝状；分枝多变，互生直立悬垂等无弯曲枝；树干颜色为新干棕红色、黄绿色，老干灰棕色，有光泽，观赏性高；花量大，花色多，有白色、粉色、红色、鲜红色等；果实呈扁球形，花萼呈脱落型或不脱落型，颜色有红色、黄色或橙色。

基本属性	光照性：强	生长速度：中
	生物习性：落叶	根系特点：浅根
	观赏特性：观花	观赏期：4~5 月

园林应用：庭荫树、园景树，适种于学校、居住区、公园、道路、厂区等。

38. 牛筋条 *Dichotomanthes tristaniicarpa*

植物名：牛筋条	学　名：*Dichotomanthes tristaniicarpa*
别　名：白牛筋、红果树	科　属：蔷薇科牛筋条属

产地分布：产自中国云南、四川，现昆明周边多有栽培。

形态特征：常绿小乔木，高2~4米；枝条丛生，小枝幼时密被黄白色绒毛，老时呈灰褐色，无毛；树皮光滑，呈暗灰色，密被皮孔；叶片呈长圆披针形，有时呈倒卵形、倒披针形或椭圆形，先端急尖或圆钝并有凸尖，基部呈楔形或圆形，全缘，上面无毛或仅在中脉上有少数柔毛，光亮，下面幼时密被白色绒毛；花多数，密集或顶生复伞房花序，总花梗和花梗被黄白色绒毛；花瓣白色，平展，近圆形或宽卵形；果呈褐色或黑褐色，突出于肉质红色杯状萼筒之中；花期4~5月，果期8~11月。

基本属性	光照性：强	生长速度：慢
	生物习性：常绿	根系特点：浅根
	观赏特性：观花、观果	观赏期：4~5月，8~11月

园林应用：庭荫树、园景树，适和于学校、居住区、公园、道路、厂区等。

39. 贴梗海棠 *Chaenomeles speciosa*

植物名：贴梗海棠	学　名：*Chaenomeles speciosa*
别　名：铁脚梨、贴梗木瓜、楙、木瓜	科　属：蔷薇科木瓜海棠属

产地分布：在中国分布于陕西、甘肃、四川、贵州、云南、广东。

形态特征：落叶小乔木，高 2~6 米；枝条直立，开展，有刺；小枝无毛；冬芽呈三角卵圆形；叶呈卵形或椭圆形，少数呈长椭圆形，长 3~9 厘米，具尖锐锯齿，齿尖开展，两面无毛或幼时下面沿脉有柔毛；叶柄长约 1 厘米，托叶草质，呈肾形或半圆形，少数呈卵形，长 0.5~1 厘米，有尖锐重锯齿，无毛；花先于叶开放，3~5 簇生于二年生老枝；花梗粗，长约 3 毫米或接近无柄；花瓣呈猩红色，少数呈淡红色或白色，倒卵形或接近圆形，基部下延成短爪；果呈球形或卵球形，直径 4~6 厘米，黄色或带少许红色；花期 3~5 月，果期 9~10 月。

基本属性	光照性：中	生长速度：快
	生物习性：落叶	根系特点：浅根
	观赏特性：观花	观赏期：3~5 月

园林应用：庭荫树、园景树，适种于学校、居住区、公园、道路、厂区等。

40. 美人梅 *Prunus* × *blireana*

植物名: 美人梅		学　名: *Frunus* × *blireana*	
别　名: 樱李梅		科　属: 蔷薇科李属	

产地分布: 在中国各地普遍栽培。

形态特征: 落叶小乔木; 花态接近蝶形, 花瓣层层疏叠, 花心常有碎瓣, 婆娑多姿; 花色从极浅紫至淡紫渐变, 反面略深, 花心颜色也较深; 花瓣 19~28 枚; 萼片 5 枚, 略扁之圆形, 呈淡绿而略洒淡紫红晕, 边具淡红紫晕, 有细齿, 反曲至强烈反曲; 花具有紫长梗, 常呈垂丝状; 雄蕊辐射, 远短于瓣长, 花丝淡紫红, 花药小, 呈土黄至鲜红色; 雌蕊 1 枚, 普洒紫晕, 花柱下部有毛, 发达或尚发达; 花有香味, 但非典型梅香。

基本属性	光照性: 强	生长速度: 快
	生物习性: 落叶	根系特点: 浅根
	观赏特性: 观花	观赏期: 3~4 月

园林应用: 庭荫树、园景树, 适种于学校、居住区、公园、厂区等。

41. 紫叶李 *Prunus cerasifera* 'Atropurpurea'

植物名：紫叶李		学 名：*Prunus cerasifera* 'Atropurpurea'	
别 名：红叶李、真红叶李		科 属：蔷薇科李属	

产地分布：在中国华东、华中、华北、西北、西南地区均有分布，华北种植较广泛。

形态特征：落叶小乔木，高可达 8 米；多分枝，枝条细长，开展，呈暗灰色，有时有棘刺；小枝呈暗红色，无毛；叶片呈椭圆形、卵形或倒卵形，极少数呈椭圆状披针形，先端急尖，基部呈楔形或接近圆形，边缘有圆钝锯齿，有时混有重锯齿，紫色；托叶膜质，呈披针形，先端渐尖，边有带腺细锯齿；花通常为 1 朵，少数情况下为 2 朵；花瓣呈白色，长圆形或匙形，边缘波状，基部呈楔形，着生在萼筒边缘；雄蕊 25~30 枚，花丝长短不等，紧密地排成不规则 2 轮，比花瓣稍短；雌蕊 1 枚，心皮被长柔毛，柱头盘状，花柱比雄蕊稍长，基部被稀长柔毛；核果接近球形或椭圆形，长宽几乎相等，直径 1~3 厘米，呈黄色、红色或黑色，微被蜡粉，具有浅侧沟，黏核。

基本属性	光照性：强	生长速度：中
	生物习性：落叶	根系特点：浅根
	观赏特性：观花、观叶	观赏期：2~11 月

园林应用：庭荫树、园景树，适种于学校、居住区、公园、道路、厂区等。

42. 云南樱花 *Prunus cerasoides var. rubea*

植物名：云南樱花	学　名：*Prunus cerasoides var. rubea*
别　名：红花高盆樱桃、云南早樱、云南欢李	科　属：蔷薇科李属

产地分布：产自中国云南、西藏南部。

形态特征：落叶乔木，高 3~10 米；幼枝被短柔毛，旋脱落；叶呈卵状披针形或长圆状披针形，长 4~12 厘米，先端长渐尖，基部圆钝，有细锐重锯齿或单锯齿，齿端有小头状腺，侧脉 10~15 对，上面深绿色，两面无毛；叶柄长 1.2~2 厘米，先端有 2~4 腺，托叶线形，基部羽裂，有腺齿；花梗长 1~2 厘米，果期时花梗长达 3 厘米，先端肥厚；萼筒钟状，常呈红色；萼片三角形，长 4~5.5 毫米，全缘，常带红色；花瓣呈卵形，先端圆钝或微凹，淡粉或白色；雄蕊短于花瓣；花柱无毛，柱头盘状；核果呈卵圆形，长 1.2~1.5 厘米，熟时呈紫黑色。

基本属性	光照性：强	生长速度：中
	生物习性：落叶	根系特点：浅根
	观赏特性：观花	观赏期：3~5 月

园林应用：庭荫树、园景树、行道树，适种于学校、居住区、公园、道路、厂区等。

43. 日本晚樱 *Prunus serrulate* var. *lannesiana*

植物名：日本晚樱	学　名：*Prunus serrulate* var. *lannesiana*
别　名：重瓣樱花、重瓣晚樱、矮樱	科　属：蔷薇科李属

产地分布：中国华北地区种植较广泛，内蒙古、河北，河南、山西、陕西、甘肃等均有分布。

形态特征：落叶乔木，高 3~8 米；树皮呈灰褐色或灰黑色；小枝呈灰白色或淡褐色，无毛；冬芽呈卵圆形，无毛；叶片呈卵状椭圆形或倒卵椭圆形，长 5~9 厘米，宽 2.5~5 厘米，先端渐尖，基部呈圆形，边缘有渐尖重锯齿，齿端有长芒，上面深绿色，无毛，下面淡绿色，无毛，有侧脉 6~8 对；叶柄长 1~1.5 厘米，无毛，先端有 1~3 圆形腺体；托叶线形，长 5~8 毫米，边有腺齿，早落；花序为伞房总状或接近伞形，有花 2~3 朵，有香味；总苞片呈褐红色，倒卵长圆形；花梗长 1.5~2.5 厘米，无毛或被极稀疏柔毛；萼筒管状，长 5~6 毫米，宽 2~3 毫米，先端扩大，萼片呈三角披针形，长约 5 毫米，先端渐尖或急尖；边全缘；花瓣呈白色、粉红色，倒卵形，先端下凹；雄蕊约 38 枚。

基本属性	光照性：强	生长速度：中
	生物习性：落叶	根系特点：浅根
	观赏特性：观花	观赏期：4~6 月

园林应用：庭荫树、园景树，适种于学校、居住区、公园、道路、厂区等。

44. 冬樱花 *Prunus cerasoides*

植物名：冬樱花	学　名：*Prunus cerasoides*
别　名：高盆樱桃	科　属：蔷薇科李属

产地分布：中国华北地区种植较广泛，内蒙古、河北、河南、山西、陕西、甘肃等有分布。

形态特征：落叶乔木，高 3~10 米；枝幼时呈绿色，被短柔毛，不久脱落；老枝呈灰黑色，叶片呈卵状披针形或长圆披针形；先端长渐尖，基部圆钝，叶边有细锐重锯齿或单锯齿，齿端有小头状腺，侧脉 10~15 对，上面深绿色，下面淡绿色、无毛，网脉细密，近革质；花瓣厚重，色泽呈浅粉色。

基本属性	光照性：强	生长速度：中
	生物习性：落叶	根系特点：浅根
	观赏特性：观花	观赏期：10~12 月

园林应用：庭荫树、园景树、行道树，适种于学校、居住区、公园、道路、厂区等。

45. 东京樱花 *Prunus × yedoensis*

植物名：东京樱花	学　名：*Prunus × yedoensis*
别　名：日本樱花	科　属：蔷薇科李属

产地分布：中国北京、西安、青岛、南京、南昌等城市有庭院栽培。

形态特征：落叶乔木，高 4~16 米；树皮呈灰色；小枝呈淡紫褐色，无毛，嫩枝呈绿色，被疏柔毛；冬芽呈卵圆形，无毛；叶片呈椭圆卵形或倒卵形，上面深绿色，无毛，下面淡绿色，沿脉被稀疏柔毛；花序伞形总状，总梗极短，有花 3~4 朵，先于叶开放，花直径为 3~3.5 厘米；花瓣呈白色或粉红色，椭圆卵形，先端下凹，全缘 2 裂；花柱基部有疏柔毛。

基本属性	光照性：强	生长速度：中
	生物习性：落叶	根系特点：浅根
	观赏特性：观花	观赏期：4~5 月

园林应用：庭荫树、园景树、行道树，适种于学校、居住区、公园、道路、厂区等。

46. 梅 *Prunus mume*

植物名：梅	学 名：*Prunus mume*
别 名：干枝梅、春梅	科 属：蔷薇科李属

产地分布：中国各地普遍都有引种栽培。

形态特征：落叶乔木，高达 10 米；叶片呈卵形或椭圆形，叶边常具小锐锯齿，呈灰绿色；花单生或有时 2 朵生于同一芽内，直径 2~2.5 厘米，香味浓，先于叶开放；花萼通常呈红褐色，但有些品种的花萼为绿色或绿紫色；花瓣呈倒卵形，从白色至粉红色渐变；果实接近球形，呈黄色或绿白色，被柔毛，味酸；果肉与核黏贴。

基本属性	光照性：强	生长速度：□
	生物习性：落叶	根系特点：浅根
	观赏特性：观花	观赏期：花期冬春季

园林应用：庭荫树、园景树，适种于学校、居住区、公园、厂区等。

47. 桃 *Prunus persica*

植物名：桃	学 名：*Prunus persica*
别 名：桃子	科 属：蔷薇科李属

产地分布：原产自中国，各地均广泛栽培；世界各地均有栽植。

形态特征：落叶乔木，高 3~8 米；树冠宽广而平展；树皮呈暗红褐色，老时粗糙呈鳞片状；小枝细长，无毛，有光泽，绿色，向阳处转变成红色，具有大量小皮孔；冬芽呈圆锥形，顶端钝，外被短柔毛，常 2~3 个簇生，中间为叶芽，两侧为花芽；叶片呈长圆披针形、椭圆披针形或倒卵状披针形；花单生，先于叶开放，花瓣呈长圆状椭圆形或宽倒卵形，呈粉红色，极少数呈白色；核果的果实形状和大小均有变异，呈卵形、宽椭圆形或扁圆形，果肉呈白色、浅绿白色、黄色、橙黄色或红色，多汁有香味，其味偏甜或酸甜；核大，离核或黏核，呈椭圆形或近圆形，两侧扁平，顶端渐尖，表面具有纵、横沟纹和孔穴；种仁味苦，极少数味甜；花期 3~4 月。

桃的观赏树种很多，如：①碧桃，其花重瓣，呈淡红色；②红花碧桃，其花半重瓣，呈红色；③绛桃，其花半重瓣，呈深红色；④千瓣红桃，其花半重瓣，呈淡红色；⑤单瓣白桃（群芳谱），其花单瓣，呈白色；⑥千瓣白桃（群芳谱），其花半重瓣，呈白色。

基本属性	光照性：强	生长速度：快
	生物习性：落叶	根系特点：浅根
	观赏特性：观花	观赏期：3~4 月

园林应用：庭荫树、园景树，适种于学校、居住区、公园、厂区等。

48. 球花石楠 *Photinia glomerata*

植物名：球花石楠	学　名：*Photinia glomerata*
别　名：山官木	科　属：蔷薇科石楠属

产地分布：产自中国云南、四川。

形态特征：常绿乔木，高 6~10 米；幼枝密生黄色绒毛，老枝无毛，呈紫褐色，有多数散生皮孔；冬芽呈卵形，长 3~4 毫米，鳞片先端圆钝，外面有短柔毛；叶片革质，呈长圆形、披针形、倒披针形或长圆披针形，先端短渐尖，基部呈楔形或圆形，常偏斜，边缘微外卷，具腺内弯锯齿，上面中脉初有绒毛，后脱落，下面密生黄色绒毛，以后部分或全部脱落，侧脉 12~20 对；花数量多，密集成顶生复伞房花序，花瓣呈白色，接近圆形；果实呈卵形，红色；花期 5 月，果期 9 月。

基本属性	光照性：强	生长速度：中
	生物习性：常绿	根系特点：深根
	观赏特性：观花、观果	观赏期：全年

园林应用：庭荫树、园景树，适种于学校、居住区、公园、厂区等。

十六、大戟科

49. 乌桕 *Sapium sebiferum*

植物名：乌桕
别　名：腊子树、桕子树、木子树

学　名：*Sapium sebiferum*
科　属：大戟科乌桕属

产地分布：中国主要分布于黄河以南各省区；生于旷野、塘边或疏林中；日本、越南、印度也有栽培；欧洲、美洲和非洲亦有栽培。

形态特征：落叶乔木，高可达 15 米；各部均无毛而具有乳状汁液；树皮呈暗灰色，有纵裂纹；枝广展，具有皮孔；叶互生，纸质，叶片呈菱形、菱状卵形，少数呈菱状倒卵形，顶端骤然紧缩，具长短不等的尖头，基部呈阔楔形，全缘；蒴果，梨状球形，成熟时呈黑色，具有 3 颗种子，分果爿脱落后在中轴宿存；种子呈扁球形，黑色，外被白色、蜡质的假种皮；花期 4~8 月。

基本属性	光照性：强	生长速度：快
	生物习性：落叶	根系特点：深根
	观赏特性：观叶	观赏期：10~12 月

园林应用：庭荫树、园景树、行道树，适种于学校、居住区、公园、道路、厂区等。

十七、含羞草科

50. 合欢 *Albizia julibrissin*

植物名：合欢	学　名：*Albizia julibrissin*
别　名：绒花树、马缨花	科　属：含羞草科合欢属

产地分布：产自中国东北至华南及西南部各省区；生于山坡；非洲、中亚至东亚均有分布；北美亦有栽培。

形态特征：落叶乔木，高可达 16 米；树冠开展；小枝有棱角，嫩枝、花序和叶轴被绒毛或短柔毛；叶呈线状披针形，叶片较小，早落；二回羽状复叶，总叶柄近基部及最顶一对羽片着生处各有 1 枚腺体；头状花序于枝顶排成圆锥花序；花粉呈红色；花萼呈管状，裂片呈三角形，花萼、花冠外均被短柔毛；花丝长 2.5 厘米；荚果呈带状，嫩荚有柔毛，老荚无毛；花期 6~7 月；果期 8~10 月。

基本属性	光照性：中	生长速度：快
	生物习性：落叶	根系特点：深根
	观赏特性：观花	观赏期：6~7 月

园林应用：庭荫树、园景树，适种于学校、居住区、公园、厂区等。

51. 毛叶合欢 *Albizia mollis*

植物名：毛叶合欢	学　名：*Albizia mollis*
别　名：大毛毛花、滇合欢	科　属：含羞草科合欢属

产地分布：产自中国西藏、云南、贵州；生于山坡林中，海拔 1800~2500 米处；印度、尼泊尔亦有分布。

形态特征：落叶乔木，高可达 30 米；树冠开展；小枝被柔毛，有棱角；二回羽状复叶；总叶柄近基部及顶部一对羽片着生处各有腺体 1 枚，叶轴凹入，呈槽状，被长茸毛；羽片 3~7 对，长 6~9 厘米，小叶 8~15 对，呈镰状长圆形，长 12~17 毫米，宽 4~7 毫米，先端具小尖头，基部截平，两面均密被长茸毛或老时叶面变无毛；中脉偏于上边缘；头状花序排成腋生的圆锥花序，花呈白色，小花梗极短；花萼呈钟状，长 2 毫米，与花冠同被茸毛；花冠长约 7 毫米，裂片三角形，长 2 毫米；花丝长 2.5 厘米；荚果为棕色，呈扁平带状；花期 5~6 月；果期 8~12 月。

基本属性	光照性：中	生长速度：快
	生物习性：落叶	根系特点：深根
	观赏特性：观花	观赏期：5~6 月

园林应用：庭荫树、园景树，适种于学校、居住区、公园、厂区等。

十八、苏木科

52. 湖北紫荆 *Cercis glabra*

植物名：湖北紫荆	学　名：*Cercis glabra*
别　名：云南紫荆	科　属：苏木科紫荆属

产地分布：产自中国湖北西部至西北部、河南西南部、陕西西南部至东南部、四川东北部至东南部、云南、贵州、广西北部、广东北部、湖南、浙江、安徽等地。

形态特征：落叶乔木，高可达 16 米；树皮和小枝呈灰黑色；叶较大，厚纸质或接近革质，呈心脏形或三角状圆形，先端钝或急尖，基部呈浅心形或深心形，幼叶常呈紫红色，成长后呈绿色，上面光亮，下面无毛或基部脉腋间常有簇生柔毛；总状花序短，有花数朵至十数朵；花呈淡紫红色或粉红色，先于叶或与叶同时开放，稍大；荚果呈狭长圆形，紫红色，翅宽约 2 毫米，先端渐尖，基部圆钝，两缝线不等长，背缝稍长，向外弯拱，少数基部渐尖而缝线等长；果颈长 2~3 毫米；花期 3~4 月；果期 9~11 月。

基本属性	光照性：中	生长速度：中
	生物习性：落叶	根系特点：深根
	观赏特性：观花	观赏期：3~4 月

园林应用：庭荫树、园景树，适种于学校、居住区、公园、厂区等。

53. 洋紫荆 *Bauhinia variegata*

植物名：洋紫荆	学　名：*Bauhinia variegata*
别　名：宫粉羊蹄甲、红花羊蹄甲、红紫荆、红花紫荆	科　属：苏木科羊蹄甲属

产地分布：产自中国南部；印度、中南半岛也有分布；现栽培广泛。

形态特征：落叶乔木，高可达 16 米；树皮呈暗褐色，光滑；幼嫩部分常被灰色短柔毛；枝广展，硬而稍呈"之"字曲折，无毛；叶接近革质，呈广卵形至近圆形，宽度常超过于长度，基部呈浅心形或深心形，有时接近截形，先端 2 裂，达叶长的 1/3，裂片阔，钝头圆，两面无毛或下面略被灰色短柔毛；总状花序侧生或顶生，一定程度上呈伞房花序式，花少，被灰色短柔毛；具瓣柄，呈紫红色或淡红色，杂以黄绿色及暗紫色的斑纹，近轴一片较阔；荚果呈带状，扁平，具长柄及喙；花期全年，3 月最盛。

基本属性	光照性：强	生长速度：快
	生物习性：落叶	根系特点：浅根
	观赏特性：观花	观赏期：花期全年，3 月最盛

园林应用：庭荫树、园景树，适种于学校、居住区、公园、厂区等。

十九、蝶形花科

54. 槐 *Sophora japonica*

植物名：槐	学　名：*Sophora japonica*
别　名：国槐、槐花树	科　属：蝶形花科槐属

产地分布：原产中国，现南北各省区均广泛栽培，华北和黄土高原地区尤为多见；日本、朝鲜、越南也有分布，欧洲、美洲各国均有引种。

形态特征：落叶乔木，高可达 25 米；树皮呈灰褐色，具纵裂纹，当年生枝呈绿色，无毛；羽状复叶长达 25 厘米；叶轴初被疏柔毛，旋即脱净；叶柄基部膨大，包裹着芽；托叶形状多变，有时呈卵形叶状，有时呈线形钻状，早落；小叶 4~7 对，对生或接近互生，纸质；圆锥花序顶生，常呈金字塔形，长达 30 厘米；花梗比花萼短；小苞片 2 枚，形似小托叶；花萼呈浅钟状，长约 4 毫米，萼齿 5 枚；花冠呈白色或淡黄色；旗瓣接近圆形，具短柄，有紫色脉纹，先端微缺，基部呈浅心形；翼瓣呈卵状长圆形，先端浑圆，无皱褶；龙骨瓣呈阔卵状长圆形，与翼瓣等长，宽达 6 毫米；荚果串珠状，长 2.5~5 厘米，直径约 10 毫米，种子间缢缩不明显，种子排列较紧密，具肉质果皮，成熟后不开裂；种子呈卵球形，颜色呈淡黄绿色，干燥后呈黑褐色；花期 7~8 月，果期 8~10 月。

基本属性	光照性：强	生长速度：快
	生物习性：落叶	根系特点：深根
	观赏特性：观花	观赏期：7~8 月

园林应用：庭荫树、园景树，适种于学校、居住区、公园、厂区等。

55. 香花槐 *Robinia × ambigua 'Idahoensis'*

植物名：香花槐	学　名：*Robinia × ambigua 'Idahoensis'*
别　名：紫花槐	科　属：蝶形花科刺槐属

产地分布：原产西班牙，现中国各地均有栽培。

形态特征：落叶乔木，高可达 10 米；树干呈褐色至灰褐色；侧根发达；叶互生，叶片呈椭圆形或卵状长圆形；密生成总状花序，作下垂状；花呈红色；花期 5~7 月或连续开花，无荚果，不结种子；香花槐花大而色艳、芬芳，花期长，是很好的园林观赏树种，具有很高的观赏价值。

基本属性	光照性：强	生长速度：快
	生物习性：落叶	根系特点：浅根
	观赏特性：观花	观赏期：5~7 月

园林应用：庭荫树、园景树，适种于学校、居住区、公园、厂区等。

二十、金缕梅科

56. 枫香树 *Liquidambar formosana*

植物名：枫香树	学　名：*Liquidambar formosana*
别　名：枫香、北美枫香	科　属：金缕梅科枫香树属

产地分布：产自中国秦岭及淮河以南各省区，北起河南、山东，东至台湾，西至四川、云南及西藏，南至广东；亦见于越南北部、老挝及朝鲜南部；多生于平地、村落附近以及低山的次生林。

形态特征：落叶乔木，高达30米；树皮呈灰褐色，方块状剥落；小枝干燥后呈灰色，被柔毛，略有皮孔；叶薄革质，呈阔卵形，掌状3裂，中央裂片较长，先端尾状渐尖；两侧裂片平展；基部心形；上面呈绿色，干燥后呈灰绿色，不发亮；掌状脉3~5条，在上下两面均显著，网脉明显可见；边缘有锯齿，齿尖有腺状突；叶柄长达11厘米，常有短柔毛；托叶呈线形，游离，或略与叶柄连生；头状果序呈圆球形，木质，直径3~4厘米；蒴果下半部藏于花序轴内，有宿存花柱及针刺状萼齿；种子数量多，呈褐色，多角形或有窄翅；10月下旬开始叶片变红。

基本属性	光照性：强	生长速度：慢
	生物习性：落叶	根系特点：深根
	观赏特性：观叶	观赏期：10~12月

园林应用：庭荫树、园景树、行道树，适种于学校、居住区、公园、道路、厂区等。

二十一、杜仲科

57. 杜仲 *Eucommia ulmoides*

植物名：杜仲	学　名：*Eucommia ulmoides*
别　名：胶木	科　属：杜仲科杜仲属

产地分布：分布于中国陕西、甘肃、河南、湖北、四川、云南、贵州、湖南及浙江等地，现各地广泛栽种。

形态特征：落叶乔木，高达20米；树皮呈灰褐色，粗糙，内含橡胶，折断拉开有多数细丝；嫩枝有黄褐色毛，不久变秃净，老枝有明显的皮孔；芽体卵圆形，外面发亮，呈红褐色，边缘有微毛；叶呈椭圆形、卵形或矩圆形，薄革质；花生于当年枝基部，雄花无花被；翅果扁平，呈长椭圆形，基部呈楔形，周围具薄翅；坚果位于中央，稍突起，与果梗相接处有关节；种子扁平，呈线形；早春开花，秋后果实成熟。

基本属性	光照性：中	生长速度：慢
	生物习性：落叶	根系特点：浅根
	观赏特性：全株	观赏期：全年

园林应用：庭荫树、园景树，适种于学校、居住区、公园、厂区等。

二十二、杨梅科

58. 杨梅 *Morella rubra*

植物名：杨梅	学　名：*Morella rubra*
别　名：圣生梅、白蒂梅、树梅	科　属：杨梅科杨梅属

产地分布：分布于中国华东地区、湖南、广东、广西等地。

形态特征：小乔木，高达 15 米；小枝及芽无毛；叶革质，呈楔状倒卵形或长椭圆状倒卵形，长 6~16 厘米，先端圆钝或短尖，基部呈楔形，全缘，少数青况下中上部疏生锐齿，下面疏被金黄色腺鳞；雄花序单生或数序簇生叶腋，呈圆柱状，长 1~3 厘米；核果呈球形，具乳头状凸起，直径 1~1.5 厘米（栽培品种直径可达 3 厘米），果皮肉质，多汁液及树脂，味酸甜，熟时呈深红或紫红色。

基本属性	光照性：强	生长速度：中
	生物习性：常绿	根系特点：浅根
	观赏特性：全株	观赏期：全年

园林应用：庭荫树、园景树，适种于学校、居住区、公园、厂区等。

二十三、壳斗科

59. 麻栎 *Quercus acutissima*

植物名：麻栎	学　名：*Quercus acutissima*
别　名：栎、橡碗树	科　属：壳斗科栎属

产地分布：产自中国辽宁、河北、山西、山东、江苏、安徽、浙江、江西、福建、河南、湖北、湖南、广东、海南、广西、四川、贵州、云南等地；朝鲜、日本、越南、印度也有分布。

形态特征：落叶乔木，高达 30 米；树皮呈深灰褐色，深纵裂；幼枝被灰黄色柔毛，后渐脱落，老时呈灰黄色，具淡黄色皮孔；叶片形态多样，通常为长椭圆状披针形，顶端长渐尖，基部呈圆形或宽楔形，叶缘有刺芒状锯齿，叶片两面同色，幼时被柔毛，老时无毛或叶背面脉上有柔毛；雄花序常数个集生于当年生枝下部叶腋，有花 1~3 朵，花柱 30 枚；壳呈斗杯形，坚果约 1/2 部分被其包裹，连小苞片直径 2~4 厘米，高约 1.5 厘米；小苞片呈钻形或扁条形，向外反曲，被灰白色绒毛；坚果呈卵形或椭圆形；花期 3~4 月，果期翌年 9~10 月。

基本属性	光照性：强	生长速度：中
	生物习性：落叶	根系特点：深根
	观赏特性：观叶	观赏期：10~12 月

园林应用：庭荫树、园景树，适种于学校、居住区、公园、厂区等。

二十四、榆科

60. 四蕊朴 *Celtis tetrandra*

植物名：四蕊朴	学　名：*Celtis tetrandra*
别　名：昆明朴、滇朴	科　属：榆科朴属

产地分布：产自中国西藏南部、云南中部和南部以及西部、四川、广西西部；多生于沟谷、河谷的林口或林缘，山坡灌丛中也有分布，海拔 700~1500 米；印度、尼泊尔、不丹、缅甸、越南也有分布。

形态特征：落叶乔木，高达 30 米；树皮呈灰白色；当年生小枝幼时密被黄褐色短柔毛，老后毛常脱落，去年生小枝呈褐色或深褐色，有时还可残留柔毛；叶厚纸质至近革质，通常呈卵状椭圆形或菱形，基部多偏斜；果梗常 2~3 枚（少有单生）生于叶腋，其中 1 枚果梗为总梗，果成熟时呈黄色或橙黄色，接近球形；核接近球形，具 4 条肋，表面有网孔状凹陷；花期 3~4 月，果期 9~10 月。

基本属性	光照性：强	生长速度：快
	生物习性：落叶	根系特点：深根
	观赏特性：观叶	观赏期：10~12 月

园林应用：庭荫树、园景树、行道树，适种于学校、居住区、公园、厂区、道路等。

二十五、桑科

61. 构树 *Broussonetia papyrifera*

植物名：构树

别　名：褚桃、褚、谷桑、谷树

学　名：*Broussonetia papyrifera*

科　属：桑科构属

产地分布：产自中国南北各地；缅甸、泰国、越南、马来西亚、日本、朝鲜也有分布，野生或栽培。

形态特征：落叶乔木，高达 20 米；树皮呈暗灰色；小枝密生柔毛；叶螺旋状排列，呈广卵形或长椭圆状卵形，先端渐尖，基部呈心形，两侧常不相等，边缘具粗锯齿，不分裂或 3~5 裂，小树之叶常有明显分裂，表面粗糙，疏生糙毛，背面密被绒毛，基生叶脉 3 出脉；托叶较大，呈卵形，狭渐尖；聚花果成熟时呈橙红色，肉质；瘦果具柄，表面有小瘤，龙骨双层，外果皮壳质；花期 4~5 月，果期 6~7 月。

基本属性	光照性：中	生长速度：快
	生物习性：落叶	根系特点：浅根
	观赏特性：观花、观果	观赏期：4~7 月

园林应用：庭荫树、园景树，适种于学校、居住区、公园、厂区等。

62. 黄葛树 *Ficus virens*

植物名：黄葛树	学 名：*Ficus virens*
别 名：黄葛榕	科 属：桑科榕属

产地分布：产自中国云南（除西北地区外，几近全省均有分布）、广东、海南、广西、福建、台湾、浙江；昆明、澄江等地常有栽培；斯里兰卡、印度、不丹、缅甸、泰国、越南、马来西亚、印度尼西亚、菲律宾、巴布亚新几内亚、所罗门群岛和澳大利亚北部等均有分布。

形态特征：昆明等地区半常绿；高达 20 米；有板根或支柱根，幼时附生；叶薄革质或皮纸质，呈卵状披针形或椭圆状卵形，先端短渐尖，基部呈钝圆形、楔形或浅心形，全缘，干燥后表面无光泽，基生叶脉短，侧脉 7~10 对，背面突起，网脉稍明显；叶柄长 2~5 厘米；毛叶呈披针状卵形，先端急尖；榕果单生或成对腋生或簇生于已落叶枝、叶腋，呈球形，成熟时紫红色；花期 5~8 月。

基本属性	光照性：强	生长速度：快
	生物习性：半常绿	根系特点：深根
	观赏特性：全株	观赏期：全年

园林应用：庭荫树、园景树，适种于学校、居住区、公园、厂区等。

二十六、七叶树科

63. 七叶树 *Aesculus chinensis*

植物名：七叶树	学　名：*Aesculus chinensis*
别　名：浙江七叶树	科　属：七叶树科七叶树属

产地分布： 中国河北南部、山西南部、河南北部、陕西南部均有栽培，仅秦岭地区存在野生树种，现各地多见栽种。

形态特征： 落叶乔木，高达 25 米；树皮呈深褐色或灰褐色，小枝呈圆柱形，黄褐色或灰褐色，无毛或嫩时有微柔毛，有圆形或椭圆形淡黄色的皮孔；掌状复叶由 5~7 枚小叶组成，有灰色微柔毛；小叶纸质，长圆披针形或长圆倒披针形；花序呈圆筒形，花杂性，雄花与两性花同株，花萼呈管状钟形，花瓣 4 枚，呈白色，长圆倒卵形或长圆倒披针形，花丝呈线状，无毛，花药呈长圆形，呈淡黄色；果实呈球形或倒卵圆形，顶部短尖或钝圆而中部略凹下，呈黄褐色，无刺；花期 4~5 月，果期 10 月。

基本属性	光照性：强	生长速度：中
	生物习性：落叶	根系特点：深根
	观赏特性：观花、观叶	观赏期：4~11 月

园林应用： 庭荫树、园景树，适种于学校、居住区、公园、厂区等。

二十七、无患子科

64. 川滇无患子 *Sapindus delavayi*

植物名：川滇无患子	学　名：*Sapindus delavayi*
别　名：皮哨子、打冷冷、菩提子	科　属：无患子科无患子属

产地分布：分布于中国云南、四川、贵州和湖北西部；在云南中部和西北部及四川西南部较常见，生于海拔1200~2600 米处的密林中，是我国西南各地较常见的栽培植物，陕西和甘肃偶有种植；属于中国特有种。

形态特征：落叶乔木，高达 10 余米；树皮呈黑褐色；小枝被短柔毛；叶轴有疏柔毛；小叶 4~6 对，少数为 7 对，对生，少数近互生，纸质，呈卵形或卵状长圆形；花序顶生，直立，三轴和分枝均较粗壮，被柔毛；花两侧对称；果爿接近球形，呈黄色；花期夏初，果期秋末。

基本属性	光照性：强	生长速度：中
	生物习性：落叶	根系特点：深根
	观赏特性：观叶	观赏期：10~12 月

园林应用：庭荫树、园景树、行道树，适种于学校、居住区、公园、厂区、道路等。

65. 复羽叶栾 *Koelreuteria bipinnata*

植物名：复羽叶栾	学　名：*Koelreuteria bipinnata*
别　名：云南栾树、复羽叶栾树	科　属：无患子科栾属

产地分布：分布于中国陕西、甘肃、河南、湖北、四川、云南、贵州、湖南、浙江等地，现各地广泛栽种。

形态特征：落叶乔木，高可达 20 余米；皮孔圆形或椭圆形；枝具小疣点；叶平展，回羽状复叶，长 45~70 厘米；叶轴和叶柄向轴面常有一纵行皱曲的短柔毛；小叶 9~17 枚，互生，很少对生，纸质或接近革质，斜卵形，长 3.5~7 厘米，宽 2~3.5 厘米，顶端短尖至短渐尖，基部阔楔形或圆形，略偏斜，边缘有内弯的小锯齿，两面无毛或上面中脉上被微柔毛，下面密被短柔毛，有时杂以皱曲的毛；小叶柄长约 3 毫米或接近无柄。

基本属性	光照性：强	生长速度：中
	生物习性：落叶	根系特点：深根
	观赏特性：观花、观叶	观赏期：7~12 月

园林应用：庭荫树、园景树、行道树，适种于学校、居住区、公园、厂区、道路等。

二十八、槭树科

66. 三角枫 *Acer buergerianum*

植物名：三角枫	学　名：*Acer buergerianum*
别　名：枫树、三角槭	科　属：槭树科槭属

产地分布：产自中国山东、河南、江苏、浙江、安徽、江西、湖北、湖南、贵州和广东等地；生于海拔300~1000米的阔叶林中；现各地广泛栽种；日本也有分布。

形态特征：落叶乔木，高达10米；树皮呈褐色或深褐色，粗糙；小枝细瘦；当年生枝呈紫色或紫绿色，几乎无毛；多年生枝呈淡灰色或灰褐色，少数被蜡粉；叶纸质，基部接近于圆形或楔形，外貌呈椭圆形或倒卵形，通常浅3裂，裂片向前延伸，偶尔全缘，中央裂片呈三角卵形；花数量多，常成顶生被短柔毛的伞房花序，萼片5枚，呈黄绿色，卵形，无毛；翅果呈黄褐色；小坚果特别凸起；花期4月，果期8月。

基本属性	光照性：强	生长速度：慢
	生物习性：落叶	根系特点：浅根
	观赏特性：观叶	观赏期：9~11月

园林应用：庭荫树、园景树、行道树，适和于学校、居住区、公园、厂区、道路等。

67. 五角枫 *Acer elegantulum*

植物名：五角枫	学　名：*Acer elegantulum*
别　名：五角槭、秀丽槭、色木	科　属：槭树科槭属

产地分布：产自中国浙江西北部、安徽南部和江西等地，现各地广泛栽种。

形态特征：落叶乔木，高可达 15 米；树皮粗糙，呈深褐色；小枝呈圆柱形，无毛，当年生嫩枝呈淡紫绿色，多年生老枝呈深紫色；叶薄纸质或纸质，基部呈深心脏形或接近于心脏形，叶片的宽度大于长度，通常 5 裂，中央裂片与侧裂片呈卵形或三角状卵形，先端短急锐尖，尖尾长 8~10 毫米，基部的裂片较小，边缘具紧贴细圆齿，裂片间的凹缺锐尖，上面呈绿色，干燥后呈淡紫绿色，无毛，下面呈淡绿色，除脉腋被黄色丛毛外，其余部分无毛；初生脉 5 条，在两面均显著；次生脉 10~11 对，约以 80° 角与初生脉叉分，在下面的叶脉较在上面的叶脉显著，小叶脉仅微显著，叶柄长 2~4 厘米，呈淡紫绿色，无毛；花序呈圆锥状；翅果嫩时呈淡紫色，成熟后呈淡黄色；花期 5 月，果期 9 月。

基本属性	光照性：强	生长速度：中
	生物习性：落叶	根系特点：浅根
	观赏特性：观叶	观赏期：9~11 月

园林应用：庭荫树、园景树、行道树，适种于学校、居住区、公园、厂区、道路等。

68. 小叶青皮槭 *Acer cappadocicum* var. *sinicum*

植物名：小叶青皮槭	学　名：*Acer cappadocicum* var. *sinicum*
别　名：青榨槭	科　属：槭树科槭属

产地分布：产自中国湖北西部、四川和云南等地。

形态特征：落叶乔木，高可达 20 米；小枝平滑，呈紫绿色，无毛；叶纸质，基部接近心脏形或截形，常 5 裂，裂片短而宽，先端锐尖至尾状锐尖；主脉 5 条，在上面显著，在下面凸起，侧脉仅在下面微显著；叶柄细瘦，呈淡紫色；花序呈伞房状，无毛；花杂性，雄花与两性花伺株，呈黄绿色；翅果较小，坚果呈压扁状；花期 4 月，果期 8 月。

基本属性	光照性：强	生长速度：慢
	生物习性：落叶	根系特点：浅根
	观赏特性：观叶	观赏期：9~11 月

园林应用：庭荫树、园景树、行道树，适种于学校、居住区、公园、厂区、道路等。

69. 鸡爪槭 *Acer palmatum*

植物名：鸡爪槭	学　名：*Acer palmatum*
别　名：日本红枫	科　属：槭树科槭属

产地分布：产自中国山东、河南南部、江苏、浙江、安徽、江西、湖北、湖南、贵州等地；生于海拔 200~1200 米的林边或疏林中；朝鲜和日本也有分布。

形态特征：落叶小乔木，高可达 8 米；树皮呈深灰色；小枝细瘦；当年生枝呈紫色或淡紫绿色；多年生枝呈淡灰紫色或深紫色；叶纸质，外貌圆形，基部呈心脏形或接近于心脏形、稀截形，5~9 掌状分裂，通常 7 裂，深达叶片的直径的 1/2 或 1/3，叶柄细瘦，无毛；花呈紫色，杂性，雄花与两性花同株，生于无毛的伞房花序，叶发出以后才开花；翅果嫩时呈紫红色，成熟时呈淡棕黄色；小坚果球形，脉纹显著；翅与小坚果张开成钝角；花期 5 月，果期 9 月。

经过多年培育，鸡爪槭已有多个栽培品种。

基本属性	光照性：强	生长速度：中
	生物习性：落叶	根系特点：浅根
	观赏特性：观叶	观赏期：3~11 月

园林应用：庭荫树、园景树，适种于学校、居住区、公园、厂区、道路等。

70. 金沙槭 *Acer paxii*

植物名：金沙槭	学 名：*Acer paxii*
别 名：川滇三角枫、川滇三角槭、金江槭	科 属：槭树科槭属

产地分布：产自中国金沙江流域的四川西南部和云南西北部；现云南省广泛栽种。

形态特征：常绿乔木，高可达10米；枝支呈褐色或深褐色，粗糙；小枝细瘦，无毛；当年生枝呈紫色或紫绿色；多年生枝呈灰绿色或褐色；叶厚革质，基部呈阔楔形，少数为圆形，外貌接近于长圆卵形、倒卵形或圆形；中裂片呈三角形，先端钝尖或短渐尖；花呈绿色，杂性，萼片5枚，呈黄绿色，无毛，披针形；翅果嫩时呈黄绿色或绿褐色；小坚果特别凸起，呈卵圆形；花期3月，果期8月。

基本属性	光照性：强	生长速度：慢
	生物习性：常绿	根系特点：浅根
	观赏特性：观花、观果	观赏期：3~10月

园林应用：庭荫树、园景树，适种于学校、居住区、公园、厂区等。

71. 红枫 *Acer palmatum 'Atropurpureum'*

植物名：红枫	学　名：*Acer palmatum 'Atropurpureum'*
别　名：红鸡爪槭、紫红鸡爪槭	科　属：槭树科槭属

产地分布：产自中国江苏、江西、湖北等地。

形态特征：落叶小乔木，树高 2~4 米；枝条多细长光滑，偏紫红色；叶掌状，5~7 深裂纹，直径 5~10 厘米，裂片呈卵状披针形，先端尾状尖，缘有重锯齿；花顶生伞房花序，呈紫色；翅果，翅长 2~3 厘米，两翅间呈钝角；早春发芽时，嫩叶艳红，密生白色软毛，叶片舒展后渐脱落，叶色转为淡紫色或暗绿色。

基本属性	光照性：强	生长速度：中
	生物习性：落叶	根系特点：浅根
	观赏特性：观叶	观赏期：3~11 月

园林应用：庭荫树、园景树，适种于学校、居住区、公园、厂区等。

二十九、漆树科

72. 黄连木 *Pistacia chinensis*

植物名：黄连木	学　名：*Pistacia chinensis*
别　名：木黄连、木萝树、田苗树、鸡冠木、黄连树	科　属：漆树科黄连木属

产地分布：产自中国长江以南各省区及华北、西北地区，现各地广泛栽种。

形态特征：落叶乔木，高达 20 余米；树干扭曲．树皮呈暗褐色，呈鳞片状剥落，幼枝呈灰棕色，具细小皮孔；奇数羽状复叶互生，叶轴具条纹，被微柔毛，小叶对生或接近对生，纸质；花单性异株，先花后叶，圆锥花序腋生；核果呈倒卵状球形，略扁，直径约 5 毫米，成熟时呈紫红色，干燥后具纵向细条纹，先端细尖；花期 2~4 月，果期 8~11 月；早春时，嫩叶为红色，入秋后，叶又变成深红或橙黄色，红色的雌花序也极为美观。

基本属性	光照性：强	生长速度：慢
	生物习性：落叶	根系特点：深根
	观赏特性：观叶	观赏期：9~12 月

园林应用：庭荫树、园景树、行道树，适种于学校、居住区、公园、厂区、道路等。

三十、肋果茶科

73. 肋果茶 *Sladenia celastrifolia*

植物名：肋果茶	学　名：*Sladenia celastrifolia*
别　名：毒药树	科　属：肋果茶科肋果茶属

产地分布：产自云南南部及贵州兴义、广西隆林县，云南滇中地区栽培做行道树。

形态特征：常绿乔木，高达 14 米；幼枝被柔毛，后变无毛，常具棱角；叶纸质，呈卵形或长圆状椭圆形，先端渐尖至尾尖，基部呈楔形，常下延，边缘具锯齿，表面呈绿色，背面干燥后常变为黄褐色，幼叶背面被柔毛，成叶两面无毛，中脉在表面凹陷，背面隆起；有花 15 朵，花序轴和花梗被柔毛或无毛；花瓣呈长圆形，先端圆形，无毛；种子呈三棱状膨大，具膜质翅，长约 3 毫米，宽约 1 毫米。

基本属性	光照性：中	生长速度：中
	生物习性：常绿	根系特点：浅根
	观赏特性：观叶	观赏期：全年

园林应用：庭荫树、园景树、行道树，适种于学校、居住区、公园、厂区、道路等。

三十一、山茱萸科

74. 头状四照花 *Cornus capitata*

植物名：头状四照花	学　名：*Cornus capitata*
别　名：山荔枝、鸡嗉子、峨眉四照花	科　属：山茱萸科四照花属

产地分布：产自中国浙江南部、湖北西部及广西、四川、贵州、云南、西藏等地；云南大部分地区有栽培。

形态特征：常绿乔木，高 3~15 米；树皮呈褐色或灰黑色，纵裂；幼枝呈灰绿色，有白色贴生短柔毛，老枝呈灰褐色，毛被稀疏；冬芽小，呈圆锥形，密被白色纸毛；叶对生，薄革质或革质，呈长圆椭圆形或长圆披针形，先端突尖，有时具短尖尾，基部呈楔形或宽楔形，上面呈亮绿色，被白色贴生短柔毛，下面呈灰绿色，密被白色较粗的贴生短柔毛，中脉在上面稍明显，下面隆起，侧脉 4~5 对，弓形内弯，叶上面稍下凹，下面凸起，脉腋通常有孔穴，无毛或有白色须状毛；头状花序呈球形，由 100 余朵绿色花聚集而成，总苞片 4 枚，呈白色或红色，呈倒卵形或阔倒卵形，少数接近圆形；果序呈扁球形，成熟时呈紫红色；花期 5~6 月；果期 9~10 月。

基本属性	光照性：中	生长速度：中
	生物习性：常绿	根系特点：浅根
	观赏特性：观花、观果	观赏期：5~6 月，9~10 月

园林应用：庭荫树、园景树，适种于学校、居住区、公园、厂区等。

三十二、蓝果树科

75. 喜树 *Camptotheca acuminata*

植物名：喜树	学　名：*Camptotheca acuminata*
别　名：千丈树、旱莲木、薄叶喜树	科　属：蓝果树科喜树属

产地分布：产自中国江苏南部、浙江、福建、江西、湖北、湖南、四川、贵州、广东、广西、云南等地，在四川西部成都平原和江西东南部均较常见。

形态特征：落叶乔木，高达 20 余米；树皮呈灰色或浅灰色，纵裂成浅沟状；小枝呈圆柱形，平展，当年生枝呈紫绿色，有灰色微柔毛，多年生枝呈淡褐色或浅灰色，无毛，有很稀疏的圆形或卵形皮孔；冬芽腋生，锥状，有 4 对卵形的鳞片，外面有短柔毛；叶互生，纸质，呈矩圆状卵形或矩圆状椭圆形，顶端短锐尖，基部呈圆形或阔楔形，全缘，上面呈亮绿色，幼时脉上有短柔毛，其后无毛，下面呈淡绿色，疏生短柔毛；叶柄长 1.5~3 厘米，上面扁平或略呈浅沟状，下面呈圆形，幼时有微柔毛，其后几乎无毛；头状花序接近球形，常由 2~9 个头状花序组成圆锥花序，顶生或腋生；花杂性，同株；花瓣 5 枚，呈淡绿色，呈矩圆形或矩圆状卵形，顶端锐尖，长 2 毫米，外面密被短柔毛，早落；翅果呈矩圆形，长 2~2.5 厘米，顶端具宿存的花盘，两侧具窄翅，幼时呈绿色，干燥后呈黄褐色，着生成近似球形的头状果序；花期 5~7 月，果期 9 月。

基本属性	光照性：强	生长速度：快
	生物习性：落叶	根系特点：深根
	观赏特性：观果	观赏期：9 月

园林应用：庭荫树、园景树，适种于学校、居住区、公园、厂区等。

三十三、柿科

76. 君迁子 *Diospyros lotus*

植物名：君迁子	学　名：*Diospyros lotus*
别　名：软枣、黑枣、牛奶柿	科　属：柿科柿属

产地分布：产自中国山东、辽宁、河南、河北、山西、陕西、甘肃、江苏、浙江、安徽、江西、湖南、湖北、贵州、四川、云南、西藏等地；亚洲西部、欧洲南部亦有分布，在地中海各国均有栽培。

形态特征：落叶乔木，高达 30 米；树冠接近球形或扁球形；树皮呈灰黑色或灰褐色，深裂或不规则的厚块状剥落；小枝呈褐色或棕色，有纵裂的皮孔，嫩枝通常呈淡灰色，少数带紫色，平滑，偶有黄灰色短柔毛；叶接近膜质，呈椭圆形或长椭圆形，先端渐尖或急尖，基部钝；花冠呈壶形，呈红色或淡黄色；果接近球形或椭圆形，初熟时为淡黄色，后变为蓝黑色，常被有白色薄蜡层；花期 5~6 月，果期 10~11 月。

基本属性	光照性：中	生长速度：快
	生物习性：落叶	根系特点：深根
	观赏特性：观花、观叶	观赏期：5~11 月

园林应用：庭荫树、园景树，适种于学校、居住区、公园、厂区等。

77. 柿 *Diospyros kaki*

植物名：柿	学　名：*Diospyros kaki*
别　名：柿子	科　属：柿科柿属

产地分布：原产自中国长江流域，辽宁、甘肃、四川、云南、台湾等地区多有栽培。朝鲜、日本、东南亚、大洋洲、北非的阿尔及利亚、法国、美国等有栽培。

形态特征：落叶乔木，高达 10 米；树皮呈深灰色至灰黑色，或者呈黄灰褐色至褐色，沟纹较密，裂成长方块状；树冠呈球形或长圆球形；枝开展，呈绿色至褐色，无毛；叶纸质，呈卵状椭圆形、倒卵形或接近圆形；花冠呈淡黄白色或黄白色而带紫红色，壶形或接近钟形，较花萼短小；果形有球形、扁球形、略方的球形、卵形等，基部通常有棱，嫩时呈绿色，后变黄色或橙黄色，果肉较脆硬，老熟时果肉变得柔软多汁，呈橙红色或大红色等，有种子数颗；种子呈褐色，椭圆状，在栽培品种中通常无种子或有少数种子；宿存萼在花后增大增厚，4 裂，呈方形或近圆形，近平扁，厚革质或干燥时近似木质，外面有伏柔毛，后变无毛，里面密被棕色绢毛，裂片革质，果柄粗壮；花期 5~6 月，果期 9~10 月。

基本属性	光照性：强	生长速度：快
	生物习性：落叶	根系特点：深根
	观赏特性：观果	观赏期：9~10 月

园林应用：庭荫树、园景树，适种于学校、居住区、公园、厂区等。

三十四、安息香科

78. 大花野茉莉 *Styrax grandiflorus*

植物名：大花野茉莉 别　名：安息香、兰屿安息香	学　名：*Styrax grandiflorus* 科　属：安息香科安息香属

产地分布：产自中国西藏、云南、贵州、广西、广东和台湾；生于海拔 1000~2100 米疏林中；不丹、印度、缅甸和菲律宾也有分布。

形态特征：落叶乔木，高达 7 米；树皮呈灰色；叶纸质或接近革质，呈椭圆形、长椭圆形或卵状长圆形，顶端急尖，基部呈楔形或阔楔形；叶柄长 5~7 毫米，疏被星状短柔毛；总状花序顶生，有花 3~9 朵，有时为 1~2 朵，花生于下部叶腋；花序梗和小苞片密被黄褐色星状柔毛；花呈白色，小苞片呈线形；灵实呈卵形，顶端具短尖头，密被灰黄色星状绒毛，干燥时具皱纹，3 瓣开裂；种子呈卵形，褐色，有深皱纹；花期 4~6 月，果期 3~10 月。

基本属性	光照性：强 生物习性：落叶 观赏特性：观花、观果	生长速度：慢 根系特点：浅根 观赏期：4~6 月，8~10 月

园林应用：庭荫树、园景树，适种于学校、居住区、公园、厂区等。

三十五、木犀科

79. 桂花 *Osmanthus fragrans*

植物名：桂花
别　名：木犀

学　名：*Osmanthus fragrans*
科　属：木犀科木犀属

产地分布：原产自中国西南地区；现各地广泛栽培。

形态特征：常绿乔木或灌木，高 3~5 米，最高可达 18 米；树皮呈灰褐色；小枝呈黄褐色，无毛；叶片革质，呈椭圆形、长椭圆形或椭圆状披针形，先端渐尖，基部渐狭呈楔形或宽楔形，全缘或通常上半部具细锯齿，两面无毛，腺点在两面连成小水泡状突起；聚伞花序簇生于叶腋，或接近于帚状，每腋内有花多朵；苞片呈宽卵形，质厚；花极芳香；花冠呈黄白色、淡黄色、黄色或桔红色；果歪斜，椭圆形，呈紫黑色；花期 9~10 月上旬，果期翌年 3 月。
桂花经过长期栽植、自然杂交和人工选育，就花色而言，有金桂、银桂、丹桂、四季桂之分。

四季桂品种群：丛生灌木状，树形低矮，分枝短密，树冠呈圆球形；新叶呈深红色，老熟叶呈绿色或黄绿色；叶片呈椭圆状阔卵圆形，全缘或疏生锯齿，叶缘波状不明显；叶质较薄，叶面的叶肉略凸起，网脉较明显；四季桂的花芽常单生或 2~3 枚叠生，四季开花，每年 9 月至次年 3 月分批开花，花色较淡，为乳黄色至柠檬黄色，花香不及银桂、金桂、丹桂浓郁。

丹桂品种群：常绿灌木，树冠呈圆球形；树皮呈浅灰色，较平滑，皮孔稀疏；叶革质，呈长椭圆形或椭圆形，叶面较平整，叶缘反卷，全缘，先端偶有疏齿，基部呈宽楔形；先端钝尖或短尖；侧脉 8~10 对，网脉两面明显；花色橙红，花冠稍内扣，香味淡，花期 9 月下旬至 10 月上旬；秋季开花，花色较深，呈橙黄、橙红至朱红色，气味浓郁，叶片厚。

金桂品种群：常绿小乔木，树冠呈圆球形；树势强健，枝条挺拔；树皮呈灰色，皮孔呈圆形或椭圆形，春梢比较粗壮，叶色深绿，革质，富有光泽；叶片呈椭圆形，叶面不平整，叶缘微波曲，反卷明显；全缘，偶先端有锯齿；花色黄，有浓香，不结果实；秋季开花，花呈柠檬黄或金黄色。

银桂品种群：常绿小乔木，树冠呈圆球形，大枝开展，枝叶稠密，长势良好；树皮呈浅灰色，皮孔多且大，形似雪花，非常明显；叶片呈绿色或深绿色，厚革质，有光泽，长椭圆或椭圆形；叶片较宽阔且厚实；叶面较平展；叶缘浅波状、反卷、全缘、偶先端有疏齿；秋季开花，花呈纯白色、乳白色、黄白色或淡黄色，香气浓郁。

基本属性	光照性：强	生长速度：慢
	生物习性：常绿	根系特点：浅根
	观赏特性：全株	观赏期：全年

园林应用：庭荫树、园景树，适种于学校、居住区、公园、厂区等。

三十六、玄参科

80. 毛泡桐 *Paulownia tomentosa*

植物名：毛泡桐
别　名：紫花桐、毛花泡桐

学　名：*Paulownia tomentosa*
科　属：玄参科泡桐属

产地分布：分布于中国河北、河南、山东、江苏、安徽、湖北、江西等地，云南部分公园有种植；日本、朝鲜、欧洲和北美洲也有引种栽培。

形态特征：落叶乔木，高可达 20 米，树冠宽大伞形，树皮呈褐灰色；小枝有明显皮孔，幼时常具黏质短腺毛；叶片呈心脏形，顶端锐尖头，全缘或波状浅裂，上面毛稀疏，下面毛密或较疏，老叶下面的灰褐色树枝状毛常具柄和 3~12 条细长丝状分枝，新枝上的叶较大，其毛常不分枝，有时具黏质腺毛；叶柄常有黏质短腺毛；花序枝的侧枝不发达，长约中央主枝之半或稍短，故花序为金字塔形或狭圆锥形，小聚伞花序的总花梗长 1~2 厘米，几乎与花梗等长，具花 3~5 朵；萼呈浅钟形，长约 1.5 厘米，外面绒毛不脱落，分裂至中部或裂过中部，萼齿呈卵状长圆形，在花中锐头或稍钝头至果中钝头；花冠呈紫色，漏斗状钟形，在离管基部约 5 毫米处弓曲，向上突然膨大，外面有腺毛，内面几乎无毛；蒴果呈卵圆形，幼时密生黏质腺毛，宿萼不反卷；种子连翅长 2.5~4 毫米；花期 4~5 月，果期 8~9 月。

基本属性	光照性：强	生长速度：快
	生物习性：落叶	根系特点：深根
	观赏特性：观花	观赏期：4~5 月

园林应用：庭荫树、园景树，适种于学校、居住区、公园、厂区等。

三十七、紫葳科

81. 滇楸 *Catalpa fargesii*

植物名：滇楸	学　名：*Catalpa fargesii*
别　名：紫楸、楸木、紫花楸、灰楸	科　属：紫葳科梓属

产地分布：产自中国湖北、湖南、四川、贵州、云南等地；生于村庄、公路附近。

形态特征：落叶乔木，高达 25 米；幼枝、花序、叶柄均无毛；叶厚纸质，呈卵形或三角状心形，顶端渐尖，基部呈截形或微心形，侧脉 4~5 对，基部有 3 出脉；顶生伞房状总状花序，有花 7~15 朵；花萼 2 裂至基部，裂片呈卵圆形；花冠呈淡红色至淡紫色，内面具紫色斑点，钟状；蒴果呈细圆柱形，下垂，果爿革质，2 裂；种子呈椭圆状线形，薄膜质，两端具丝状种毛；花期 3~5 月，果期 6~11 月。

基本属性	光照性：中	生长速度：快
	生物习性：落叶	根系特点：浅根
	观赏特性：观花、观果	观赏期：3~11 月

园林应用：庭荫树、园景树、行道树，适种于学校、居住区、公园、厂区、道路等。

82. 蓝花楹 *Jacaranda mimcsifolia*

植物名：蓝花楹	学　名：*Jacaranda mimosifolia*
别　名：无	科　属：紫葳科蓝花楹属

产地分布：原产自南美洲巴西、玻利维亚、阿根廷；中国广东、海南、广西、福建、云南地区有栽培供庭院观赏。

形态特征：落叶乔木，高达 15 米；叶对生，为二回羽状复叶，羽片通常在 16 对以上，每 1 羽片有小叶 16~24 对；小叶呈椭圆状披针形或椭圆状菱形，长 6~12 毫米，宽 2~7 毫米，顶端急尖，基部呈楔形，全缘；花呈蓝色，花序长达 30 厘米，直径约 18 厘米；花萼筒状，长宽均约 5 毫米，萼齿 5 枚；花冠筒细长，呈蓝色，下部微弯，上部膨大，长约 18 厘米，花冠裂片呈圆形；雄蕊 4 枚，为二强雄蕊，花丝着生于花冠筒中部；子房呈圆柱形，无毛；蒴果木质，呈扁卵圆形，长宽均约 5 厘米，中部较厚，四周逐渐变薄，不平展；花期 5~6 月，11 月至次年 1 月叶片呈金黄色。

基本属性	光照性：强	生长速度：中
	生物习性：落叶	根系特点：浅根
	观赏特性：观花、观叶	观赏期：5~6 月观花，11 月至次年 1 月观叶

园林应用：庭荫树、园景树、行道树，适于于学校、居住区、公园、厂区、道路等。

第二章 灌木植物

一、苏铁科

1. 苏铁 *Cycas revoluta*

植物名：苏铁	学　名：*Cycas revoluta*
别　名：铁树、凤尾铁、凤尾松	科　属：苏铁科苏铁属

产地分布：产于福建、台湾、广东，全国各地均有栽培。

形态特征：株高 50~60 厘米，最高可达 2 米；羽状叶从茎的顶部生出，下层的向下弯，上层的斜上伸展，整个羽状叶的轮廓呈倒卵状狭披针形；羽状裂片达 100 对以上，条形，厚革质，坚硬，向上斜展微成"V"字形，边缘显著地向下反卷，上部微渐窄，先端有刺状尖头，基部窄，两侧不对称，下侧下延生长，上面呈深绿色，有光泽，中央微凹，凹槽内有稍隆起的中脉，下面呈浅绿色，中脉显著隆起，两侧有疏柔毛或无毛；雄球花呈圆柱形，小孢子飞叶呈窄楔形，上面近于龙骨状，下面中肋及顶端密生黄褐色或灰黄色长绒毛，花药通常 3 个聚生；大孢子叶密生淡黄色或淡灰黄色绒毛，上部的顶片呈卵形或长卵形，边缘羽状分裂；种子呈红褐色或桔红色；花期 6~8 月，种子 10 月成熟。

基本属性	光照性：中	观赏特性：观叶
	生物习性：常绿	观赏期：全年

园林应用：适种于学校、居住区、公园、厂区等。

二、柏科

2. 铺地柏 *Juniperus procumbens*

植物名：侧柏

别　名：葡地柏、矮桧、偃柏

学　名：*Juniperus procumbens*

科　属：柏科圆柏属

产地分布：原产自日本；中国大连、青岛、庐山、昆明及华东地区各大城市均引种栽培作观赏树。

形态特征：葡匐灌木，高达75厘米；枝条延地面扩展，呈褐色，密生小枝，枝梢及小枝向上斜展；刺形叶三叶交叉轮生，呈条状披针形，先端渐尖成角质锐尖头，长6~8毫米，上面凹，有两条白粉气孔芦，气孔带常在上部汇合，绿色中脉仅下部明显，不达叶之先端，下面凸起，呈蓝绿色，沿中脉有细纵槽；球果接近球形，被白粉，成熟时呈黑色，直径8~9毫米，有2~3粒种子；种子长约4毫米，有棱脊，花期3~4月，球果10月成熟。

基本属性	光照性：强	观赏特性：全株
	生物习性：常绿	观赏期：全年

园林应用：适种于学校、公园、厂区等。

三、木兰科

3. 云南含笑 *Michelia yunnanensis*

植物名：云南含笑	学　名：*Michelia yunnanensis*
别　名：皮袋香、溜叶含笑	科　属：木兰科含笑属

产地分布： 产自中国云南中部、南部；生于海拔 1100~2300 米的山地灌丛中。

形态特征： 常绿灌木，枝叶茂密，高可达 4 米；芽、嫩枝、嫩叶上面及叶柄、花梗密被深红色平伏毛；叶革质，呈倒卵形、狭倒卵形、狭倒卵状椭圆形，先端圆钝或短急尖，基部呈楔形，上面呈深绿色，有光泽，下面常残留平伏毛；托叶痕为叶柄长的 2/3 或一直延至顶端；花呈白色，极芳香，花被片 6~17 枚，呈倒卵形、倒卵状椭圆形，内轮狭小；其聚合果通常仅 5~9 个蓇葖发育，蓇葖呈扁球形；花期 3~4 月，果期 8~9 月。

基本属性	光照性：中	观赏特性：观花
	生物习性：常绿	观赏期：花期 3~4 月

园林应用： 适种于花篱，或单株种植于庭院、公园，也可配植于花台、花景。

四、樟科

4. 香面叶 *Lindera caudata*

植物名：香面叶	学　名：*Lindera caudata*
别　名：香油果、朴香果	科　属：樟科山胡椒属

产地分布：产自中国云南南部及广西西部；生于海拔 700~2300 米的灌丛、疏林、路边、林缘等处；印度、缅甸、泰国、老挝、越南也有分布。

形态特征：常绿灌木，高约 2 米；树皮呈黑灰色；枝条纤细，幼时密被黄褐色短柔毛，老时毛脱落后枝条变黑褐色，具纵向细条纹，有长圆形皮孔；叶互生，呈长卵形或椭圆状披针形，薄革质，上面干燥时呈褐色或绿褐色，下面近苍白色，离基 3 出脉，侧脉离基部 1~3 毫米处弧曲上延至叶缘先端，中、侧脉上凹下凸；叶柄长 5~13 毫米，毛被同幼枝；伞形花序退化成每花序只有 1 朵花，无总梗，2~8 个花序集生于腋生短枝上，短枝果时伸长；果接近球形，成熟时变黑紫色；花期 10 月至次年 4 月，果期 3~10 月。

基本属性	光照性：中	观赏特性：全株
	生物习性：常绿	观赏期：全年

园林应用：适种于绿篱、灌木球，适用于公园、居住区、厂区等。

5. 香叶树 *Lindera communis*

植物名：香叶树	学　名：*Lindera communis*
别　名：香果树、野木姜子	科　属：樟科山胡椒属

产地分布：产自中国陕西、甘肃、湖南、湖北、江西、浙江、福建、台湾、广东、广西、云南、贵州、四川等地；常见于干燥砂质土壤，散生或混生于常绿阔叶林中；中南半岛也有分布。

形态特征：常绿灌木，高约 2 米；树皮呈淡褐色；当年生枝条纤细，平滑，具纵条纹，呈绿色，干燥时呈棕褐色，基部有密集芽鳞痕；多年生枝条粗壮，无毛，皮层不规则纵裂；顶芽呈卵形，长约 5 毫米；叶互生，通常呈披针形、卵形或椭圆形，上面呈绿色，无毛，羽状脉；伞形花序具 5~8 朵花，单生或 2 个同生于叶腋，总梗极短；果呈卵形，也有时因略小而接近球形，无毛，成熟时呈红色；果梗长 4~7 毫米，被黄褐色微柔毛；花期 3~4 月，果期 9~10 月。

基本属性	光照性：中	观赏特性：全株
	生物习性：常绿	观赏期：全年

园林应用：适种于绿篱、灌木球，适用于公园、居住区、厂区等。

五、小檗科

6. 南天竹 *Nandina domestica*

| 植物名：南天竹 | 学　名：*Nandina domestica* |
| 别　名：蓝田竹、红天竺 | 科　属：小檗科南天竹属 |

产地分布：产自中国长江流域及陕西、河南、河北、山东、浙江、广东、广西、云南、贵州、四川等地。

形态特征：常绿灌木，茎常丛生而少分枝，高可达3米，光滑无毛，幼枝常为红色，老后呈灰色；叶互生，集生于茎的上部，三回羽状复叶，长30~50厘米；二至三回羽片对生；小叶薄革质，呈椭圆形或椭圆状披针形，长2~10厘米，宽0.5~2厘米，顶端渐尖，基部呈楔形，全缘，上面呈深绿色，冬季变红色，背面叶脉隆起，两面无毛；圆锥花序直立；花小，呈白色，具芳香；花瓣呈长圆形，先端圆钝；浆果呈球形，直径5~8毫米，熟时呈鲜红色，偶尔呈橙红色；花期3~6月，果期5~11月。

| 基本属性 | 光照性：中 | 观赏特性：全株 |
| | 生物习性：常绿 | 观赏期：全年 |

园林应用：适种于庭院、公园、绿篱、道路、厂区等。

7. 十大功劳 *Mahonia fortunei*

植物名：十大功劳	学　名：*Mahonia fortunei*
别　名：细叶十大功劳	科　属：小檗科十大功劳属

产地分布： 产自中国广西、四川、贵州、湖北、江西、浙江等地。

形态特征： 常绿灌木，高可达 2 米；叶呈倒卵形或倒卵状披针形，长 10~28 厘米，宽 8~18 厘米，具 2~5 对小叶，最下一对小叶外形与上小叶相似，距叶柄基部 2~9 厘米，上面呈暗绿至深绿色，叶脉不显，背面呈淡黄色，偶尔呈稍苍白色，叶脉隆起，往上渐短；总状花序 4~10 个簇生，长 3~7 厘米；外萼片呈卵形或三角状卵形；浆果呈球形，紫黑色，被白粉；花期 7~9 月，果期 9~11 月。

基本属性	光照性：强	观赏特性：全株
	生物习性：常绿	观赏期：全年

园林应用： 适种于绿篱、学校、居住区、公园、道路、厂区等。

8. 阔叶十大功劳 *Mahonia bealei*

植物名：阔叶十大功劳	学　名：*Mahonia bealei*
别　名：土黄连、八角刺、刺黄柏、黄天竹	科　属：小檗科十大功劳属

产地分布：分布于中国辽宁、江苏、浙江、安徽、福建、江西、河南、湖北、湖南、广东、广西、重庆、四川、陕西、甘肃等地。

形态特征：常绿灌木，高可达 4 米；叶呈狭倒卵形或长圆形，长 27~51 厘米，宽 10~20 厘米，具 4~10 对小叶，最下一对小叶距叶柄基部 0.5~2.5 厘米，上面呈暗灰绿色，背面被白霜，有时呈淡黄绿色或苍白色，两面叶脉不显，叶轴粗 2~4 毫米，节间长 3~10 厘米，小叶厚革质，硬直，自叶下部往上小叶渐次变长而狭，最下一对小叶呈卵形，花黄色；浆果呈卵形，深蓝色，被白粉，花期 9 月至翌年 1 月，果期 3~5 月。

基本属性	光照性：强	观赏特性：全株
	生物习性：常绿	观赏期：全年

园林应用：适种于绿篱、学校、居住区、公园、道路、厂区等。

六、千屈菜科

9. 萼距花 *Cuphea hookeriana*

植物名：萼距花	学　名：*Cuphea hookeriana*
别　名：紫花满天星	科　属：千屈菜科萼距花属

产地分布：原产自墨西哥，中国云南等地常用作地被，中国北京等地有引种。

形态特征：常绿灌木，高 30~70 厘米，茎直立，粗糙，被粗毛及短小硬毛，分枝细，密被短柔毛；叶薄革质，呈披针形或卵状披针形，偶有矩圆形，顶部呈线状披针形，顶端长渐尖，基部呈圆形或阔楔形，下延至叶柄，幼时两面被贴伏短粗毛，后渐脱落而粗糙，侧脉约 4 对，上面凹下，下面明显凸起，叶柄极短；花单生于叶柄之间或接近腋生，组成少花的总状花序；花梗纤细；花萼基部上方呈红色，背部特别明显，密被黏质的柔毛或绒毛；花瓣 6 枚，其中上方 2 枚特大而显著，呈矩圆形，深紫色，波状，具爪，其余 4 枚极小，呈锥形，有时消失；雄蕊 11~12 枚，其中 5~6 枚较长，突出萼筒之外，花丝被绒毛；子房呈矩圆形；花期 5~9 月。

基本属性	光照性：中	观赏特性：观花
	生物习性：常绿	观赏期：5~9 月

园林应用：适种于学校、居住区、庭院、公园、道路、厂区等。

七、紫茉莉科

10. 叶子花 *Bougainvillea spectabilis*

植物名：叶子花	学　名：*Bougainvillea spectabilis*
别　名：三角梅、三角花、九重葛、毛宝巾	科　属：紫茉莉科叶子花属

产地分布：原产自热带美洲，中国南方有栽培供观赏。

形态特征：藤状灌木；枝、叶密生柔毛；刺腋生、下弯；叶片呈椭圆形或卵形，基部为圆形；花序腋生或顶生；苞片为椭圆状卵形，基部呈圆形或心形，颜色种类多是暗红色或淡紫红色，还具备淡粉色、淡橙色等多种色彩品种；花被是绿色管狭筒形，裂片开展呈黄色；子房具柄；果实密生毛；花期11月至翌年4月。

基本属性	光照性：强	观赏特性：观花
	生物习性：常绿	观赏期：11月至翌年4月

园林应用：适种于学校、居住区、公园、道路、厂区、高架桥等。

11. 光叶子花 *Bougainvillea glabra*

植物名：光叶子花	学　名：*Bougainvillea glabra*
别　名：三角梅、三角花、宝巾	科　属：紫茉莉科叶子花属

产地分布： 原产自热带美洲，中国南方有栽培供观赏。

形态特征： 藤状灌木；茎粗壮，枝下垂，无毛或疏生柔毛；刺腋生；叶片纸质，呈卵形或卵状披针形，顶端急尖或渐尖，基部呈圆形或宽楔形，上面无毛，下面被微柔毛；叶柄长 1 厘米；花顶生枝端的 3 枚苞片内，花梗与苞片中脉贴生，每个苞片上生一朵花；苞片叶状，呈紫色或洋红色，长圆形或椭圆形，纸质；花被管长约 2 厘米，呈淡绿色，疏生柔毛，有棱，顶端 5 浅裂；花期 11 月至翌年 4 月。

基本属性	光照性：强	观赏特性：观花
	生物习性：常绿	观赏期：11 月至翌年 4 月

园林应用： 适种于学校、居住区、公园、道路、厂区、高架桥等。

八、海桐花科

12. 海桐 *Pittosporum tobira*

| 植物名：海桐 | 学　名：*Pittosporum tobira* |
| 别　名：海桐花、山矾、七里香、宝珠香、山瑞香 | 科　属：海桐花科海桐花属 |

产地分布：分布于长江以南滨海各地，内地多有栽培供观赏。

形态特征：常绿灌木，高可达6米；叶聚生枝顶，呈狭倒卵形，长5~12厘米，宽1~4厘米，全缘，顶端钝圆或内凹，基部呈楔形，边缘常外卷，有柄；聚伞花序顶生；夏季开花，呈花白色或带黄绿色，芳香；萼片、花瓣、雄蕊各5枚；子房上位，密生短柔毛；蒴果接近球形，有棱角，成熟时3瓣裂，果瓣木质；种子呈鲜红色；花期5月，果期10月。

| 基本属性 | 光照性：中 | 观赏特性：全株 |
| | 生物习性：常绿 | 观赏期：全年 |

园林应用：适种于学校、居住区、公园、道路、厂区等。

13. 昆明海桐 *Pittosporum kunmingense*

植物名：昆明海桐	学　名：*Pittosporum kunmingense*
别　名：无	科　属：海桐花科海桐花属

产地分布：分布于中国云南和贵州。

形态特征：大灌木，高可达 4 米，小枝无毛；干燥后呈灰褐色，老枝有皮孔；叶簇生于枝顶，二年生，薄革质，呈矩圆状倒披针形或倒披针形；先端急尖或渐尖，基部呈楔形，上面呈深绿色，稍发亮，下面无毛，干燥后呈浅绿色；网脉在两面均不明显；边缘稍有微波；伞形花序或伞房花序顶生或接近于顶生，基部有鳞状苞片，有花 2~12 朵，花瓣分离；花期 3~5 月。

基本属性	光照性：中	观赏特性：全株
	生物习性：常绿	观赏期：全年

园林应用：适种于学校、居住区、公园、厂区等。

九、山茶科

14. 茶梅 *Camellia sasanqua*

植物名：茶梅	学　名：*Camellia sasanqua*
别　名：无	科　属：山茶科山茶属

产地分布：目前在中国长江流域广泛栽培。

形态特征：叶革质，呈椭圆形，长 3~5 厘米，宽 2~3 厘米，先可端短尖，基部呈楔形，有时略圆，上面干燥后呈深绿色，发亮，下面呈褐绿色，无毛，侧脉 5~6 对，在上面不明显，在下面可见，网脉不显著；边缘有细锯齿，叶柄长 4~6 毫米，稍被残毛；花大小不一，直径 4~7 厘米；花瓣 6~7 枚，呈阔倒卵形，近离生，大小不一，最大的长 5 厘米，宽 6 厘米，呈红色；雄蕊离生，子房被茸毛，花柱长 1~1.3 厘米，3 深裂几乎接近离部；蒴果呈球形；花期 11 月至次年 3 月。

基本属性	光照性：中	观赏特性：观花
	生物习性：常绿	观赏期：11 月至次年 3 月

园林应用：适种于学校、庭院、居住区、公园、道路、厂区等。

15. 山茶 *Camellia sasanqua*

植物名：山茶	学 名：*Camellia sasanqua*
别 名：洋茶、茶花、晚山茶	科 属：山茶科山茶属

产地分布：在中国野生，仅见于浙江东部及沿海岛屿、山东半岛沿海岛屿和台湾等地。

形态特征：最高可达 13 米，呈灌木状；叶革质，呈椭圆形，长 5~10 厘米，先端钝尖或骤短尖，基部呈宽楔形，两面无毛，侧脉 7~8 对，具钝齿；叶柄长 0.8~1.5 厘米；单花顶生或腋生，呈红色；花无梗；苞片及萼片 10 枚，呈半圆形或圆形，长 0.4~2 厘米，被绢毛，脱落；花瓣 6~7 枚，外层 2 枚接近圆形，离生，长 2 厘米，被毛，余 5 枚呈倒卵形，长 3~4.5 厘米，无毛；蒴果呈球形，直径 3~5 厘米；花期 1~4 月，果期 9~10 月。

基本属性	光照性：中	观赏特性：观花
	生物习性：常绿	观赏期：1~4 月

园林应用：适种于学校、居住区、庭院、公园、道路、厂区等。

16. 滇山茶 *Camellia reticulata*

植物名：滇山茶	学　名：*Camellia reticulata*
别　名：红茶梅、云南山茶、滇茶花	科　属：山茶科山茶属

产地分布：产自中国云南，多栽培，品种繁多。

形态特征：灌木，最高可达 15 米；嫩枝无毛；叶呈阔椭圆形，先端尖锐或急短尖，基部呈楔形或圆形，上面干燥后呈深绿色，发亮，下面呈深褐色，无毛，侧脉 6~7 对，在上面能见，在下面突起，边缘有细锯齿，无毛；花顶生，呈红色，直径 10 厘米，无柄；背面多黄白色绢毛；花瓣呈红色，6~7 枚，最外 1 枚近似萼片，呈倒卵圆形，长 2.5 厘米，背有黄绢毛，其余各枚呈倒卵圆形；雄蕊长约 3.5 厘米，外轮花丝基部 1.5~2 厘米连结成花丝管，游离花丝无毛；子房有黄白色长毛；花期 11 月至翌年 2 月，果期 9~10 月。

基本属性	光照性：中 生物习性：常绿	观赏特性：观花 观赏期：11 月至翌年 2 月

园林应用：适种于学校、居住区、公园、厂区等。

十、桃金娘科

17. 红千层 *Callistemon rigidus*

植物名：红千层	学　名：*Callistemon rigidus*
别　名：瓶刷木、金宝树、红瓶刷	科　属：桃金娘科红千层属

产地分布：在中国广东、广西等地有栽培。

形态特征：树皮坚硬，呈灰褐色；嫩枝有棱，初时有长丝毛，不久变无毛；叶片坚革质，呈线形，先端尖锐，初时有毛，不久脱落，油腺点明显，干燥后突起，中脉在两面均突起，侧脉明显，边脉位于边上，突起；叶柄极短；穗状花序生于枝顶；花瓣呈绿色，卵形，长 6 毫米，宽 4.5 毫米，有油腺点；雄蕊呈鲜红色，花药呈暗紫色，椭圆形；花柱比雄蕊稍长，先端呈绿色，其余呈红色；蒴果呈半球形，花期 6~8 月。

基本属性	光照性：强	观赏特性：观花
	生物习性：常绿	观赏期：6~8 月

园林应用：适种于学校、居住区、庭院、公园、道路、厂区等。

18. 千层金 *Melaleuca bracteata*

植物名：千层金	学　名：*Melaleuca bracteata*
别　名：溪畔白千层、黄金串钱柳、金叶白千层	科　属：桃金娘科白千层属

产地分布：原产自澳大利亚，中国南方广为栽培，云南部分公园、道路有栽培。

形态特征：半常绿灌木，树高可达 6~8 米；主干直立，小枝细柔至下垂，呈微红色，被柔毛；叶互生，革质，呈金黄色，披针形或狭长圆形，长 1~2 厘米，宽 2~3 毫米，两端尖；基出脉 5 枚，具油腺点，香气浓郁；穗状花序生于枝顶，开花后花序轴能继续伸长；花呈白色；萼管呈卵形，先端 5 小圆齿裂；花瓣 5 枚；雄蕊多，分成 5 束；花柱略长与雄蕊；蒴果接近球形，3 裂。

基本属性	光照性：中	观赏特性：观叶
	生物习性：半常绿	观赏期：全年

园林应用：常做灌木及绿篱使用，少用做乔木，适种于学校、居住区、公园、厂区等。

十一、金丝桃科

19. 金丝桃 *Hypericum monogynum*

植物名：金丝桃	学　名：*Hypericum monogynum*
别　名：狗胡花、金线蝴蝶	科　属：金丝桃科金丝桃属

产地分布：分布于中国河北、陕西、山东、江苏、安徽、浙江、江西、福建、台湾、河南、湖北、湖南、广东、广西、四川、贵州等地。

形态特征：半常绿灌木，最高可达 1.3 米；叶呈倒披针形、椭圆形或长圆形，偶尔呈披针形或卵状三角形，具小突尖，基部呈楔形或圆形，上部叶有时呈心形，侧脉 4~6 对，网脉密，明显；近无柄；花序近伞房状，具 1~30 朵花；蒴果呈宽卵球形，偶尔呈卵状圆锥形或接近球形，长 0.6~1 厘米，直径 4~7 毫米，花期 6~7 月。

基本属性	光照性：中 生物习性：半常绿	观赏特性：观花 观赏期：6~7 月

园林应用：适种于学校、居住区、公园、道路、厂区等。

十二、野牡丹科

20. 紫花野牡丹 *Tibouchina semidecandra*

植物名：紫花野牡丹   学　名：*Tibouchina semidecandra*
别　名：巴西野牡丹、艳紫野牡丹   科　属：野牡丹科蒂牡花属

产地分布：原产于巴西，热带、亚热带地区广泛种植，中国南方地区栽培广泛，云南玉溪有栽培。

形态特征：常绿灌木，株高可达 1 米；枝条呈红褐色，四棱柱形被茸毛和糙伏毛；叶对生，呈长椭圆形或披针形；总状花序顶生，花冠呈紫蓝色，花瓣呈倒卵形；蒴果呈球形，密被毛　花期、果期全年。

基本属性	光照性：强	观赏特性：观花
	生物习性：常绿	观赏期：全年

园林应用：适种于公园、居住区、庭院、道路、花境等。

十三、锦葵科

21. 金铃花 *Abutilon pictum*

植物名：金铃花	学　名：*Abutilon pictum*
别　名：灯笼花、风铃花、网花苘麻、纹瓣悬铃花	科　属：锦葵科苘麻属

产地分布： 金铃花原产自南美洲的巴西、乌拉圭等地；中国河北、安徽、台湾、广东、香港、澳门、海南、广西、云南、福建、浙江、江苏、湖北、北京、辽宁等地有引种栽培。

形态特征： 常绿灌木，高达1米；叶掌状3~5深裂，直径5~8厘米，裂片呈卵状渐尖形，尖端长渐尖，边缘具锯齿或粗齿，两面均无毛或仅下面疏被星状柔毛；叶柄长3~6厘米，无毛；托叶呈钻形，常早落；花单生于叶腋，花梗下垂，无毛；花萼呈钟形，长约2厘米，裂片5枚，呈卵状披针形，深裂达萼长的3/4，密被褐色星状短柔毛；花呈钟形，桔黄色，具紫色条纹，长3~5厘米，直径约3厘米，花瓣5枚，呈倒卵形，外面疏被柔毛；花药呈褐黄色，数量多，集生于柱端；子房钝头，被毛，花柱有10个分枝，呈紫色，柱头状，突出于雄蕊柱顶端，花期5~10月。

基本属性	光照性：强 生物习性：常绿	观赏特性：观花 观赏期：5~10月

园林应用： 适种于学校、居住区、公园、花境等。

22. 吊灯扶桑 *Hibiscus schizopetalus*

植物名：吊灯扶桑	学　名：*Hibiscus schizopetalus*
别　名：裂瓣朱槿、珊瑚扶桑、风铃扶桑、吊灯花	科　属：锦葵科木槿属

产地分布： 产自中国台湾、福建、广东、广西和云南南部等地，均系栽培。

形态特征： 吊灯扶桑是常绿直立灌木植物，高可达 3 米；小枝细瘦，常下垂，平滑无毛；叶呈椭圆形或长圆形，先端短尖或短渐尖，基部呈钝或宽楔形，边缘具齿缺，两面均无毛；叶柄长 1~2 厘米，上面被星状柔毛；花单生于枝端叶腋间，花梗细瘦，下垂，长 8~14 厘米，平滑无毛或具纤毛，中部具节；花瓣 5 枚，呈红色，长约 5 厘米，深细裂作流苏状，向上反曲；雄蕊柱长而突出，下垂，长 9~10 厘米，无毛；花期全年。

基本属性	光照性：强	观赏特性：观花
	生物习性：常绿	观赏期：全年

园林应用： 适种于学校、居住区、公园、花境等

23. 朱槿 *Hibiscus rosa-sinensis*

植物名：朱槿	学　名：*Hibiscus rosa-sinensis*
别　名：赤槿、日及、扶桑、佛桑、红木槿	科　属：锦葵科木槿属

产地分布：分布在中国广东、福建、云南、台湾等地。

形态特征：常绿灌木，株高可达 3 米；叶呈阔卵形或狭卵形，长 4~9 厘米，宽 2~5 厘米，先端渐尖，基部呈圆形或楔形，边缘具粗齿或缺刻，两面除背面沿脉上有少许疏毛外均无毛；叶柄被长柔毛；托叶线形，被毛；花单生于上部叶腋间，常下垂，花梗长 3~7 厘米，疏被星状柔毛或接近平滑无毛，近端有节；小苞片 6~7 枚，呈线形，疏被星状柔毛，基部合生；花萼呈钟形，被星状柔毛，裂片 5 枚，呈卵形或披针形；花冠呈漏斗形，直径 6~10 厘米，玫瑰红色或淡红、淡黄等色，花瓣呈倒卵形，先端圆，外面疏被柔毛；雄蕊平滑无毛；花柱 5 枚；全年开花。

基本属性	光照性：强	观赏特性：观花
	生物习性：常绿	观赏期：全年

园林应用：适种于学校、居住区、公园等。

24. 木槿 *Hibiscus syriacus*

植物名：木槿

别　名：荆条、木棉、朝开暮落花

学　名：*Hibiscus syriacus*

科　属：锦葵科木槿属

产地分布：原产于中国中部各省，台湾、福建、广东、广西、云南、贵州、四川、湖南、湖北、安徽、江西、浙江、江苏、山东、河北、河南、陕西等地均有栽培。

形态特征：木槿是落叶灌木，高 3~4 米；小枝密被黄色星状绒毛；叶呈菱形或三角状卵形，长 3~10 厘米，宽 2~4 厘米，具深浅不同的 3 裂或不裂，有明显 3 主脉，先端钝，基部呈楔形，边缘具不整齐齿缺，下面沿叶脉微被毛或接近无毛；花单生于枝端叶腋间，被星状短绒毛；小苞片 6~8 枚，呈线形，密被星状疏绒毛；花萼呈钟形，长 14~20 毫米，密被星状短绒毛，裂片 5 枚，呈三角形；花的色彩有纯白、淡粉红、淡紫、紫红等，花形呈钟状，有单瓣、复瓣、重瓣几种；花瓣呈倒卵形，长 3.5~4.5 厘米，外面疏被纤毛和星状长柔毛；花柱枝无毛；花期 7~10 月。

基本属性	光照性：强	观赏特性：观花
	生物习性：落叶	观赏期：7~10 月

园林应用：适种于学校、居住区、公园等。

十四、绣球科

25. 绣球 *Hydrangea macrophylla*

植物名：绣球
别　名：八仙花、紫阳花

学　名：*Hydrangea macrophylla*
科　属：绣球科绣球属

产地分布：产自中国云南、广西、广东、福建和台湾等地。

形态特征：落叶灌木，最高可达 4 米；小枝粗，无毛；叶呈倒卵形或宽椭圆形，长 6~15 厘米，先端骤尖，具短尖头，基部呈钝圆或宽楔形，具粗齿，两面无毛或下面中脉两侧疏被卷曲柔毛，脉腋有髯毛，侧脉 6~8 对；叶柄粗，长 1~3.5 厘米，无毛；伞房状聚伞花序接近球形或头状，直径 8~20 厘米，分枝粗，接近等长，密被紧贴柔毛，花密集；花期 6~8 月，果期 7~8 月。

基本属性	光照性：中	观赏特性：观花
	生物习性：落叶	观赏期：6~8 月

园林应用：适种于公园、广场、道路、居住区、庭院、风景名胜、花境等。

26. 圆锥绣球 *Hydrangea paniculata*

植物名：圆锥绣球	学 名：*Hydrangea paniculata*
别 名：水亚木、栎叶绣球	科 属：绣球科绣球属

产地分布：圆锥绣球原产于中国长江流域，现分布于华东、西南、华南及长江流域各省区。

形态特征：落叶灌木，高可达 5 米；枝呈暗红褐色或灰褐色，具凹条纹和圆形浅色皮孔；叶纸质，呈卵形或椭圆形，先端渐尖或急尖，具短尖头，基部呈圆形或阔楔形；圆锥状聚伞花序呈尖塔形，萼片呈阔椭圆形或接近圆形，花瓣呈白色，卵形或卵状披针形小花呈球状聚生于枝顶端，犹如大绣球，花药接近圆形；蒴果椭圆形；种子呈褐色，扁平；花期 7~8 月，果期 10~11 月。

基本属性	光照性：中	观赏特性：观花
	生物习性：落叶	观赏期：7~8 月

园林应用：适种于公园、广场、道路、居住区、庭院、风景名胜、花境等。

十五、蔷薇科

27. 火棘 *Pyracantha fortuneana*

植物名：火棘	学 名：*Pyracantha fortuneana*
别 名：赤阳子、红子、救命粮	科 属：蔷薇科火棘属

产地分布：分布于中国黄河以南及广大西南地区，产自陕西、江苏、浙江等地。

形态特征：常绿灌木，高可达 3 米；侧枝短，先端成刺状，嫩枝外被锈色短柔毛，老枝呈暗褐色，无毛；芽小，外被短柔毛；叶片呈倒卵形或倒卵状长圆形，长 1.5~6 厘米，宽 0.5~2 厘米，先端圆钝或微凹，少数先端具短尖头，基部呈楔形，下延连于叶柄，边缘有钝锯齿，齿尖向内弯，近基部全缘，两面皆无毛；花集成复伞房花序，花梗和总花梗近于无毛；花瓣呈白色，接近圆形；果实接近球形，呈桔红色或深红色，花期 3~5 月，果期 8~11 月。

基本属性	光照性：强	观赏特性：观果
	生物习性：常绿	观赏期：8~11 月

园林应用：适种于绿篱、隔离带、郊野公园、厂区等。

28. 红叶石楠 *Photinia × fraseri*

植物名：红叶石楠	学 名：*Fhotinia × fraseri*
别 名：火焰红、千年红、红罗宾	科 属：蔷薇科石楠属

产地分布：中国许多省份已广泛栽培，昆明地区公园等常见栽培。

形态特征：灌木高 1.5~2 米；叶片为革质，且叶片表面的角质层非常厚；红叶石楠幼枝呈棕色，贴生短毛，成长后呈紫褐色，老枝呈灰色无毛；树干及枝条上有刺；叶片呈长圆形或倒卵状披针形，长 5~15 厘米、宽 2~5 厘米，叶端渐尖而有短尖头，叶基呈楔形，叶缘有带腺的锯齿，叶柄长 0.8~1.5 厘米；花多而密，呈顶生复伞房花序；花期 5~7 月，果期 9~10 月。

基本属性	光照性：中	观赏特性：全株
	生物习性：常绿	观赏期：全年

园林应用：适种于学校、居住区、公园、道路、厂区等。

29. 月季花 *Rosa chinensis*

植物名：月季花	学　名：*Rosa chinensis*
别　名：月月红、玫瑰、月季	科　属：蔷薇科蔷薇属

产地分布：在中国主要分布于湖北、四川和甘肃等地的山区。

形态特征：常绿灌木；小枝近无毛，有短粗钩状皮刺或无刺；小叶 3~5 枚，连叶柄长 5~11 厘米；小叶呈宽卵形或卵状长圆形，长 2.5~6 厘米，有锐锯齿，两面近无毛，上面呈暗绿色，常带光泽，下面颜色较浅，顶生小叶有柄，侧生小叶近无柄，总叶柄较长，有散生皮刺和腺毛，托叶大部贴生叶柄，顶端分离部分为耳状，边缘常有腺毛，花数朵集生，偶尔单生，直径 4~5 厘米；花梗近无毛或有腺毛；花瓣重瓣至半重瓣，呈红、粉红或白色，倒卵形，先端有凹缺；蔷薇果呈卵圆形或梨形，熟时呈红色；花期 4~9 月，果期 6~11 月。

基本属性	光照性：强 生物习性：常绿	观赏特性：观花 观赏期：4~9 月

园林应用：适种于学校、居住区、公园、道路、厂区等。

30. 棣棠 *Kerria japonica*

植物名：棣棠	学　名：*Kerria japonica*
别　名：土黄条、鸡蛋黄花、山吹、棣棠花	科　属：蔷薇科棣棠属

产地分布：分布于中国华东、西南地区及陕西、甘肃、河南、湖北、胡南等地，生于山坡、灌木丛中。

形态特征：落叶灌木；小枝呈绿色，常拱垂；叶互生，呈三角状卵形或卵圆形，顶端长渐尖，基部呈圆形、截形或微心形，边缘有尖锐重锯齿，两面呈绿色，上面无毛或有稀疏柔毛，下面沿脉或脉腋有柔毛；叶柄无毛，托叶膜质，带状披针形，有缘毛，早落；单花，着生在当年生侧枝顶端，花梗无毛；花直径 2.5~6 厘米；萼片呈卵状椭圆形，顶端急尖，有小尖头，全缘，无毛；花瓣呈黄色，宽椭圆形，顶端下凹，比萼片长 1~4 倍，瘦果呈倒卵形或半球形，呈褐色或黑褐色，表面无毛，有皱褶；花期 4~6 月，果期 6~8 月。

基本属性	光照性：中	观赏特性：观花
	生物习性：落叶	观赏期：4~6 月

园林应用：适种于学校、居住区、公园、厂区等。

31. 粉花绣线菊 *Spiraea japonica*

植物名：粉花绣线菊	学　名：*Spiraea japonica*
别　名：日本绣线菊	科　属：蔷薇科绣线菊属

产地分布：原产自日本、朝鲜，中国各地栽培供观赏。

形态特征：直立灌木，高可达 1.5 米；枝条细长，小枝接近圆柱形，无毛或幼时被短柔毛；冬芽呈卵形，先端急尖，有数个鳞片；叶片呈卵形或卵状椭圆形，先端急尖或短渐尖，基部呈楔形，边缘有缺刻状重锯齿或单锯齿，上面呈暗绿色，无毛或沿叶脉微具短柔毛，下面色浅或有白霜，通常沿叶脉有短柔毛；复伞房花序生于当年生的直立新枝顶端，花朵密集，密被短柔毛；花瓣呈卵形或圆形，先端通常圆钝，呈粉红色；蓇葖果半开张，无毛或沿腹缝有稀疏柔毛，花柱顶生，稍倾斜开展，萼片常直立；花期 6~7 月，果期 8~9 月。

基本属性	光照性：强	观赏特性：观花
	生物习性：落叶	观赏期：6~7 月

园林应用：适种于学校、居住区、公园、厂区等。

十六、苏木科

32. 紫荆 *Cercis chinensis*

植物名：紫荆	学 名：*Cercis chinensis*
别 名：紫珠、裸枝树、满条红	科 属：苏木科紫荆属

产地分布：其产地主要包括中国河北、广东、广西、云南、四川、陕西、浙江、江苏和山东等地。

形态特征：小枝呈灰白色，无毛；叶接近圆形或三角状圆形，长 5~10 厘米，先端急尖，基部呈浅心形或深心形，两面通常无毛，叶缘膜质透明；叶柄长 2.5~4 厘米，无毛；花呈紫红或粉红色，2~10 朵成束，簇生于老枝和主干上，尤以主干上花束较多，越到上部幼嫩枝条则花越少，常先于叶开放，幼嫩枝上的花则与叶同时开放；花长 1~1.3 厘米；花梗长 3~9 毫米；荚果扁，窄长圆形，呈绿色，长 4~8 厘米，宽 1~1.2 厘米，翅宽约 1.5 毫米，顶端急尖或短渐尖，喙细而弯曲，基部长渐尖，两侧缝线对称或接近对称；花期 3~4 月，果期 8~10 月。

基本属性	光照性：强	观赏特性：观花
	生物习性：落叶	观赏期：3~4 月

园林应用：园景树，适种于学校、居住区、公园、厂区等。

十七、金缕梅科

33. 红花檵木 *Loropetalum chinense var. rubrum*

植物名：红花檵木	学　名：*Loropetalum chinense var. rubrum*
别　名：红继木、红桎木	科　属：金缕梅科檵木属

产地分布：主要分布于中国中部、南部及西南各省、印度北部。

形态特征：常绿灌木；多分枝，小枝有星毛；叶革质，呈卵形，长 2~5 厘米，宽 1.5~2.5 厘米，先端尖锐，基部钝，不等侧，上面略有粗毛或秃净，干燥后呈暗绿色，无光泽，下面被星毛，稍带灰白色，侧脉约 5 对，在上面明显，在下面突起，全缘；叶柄有星毛；托叶膜质，呈三角状披针形，早落；花为 3~8 朵簇生，有短花梗，呈白色，比新叶先开放，或与嫩叶同时开放，花序被毛；苞片呈线形；萼筒呈杯状，被星毛，萼齿呈卵形，开花后脱落；花瓣 4 枚，呈带状，长 1~2 厘米，先端圆或钝；雄蕊 4 枚，花丝极短；退化雄蕊 4 枚，呈鳞片状，与雄蕊互生；花柱长约 1 毫米；胚珠 1 个，垂生于心皮内上角；蒴果呈卵圆形，先端圆，被褐色星状绒毛，萼筒长为蒴果的 2/3；种子呈圆卵形，黑色，发亮；花期 3~4 月，果期 8 月。

基本属性	光照性：中	观赏特性：观叶
	生物习性：常绿	观赏期：全年观赏

园林应用：适种于学校、居住区、公园、道路、厂区等。

十八、黄杨科

34. 雀舌黄杨 *Buxus bodinieri*

植物名：雀舌黄杨	学　名：*Buxus bodinieri*
别　名：匙叶黄杨	科　属：黄杨科黄杨属

产地分布：产自中国云南、四川、贵州、广西、广东、江西、浙江、湖北、河南、甘肃、陕西。

形态特征：常绿灌木，常用做绿篱，高可达 3 米；枝圆柱形；小枝四棱形，被短柔毛，后变无毛；叶薄革质，通常呈匙形，亦有狭卵形或倒卵形的，大多数中部以上最宽，先端圆或钝，往往有浅凹口或小尖凸头，基部呈狭长楔形，有些有急尖，叶面呈绿色，光亮，叶背呈苍灰色，中脉两面凸出，侧脉极多，在两面或仅叶面显著，与中脉成 50°~60°，叶面中脉下半段大多数被微细毛；叶柄长 1~2 毫米；花序腋生，头状；花期 2 月，果期 5~8 月。

基本属性	光照性：中	观赏特性：观叶
	生物习性：常绿	观赏期：全年

园林应用：适种于绿篱、学校、居住区、公园、道路、厂区等。

35. 锦熟黄杨 *Buxus sempervirens*

植物名：锦熟黄杨

别　名：细叶黄杨、瓜子黄杨

学　名：*Buxus sempervirens*

科　属：黄杨科黄杨属

产地分布：原产自南欧、北非及西亚；中国长江流域及其以南各地普遍栽培；华北、西北地区园林亦有栽培。

形态特征：常绿灌木，高平均 6 米，最高可达 9 米；小枝密集，四棱形，具柔毛；叶呈椭圆形或卵状长椭圆形，最宽部在中部或中部以下，长 1.5~3 厘米，先端钝或微凹，全缘，表面呈深绿色，有光泽，背面呈绿白色；叶柄很短，有毛；花簇生叶腋，呈淡绿色，花药呈黄色；蒴果三脚鼎状，熟时呈黄褐色；花期 4 月，果期 7 月。

基本属性	光照性：中	观赏特性：观叶
	生物习性：常绿	观赏期：全年

园林应用：适种于学校、居住区、公园、道路、厂区等。

36. 野扇花 *Sarcococca ruscifolia*

植物名：野扇花	学　名：*Sarcococca ruscifolia*
别　名：野樱桃、矮陀、滇香桂、豆根	科　属：黄杨科野扇花属

产地分布：产自中国云南、四川、贵州、广西、湖南、湖北、陕西、甘肃。

形态特征：常绿灌木，高1~4米；分枝较密，有一主轴及发达的纤维状根系；小枝被密或疏的短柔毛；叶呈阔椭圆状卵形、卵形、椭圆状披针形、披针形或狭披针形，叶面呈亮绿，叶背呈淡绿，叶面中脉凸出，无毛，偶尔被微细毛；叶柄长3~6毫米；花序短总状，花呈白色，芳香；果实呈球形，直径7~8毫米，熟时呈猩红至暗红色，宿存花柱2~3枚，长2毫米；花、果期10月至翌年2月。

基本属性	光照性：中	观赏特性：观叶、观花、观果
	生物习性：常绿	观赏期：全年

园林应用：适种于学校、居住区、公园、厂区等。

十九、冬青科

37. 龟甲冬青 *llex crenata var. convexa*

植物名：龟甲冬青	学　名：*llex crenata var. convexa*
别　名：豆瓣冬青、龟背冬青	科　属：冬青科冬青属

产地分布：产自地主要集中在中国湖南、浙江、福建以及江苏。

形态特征：多枝常绿小灌木，高可达 5 米；其老树枝干苍劲古朴；树皮呈灰黑色，幼枝呈灰色或褐色，具纵棱角，密被短柔毛，较老的枝具半月形隆起叶痕和椭圆形或圆形皮孔；多分枝，小枝有灰色细毛；叶小而密，叶面凸起，厚革质，呈椭圆形或长倒卵形，叶互生，叶片呈椭圆形，革质，有光泽，新叶呈嫩绿色，老叶呈墨绿色，叶表面凸起呈龟甲状；花呈白色，果呈球形，直径 6~8 毫米，成熟后呈黑色；果梗长 4~6 毫米；宿存花萼平展；宿存柱头呈厚盘状，体型小，直径约 1 毫米；花期 5~6 月，果期 8~10 月。

基本属性	光照性：中	观赏特性：全株
	生物习性：常绿	观赏期：全年

园林应用：适种于学校、居住区、公园、道路、厂区、绿篱等。

38. 枸骨 *Ilex cornuta*

植物名：枸骨	学　名：*Ilex cornuta*
别　名：猫儿刺、老虎刺	科　属：冬青科冬青属

产地分布：枸骨产于中国江苏、上海、安徽、浙江、江西、湖北、湖南等地，云南昆明等城市庭院有栽培。

形态特征：常绿灌木；小枝粗，具纵沟，沟内被微柔毛；叶为二型，呈四角状长圆形，先端呈宽三角形、有硬刺齿，呈长圆形、卵形及倒卵状长圆形，全缘；花序簇生叶腋，花呈淡黄绿色，果呈球形，直径 0.8~1 厘米，熟时呈红色，宿存柱头呈盘状；花期 4~5 月，果期 10~12 月。

基本属性	光照性：中	观赏特性：全株
	生物习性：常绿	观赏期：全年

园林应用：适种于学校、居住区、公园、道路、厂区等。

二十、卫矛科

39. 金边黄杨 *Euonymus japonicus 'Aurea-marginatus'*

植物名：金边黄杨	学　名：*Euonymus japonicus 'Aurea-marginatus'*
别　名：金边冬青卫矛、金边大叶黄杨	科　属：卫矛科卫矛属

产地分布：在中国各地园林中栽植十分普遍。

形态特征：常绿灌木，高可达 5 米；小枝四棱，具细微皱突；金边黄杨叶革质，有光泽，呈倒卵形或椭圆形，先端圆阔或急尖，基部呈楔形，边缘具有浅细钝齿；金边黄杨为聚伞花序，5~12 朵花，花序梗长 2~5 厘米，分枝 2~3 次，分枝及花序梗均扁壮，第三次分枝常与小花梗等长或较短；小花梗长 3~5 毫米；花呈白绿色，直径 5~7 毫米，花瓣接近卵圆形；雄蕊花药呈长圆状，内向；蒴果接近球状，直径约 8 毫米，呈淡红色；黄杨种子每室 1 粒，顶生，椭圆状，长约 6 毫米，直径约 4 毫米，假种皮呈桔红色，全包种子。

基本属性	光照性：中	观赏特性：全株
	生物习性：常绿	观赏期：全年

园林应用：适种于学校、居住区、庭院、公园、厂区等。

二十一、楝科

40. 米仔兰 *Aglaia odorata*

植物名：米仔兰	学　名：*Aglaia odorata*
别　名：米兰、碎米兰、兰花米	科　属：楝科米仔兰属

产地分布：产自中国华南地区。

形态特征：茎多分枝，幼枝顶部被星状锈色鳞片；复叶长 5~12 厘米　叶轴及叶柄具窄翅，小叶 3~5 枚，对生，厚纸质，长 2~7 厘米，宽 1~3.5 厘米，先端钝，基部呈楔形，两面无毛，侧脉 8 对；圆锥花序腋生，无毛；花芳香，直径约 2 毫米；雄花花梗纤细，两性花花梗稍粗短；花萼 5 裂，裂片呈圆形；黄瓣 5 枚，呈黄色，长圆形或接近圆形，长 1.5~2 毫米，顶端圆而平截；雄蕊花丝筒呈倒卵形或接近钟形，无毛，顶端全缘或具圆齿，花药 5 枚，呈卵形；果为浆果，呈卵形或接近球形；花期 5~12 月，果期 7 月至翌年 3 月。

基本属性	光照性：中	观赏特性：全株
	生物习性：常绿	观赏期：全年

园林应用：适种于学校、居住区、公园、庭院、道路、厂区等。

二十二、槭树科

41. 羽毛枫 *Acer palmatum* var. *dissectum*

植物名：羽毛枫	学　名：*Acer palmatum* var. *dissectum*
别　名：羽毛槭、细叶鸡爪槭、塔枫	科　属：槭树科槭属

产地分布：产于中国江苏、江西、湖北等地。

形态特征：落叶灌木，园艺栽培种；高可达 3 米；叶对生，无毛，春秋季常为红色，叶片掌状深裂达基部，每个裂片再裂成羽毛状，有皱纹；花呈紫色，杂性，雄花与两性花同株，伞房花序；萼片 5 枚，呈卵状披针形；花瓣 5 枚，呈椭圆形或倒卵形；翅果嫩时呈紫红色，成熟时呈淡棕黄色；小坚果呈球形，脉纹显著；花期 4 月，果期 9 月。

基本属性	光照性：中	观赏特性：全株
	生物习性：落叶	观赏期：8~10 月

园林应用：庭荫树、园景树，适种于学校、居住区、公园、厂区等。

二十三、漆树科

42. 清香木 *Pistacia weinmanniifolia*

植物名：清香木

别　名：对节皮、昆明乌木、细叶楷木、香叶树、清香树

学　名：*Pistacia weinmanniifolia*

科　属：漆树科黄连木属

产地分布：产自中国云南、西藏、广西等地，现云南多地有栽培，也分布于缅甸。

形态特征：常绿灌木，高可达 5 米；树皮呈灰色，小枝具棕色皮孔，幼枝被灰黄色微柔毛；偶数羽状复叶互生，有小叶 4~9 对，叶轴具狭翅，上面具槽，小叶革质，呈长圆形或倒卵状长圆形，较小，先端微缺；花序腋生，与叶同出，呈紫红色，无梗；核果呈球形，成熟时呈红色，先端细尖；花期 3 月，果期 9~10 月。

基本属性	光照性：中	观赏特性：观叶
	生物习性：常绿	观赏期：全年

园林应用：适种于绿篱、学校、居住区、公园、厂区、道路等。

43. 黄栌 *Cotinus coggygria* var. *cinereus*

植物名：黄栌	学 名：*Cotinus coggygria* var. *cinereus*
别 名：俏黄栌、红叶	科 属：漆树科黄栌属

产地分布：产自中国河北、山东、河南、湖北、四川，现各地均有栽培。

形态特征：落叶灌木，高可达 5 米；叶呈倒卵形或卵圆形，先端圆形或微凹，基部呈圆形或阔楔形，全缘，两面（尤其是叶背）显著被灰色柔毛，侧脉 6~11 对，先端常叉开；叶柄短；圆锥花序被柔毛；花杂性；花萼无毛，裂片呈卵状三角形，花瓣呈卵形或卵状披针形，无毛；核呈肾形，无毛；花期 5~6 月，果期 7~8 月；黄栌为重要的观赏红叶树种，其叶片秋季变红，鲜艳夺目。

基本属性	光照性：强	观赏特性：观叶
	生物习性：落叶	观赏期：全年

园林应用：庭荫树、园景树，适种于学校、居住区等。

二十四、山茱萸科

44. 花叶青木 *Aucuba japonica* var. *variegata*

植物名：花叶青木
别　名：洒金珊瑚、洒金日本珊瑚、洒金东瀛珊瑚、
　　　　洒金桃叶珊瑚

学　名：*Aucuba japonica* var. *variegata*
科　属：山茱萸科桃叶珊瑚属

产地分布：中国各大、中城市公园及庭院中均引种栽培。

形态特征：常绿灌木，植株高可达 1.5 米；小枝对生；叶革质，叶片呈卵状椭圆形或长圆状椭圆形，叶面光亮，具黄色斑纹，叶柄腹部具沟，无毛；圆锥花序顶生；雌花序为短圆锥花序；花瓣呈紫红色或暗紫色，雄花花萼呈杯状，雌花子房疏被柔毛，柱头偏斜；浆果呈长卵圆形，成熟时呈暗紫色或黑色；花期 3~4 月，果期翌年 4 月。

| 基本属性 | 光照性：中 | 观赏特性：全株 |
| | 生物习性：常绿 | 观赏期：全年 |

园林应用：适种于学校、居住区、公园、道路、厂区等。

二十五、五加科

45. 八角金盘 *Fatsia japonica*

植物名：八角金盘

别　名：八金盘、八手、手树

学　名：*Fatsia japonica*

科　属：五加科八角金盘属

产地分布：原产于日本南部，中国华北、华东地区及云南昆明均有栽培。

形态特征：常绿灌木，高可达 5 米；茎光滑无刺；叶柄长 10~30 厘米；叶片大，革质，接近圆形，直径 12~30 厘米，掌状 7~9 深裂，裂片呈长椭圆状卵形，先端短渐尖，基部呈心形，边缘有疏离粗锯齿，上表面呈暗亮绿色，下面色较浅，有粒状突起，边缘有时呈金黄色；侧脉搏在两面隆起，网脉在下面稍显著；圆锥花序顶生，长 20~40 厘米；伞形花序直径 3~5 厘米，花序轴被褐色绒毛；花萼接近全缘，无毛；果实接近球形，熟时呈黑色；花期 10~11 月，果期翌年 4 月。

基本属性	光照性：弱	观赏特性：观叶
	生物习性：常绿	观赏期：全年

园林应用：适种于学校、居住区、公园、道路、厂区、高架桥等。

46. 鹅掌柴 *Heptapleurum heptaphyllum*

植物名：鹅掌柴	学　名：*Heptapleurum heptaphyllum*
别　名：大叶伞、鸭脚木、鸭母树、红花鹅掌柴	科　属：五加科鹅掌柴属

产地分布：分布于中国西藏、云南、广西、广东、浙江、福建和台湾。

形态特征：高2~15米，直径可达30厘米以上；小枝粗壮，干燥时有皱纹，幼时密生星状短柔毛，不久渐脱稀；幼枝密被星状毛，后渐脱落；小叶6~10枚，呈椭圆形或倒卵状椭圆形，长7~18厘米，先端尖或短渐尖，基部呈楔形或宽楔形，全缘，幼树之叶常具锯齿或羽裂，幼叶密被星状毛，老叶下面沿中脉及脉腋被毛或无毛，侧脉7~10对；叶柄长15~30厘米；花序呈圆锥形，长达30厘米，密被星状毛，后渐脱落，伞形花序梗长1~2厘米，有时分枝具少数单花；花梗长约5毫米；花呈白色，芳香；花萼被毛，花瓣5~6枚，花开时反曲，无毛；果呈球形；花期10~11月，果期12月至翌年1月。

基本属性	光照性：中	观赏特性：全株
	生物习性：常绿	观赏期：全年

园林应用：适种于学校、居住区、公园、道路、厂区等。

二十六、杜鹃花科

47. 马缨杜鹃 *Rhododendron delavayi*

植物名：马缨杜鹃

别　名：马缨花、马鼻缨、密筒花、红山茶

学　名：*Rhododendron delavayi*

科　属：杜鹃花科杜鹃花属

产地分布：马缨杜鹃原产于中国，分布于广西西北部、四川西南部及贵州西部、云南全省和西藏南部等地。

形态特征：常绿灌木或小乔木；小枝初被白色柔毛，后无毛；叶革质，呈椭圆状披针形，长 7~15 厘米，先端骤尖，基部呈楔形，边缘反卷，上面呈深绿色，成长后无毛，下面有灰白或淡棕色海绵状毛被；叶柄长 1~2 厘米，后无毛；顶生伞形花序有 10~20 朵花，被红棕色柔毛；花梗长约 1 厘米；花冠呈钟状，长 3~5 厘米，肉质，呈深红色，基部有 5 个黑红色蜜腺囊；雄蕊 10 枚，花丝无毛；子房密被红棕色柔毛，花柱长约 2 厘米，无毛；蒴果呈圆柱形，被毛；花期 5 月，果期 12 月。

基本属性	光照性：强	观赏特性：观花
	生物习性：常绿	观赏期：5 月

园林应用：适种于风景名胜、学校、居住区、庭院、公园等。

48. 锦绣杜鹃 *Rhododendron × pulchrum*

植物名：锦绣杜鹃	学 名：*Rhododendron × pulchrum*
别 名：春鹃	科 属：杜鹃花科杜鹃属

产地分布： 分布于中国江苏、浙江、江西、福建、湖北、湖南、广东和广西。

形态特征 半常绿灌木，高达 5 米，幼枝密被淡棕色扁平糙伏毛；叶呈椭圆形或椭圆披针形，长 2~6 厘米，先端钝尖，基部呈楔形，上面初被伏毛，后转变为几乎无毛，下面被微柔毛及糙伏毛；叶柄被糙伏毛；花芽芽鳞沿中部被淡黄褐色毛，内有黏质；顶生伞形花序有 1~5 朵花；花梗被红棕色扁平糙伏毛；花萼 5 裂，裂片呈披针形，被糙伏毛；花冠漏斗形，长 4.8~5.2 厘米，呈玫瑰色，有深紫红色斑点，5 裂；雄蕊花丝下部被柔毛；子房被糙伏毛，花柱无毛；蒴果呈长圆状卵圆形，被糙伏毛，有宿萼；花期 4~5 月，果期 9~10 月。

基本属性	光照性：中	观赏特性：观花
	生物习性：半常绿	观赏期：4~5 月

园林应用： 适种于风景名胜、学校、居住区、庭院、公园、绿篱等。

49. 杂种杜鹃 *Rhododendron 'Hybrida'*

植物名：杂种杜鹃	学 名：*Rhododendron 'Hybrida'*
别 名：西洋杜鹃、比利时杜鹃	科 属：杜鹃花科杜鹃花属

产地分布：广泛分布于温带、亚热带，栽培十分普遍。

形态特征：常绿小乔木；植株低矮，枝杆紧密；有侧根和须根，根系纤细，木质，呈黄褐色或较淡，幼根呈乳白色或乳黄色，须根细如发丝，密集分布；分枝多呈半开张形，幼枝呈青色，密被黄棕色伏帖毛，新枝的颜色会随着生长时间的延长而加深，转为棕黄色，多年生的枝条呈黑褐色，表皮易脱落；叶互生，纸质，厚实，幼叶呈青色，成熟叶色变浓绿，背面泛白，自然脱落后呈褐色，叶片集生于枝端，呈椭圆形或椭圆状披针形，先端急尖，具短尖头，基部呈楔形，叶片毛少，表面有淡黄色伏帖毛，背面呈淡绿色，疏被黄色伏帖毛；先叶后花；顶生总状花序，有花 1~3 朵，簇生，每株 10 簇以上；花梗长 0.5~1.5 厘米，平均长 1.05 厘米，密生白色扁平毛；一年多次现蕾开花，四季有花，但多集中在冬春两季。

基本属性	光照性：中	观赏特性：观花
	生物习性：常绿	观赏期：全年

园林应用：适种于风景名胜、学校、居住区、庭院、公园、绿篱等。

50. 毛叶杜鹃 *Rhododendron radendum*

植物名：毛叶杜鹃	学 名：*Rhododendron radendum*
别 名：毛鹃、大叶杜鹃	科 属：杜鹃花科杜鹃属

产地分布：毛叶杜鹃产于中国浙江、江西、福建、广东、香港、广西、湖南、四川西部和西南部。

形态特征：常绿小灌木；高 0.5~1 米，小枝细瘦，幼枝密被鳞片和刚毛；叶芽鳞早落；叶革质，呈长圆状波针形、倒卵状披针形或卵状披针形，长 1~1.8 厘米，宽 3~6 毫米，先端急尖或圆钝，基部圆钝，边缘反卷，上面呈绿色，有光泽，被鳞片，沿中脉有刚毛，下面密被淡黄褐色至深褐色具长短不等柄的多层屑状鳞片；叶柄长 2~3 毫米，被鳞片和刚毛；花序顶生，密头状，具花 8~10 朵，花芽鳞在花期宿存；花冠狭管状，长 8~12 毫米，呈粉红至粉紫色，5 裂，裂片呈圆形，覆瓦状开展，外面密被鳞片，花管长 6~12 毫米，内面被长髯毛，花期 5~6 月，果期 9~10 月。

基本属性	光照性：中	观赏特性：观花
	生物习性：常绿	观赏期：5~6 月

园林应用：适种于风景名胜、学校、居住区、庭院、公园、绿篱等。

51. 杜鹃 Rhododendron simsii

学　名:	*Rhododendron simsii*
科　属:	杜鹃花科杜鹃花属

植物名: 杜鹃

别　名: 照山红、映山红、华南地区。

产地分布: 集中产于...

形态特征: 落叶...达 5 米；分枝多而纤细；叶为革质，常聚集生在枝端，呈卵形、椭圆状卵形或倒卵形，前端短而后宽...子边缘微微反卷并带有细齿，上面呈深绿色，下面呈淡白色；花冠呈阔漏斗形、倒卵形，一般 2~6...有玫瑰色、鲜红色或暗红色，花期 4~5 月，果期 6~8 月。

基本属性	光照性: 中 生物习性: 落叶	观赏特性: 观花 观赏期: 4~5 月

园林应用: 适种于风景名胜、学校、居住区、庭院、公园、绿篱等。

52. 美丽马醉木 *Pieris formosa*

植物名：美丽马醉木	学　名：*Pieris fo*⋯
别　名：长苞美丽马醉木、兴山马醉木	科　属：杜鹃花科⋯

产地分布：产自中国长江流域以南一带及南亚、中南半岛北部。

形态特征：常绿灌木；幼叶常呈红色；叶革质，呈披针形、椭圆形或长圆形，偶⋯长 3~14 厘米，先端渐尖或锐尖，基部呈楔形，叶缘全有锯齿，侧脉和网脉在两面明显，上面有微⋯形，下面无毛；叶柄长 1~1.5 厘米；萼片呈披针形，花冠呈筒形云状或坛状，裂片接近圆形；花丝直伸，⋯卵圆形，直径约 4 毫米；种子被黄褐色柔毛，纺锤形，长 2~3 毫米；花期 5~6 月，果期 7~9 月。

基本属性	光照性：强	观赏特性：观花
	生物习性：常绿	观赏期：5~6 月

园林应用：适种于风景名胜、学校、居住区、庭院、公园等。

二十七、木犀科

53. 小叶女贞 *Ligustrum quihoui*

植物名：小叶女贞	学　名：*Ligustrum quihoui*
别　名：小叶水蜡	科　属：木犀科女贞属

产地分布：中国陕西南部、山东、江苏、安徽、浙江、江西、河南、湖北、四川、贵州西北部、云南、西藏察隅。

形态特征：常绿灌木，高可达 3 米；小枝圆，密被微柔毛，后脱落；叶薄革质，呈披针形、椭圆形、倒卵状长圆形或倒卵状披针形，长 1~4 厘米，宽 0.5~2 厘米，先端尖、钝或微凹，基部呈楔形，叶缘反卷，两面无毛，下面常具腺点；叶柄长不及 5 毫米，无毛或被微柔毛；圆锥花序顶生，紧缩，接近圆柱形，长为宽的 2~5 倍：小苞片呈卵形，具睫毛；果呈倒卵圆形、椭圆形或接近球形，长 5~9 毫米，成熟时呈黑紫色；花期 4~6 月；果期 7~9 月。

基本属性	光照性：中	观赏特性：全株
	生物习性：常绿	观赏期：全年

园林应用：适种于绿篱、学校、居住区、公园、道路、厂区等。

54. 亮晶女贞 *Ligustrum quihoui 'Lemon Light'*

植物名：亮晶女贞	学　名：*Ligustrum quihoui 'Lemon Light'*
别　名：无	科　属：木犀科女贞属

产地分布：中国各地广泛分布。

形态特征：常绿灌木；叶呈柠檬黄色，椭圆形或卵状椭圆形；花为两性，呈筒状白色小花；果实为椭圆形　内含一粒种子，颜色为黑紫色。

基本属性	光照性：中	观赏特性：全株
	生物习性：常绿	观赏期：全年

园林应用：适种于绿篱、色带、学校、居住区、公园、厂区、道路等。

55. 金森女贞 *Ligustrum japonicum 'Howardii'*

植物名：金森女贞	学　名：*Ligustrum japonicum 'Howardii'*
别　名：哈娃蒂女贞	科　属：木犀科女贞属

产地分布：中国各地广泛分布。

形态特征：常绿灌木，高可达 3 米；叶对生，无毛，单叶呈卵形，革质、厚实、有肉感，春季新叶呈鲜黄色，至冬季转为金黄色，节间短，枝叶稠密；圆锥状花序，呈花白色；果实呈黑紫色，椭圆形株；外形美观，是优良的绿篱树种，长势强健，萌发力强。

基本属性	光照性：中	观赏特性：全株
	生物习性：常绿	观赏期：全年

园林应用：适种于绿篱、学校、居住区、公园、厂区、道路等。

56. 金叶女贞 *Ligustrum × vicaryi*

植物名：金叶女贞	学　名：*Ligustrum × vicaryi*
别　名：英国女贞、金边女贞	科　属：木犀科女贞属

产地分布：中国各地广泛分布。

形态特征：常绿灌木，高可达 3 米；叶片为革质，新生叶是金黄色，老叶呈绿色或者黄绿色；花为两性，呈筒状白色小花；果实呈椭圆形，内含有种子　成熟的果实是黑紫色的。

基本属性	光照性：强	观赏特性：全株
	生物习性：常绿	观赏期：全年

园林应用：适种于绿篱、色带、学校、居住区、公园、厂区、道路等。

57. 金姬小蜡 *Ligustrum sinense* 'Jinji'

植物名：金姬小蜡	学　名：*Ligustrum sinense* 'Jinji'
别　名：花叶女贞	科　属：木犀科女贞属

产地分布： 分布于中国江苏、浙江、安徽、江西、福建、台湾、湖北、湖南、广东、广西、贵州、四川、云南。

形态特征： 常绿灌木，高可达 3 米；小枝呈圆柱形，幼时被淡黄色短柔毛或柔毛，老时近无毛；叶片纸质或薄革质，呈卵形、椭圆状卵形、长圆形、长圆状椭圆形或披针形，叶色金黄，中部存在绿色斑块；圆锥花序顶生或腋生，塔形，长 4~11 厘米，宽 3~8 厘米；果接近球形，直径 5~8 毫米；花期 3~6 月，果期 9~12 月。

基本属性	光照性：强	观赏特性：全株
	生物习性：常绿	观赏期：全年

园林应用： 适种于花境、学校、居住区、公园、厂区、道路等。

58. 银姬小蜡 *Ligustrum sinense* var. *variegatum*

植物名：银姬小蜡	学　名：*Ligustrum sinense* var. *variegatum*
别　名：花叶女贞	科　属：木犀科女贞属

产地分布：中国辽宁、河北、陕西、云南及上海等地。

形态特征：常绿灌木，高可达 3 米；老枝呈灰色，小枝圆且细长；其叶对生，厚纸质或薄革质，呈椭圆形或卵形，叶片呈银绿色，叶缘镶有宽窄不规则的乳白色边环；花序顶生或腋生，小花呈白色；核果近似球形；花期 4~5 月，果期 9~10 月。

基本属性	光照性：强	观赏特性：全株
	生物习性：常绿	观赏期：全年

园林应用：适种于花境、学校、居住区、公园、厂区、道路等。

59. 彩叶桂花（园林栽培种）

植物名：彩叶桂花　　　　　　　　　　学　名：该品种为园林栽培种，暂无学名
别　名：七彩桂花、彩桂　　　　　　　科　属：木犀科木犀属

产地分布：原产自中国西南地区，现各地广泛栽培。

形态特征：常绿灌木；树皮呈灰褐色；小枝无毛，呈黄褐色；叶片革质，呈椭圆形、长椭圆形或椭圆状披针形，基部渐狭呈楔形或宽楔形，全缘或通常上半部具细锯齿，腺点在两面连成小水泡状突起，叶柄无毛；聚伞花序簇生于叶腋，近于帚状，每腋内有花多朵，苞片呈宽卵形；花梗无毛细弱；花萼裂片稍不整齐；花冠呈黄白色、淡黄色、黄色或桔红色，花丝极短；果歪斜，呈紫黑色，椭圆形；花期9~10月上旬；果期翌年3月。
目前有珍珠彩桂、银边彩叶桂等分支品种。

基本属性	光照性：中	观赏特性：全株
	生物习性：常绿	观赏期：全年

园林应用：适种于学校、居住区、公园、厂区、道路等。

60. 野迎春 *Jasminum mesnyi*

植物名：野迎春	学　名：*Jasminum mesnyi*
别　名：云南黄素馨、云南黄馨、云南迎春、南迎春	科　属：木犀科素馨属

产地分布：分布于中国四川西南部、贵州、云南等地。

形态特征：常绿亚灌木，高可达 5 米；枝条下垂，小枝无毛；叶对生，复叶或小枝基部具单叶；叶柄无毛；叶两面无毛，叶缘反卷，具睫毛，侧脉不明显；小叶呈长卵形或披针形，先端具小尖头，基部呈楔形，顶生小叶长 2.5~6.5 厘米，具短柄，侧生小叶长 1.5~4 厘米，无柄；花单生叶腋，花叶同放；苞片叶状，长 0.5~1 厘米；花梗长 3~8 毫米；花萼呈钟状，6~8 裂，小叶状；花冠呈黄色，漏斗状，直径 2~5 厘米，冠筒长 1~1.5 厘米，6~8 裂，呈宽倒卵形或长圆形；果呈椭圆形，两心皮基部愈合，直径 5~8 毫米；花期 4~7 月，果期 6~10 月。

基本属性	光照性：中	观赏特性：观花
	生物习性：常绿	观赏期：4~7 月

园林应用：适种于学校、居住区、公园、道路、厂区等。

61. 尖叶木犀榄 *Olea europaea* subsp. *cuspidata*

植物名：尖叶木犀榄	学　名：*Olea europaea* subsp. *cuspidata*
别　名：锈鳞木犀榄	科　属：木犀科木犀榄属

产地分布：产自中国云南。

形态特征：常绿灌木，高 3~10 米；枝呈灰褐色，圆柱形，粗糙，小枝呈褐色或灰色，近四棱形，无毛，密被细小鳞片；叶片革质，呈狭披针形或长圆状椭圆形，先端渐尖，具长凸尖头，基部渐窄，叶缘稍反卷，两面无毛或在上面中脉被微柔毛，下面密被锈色鳞片；圆锥花序腋生；花序梗长 4~11 毫米，具棱，稍被锈色鳞片；果呈宽椭圆形或接近球形，成熟时呈暗褐色；花期 4~8 月，果期 8~11 月。

基本属性	光照性：中	观赏特性：全株
	生物习性：常绿	观赏期：全年

园林应用：适种于学校、居住区、公园、道路、厂区等。

二十八、夹竹桃科

62. 夹竹桃 *Nerium oleander*

植物名：夹竹桃　　　　　　　　　　　学　名：*Nerium oleander*
别　名：红花夹竹桃、欧洲夹竹桃　　　科　属：夹竹桃科夹竹桃属

产地分布：原产于地中海地区，在欧洲、美洲、亚洲的热带和亚热带地区广泛栽培；中国大部分省区均有栽培，尤以南方为多。

形态特征：夹竹桃为常绿直立大灌木，树体高度可达6米；茎直立而光滑，老枝呈灰褐色，嫩枝呈绿色，具棱，被微毛，老时脱落；叶呈披针形，3叶轮生，厚革质，具短柄，顶端锐尖，基部呈楔形；表面呈浓绿色，背面呈淡绿色，中脉明显，全缘，叶柄及花序梗为紫红色，枝叶内均有少量乳汁；聚伞花序组成伞房状顶生；花芳香，花萼裂片呈窄三角形或窄卵形；花冠呈漏斗状，裂片向右覆盖，呈紫红、粉红、橙红、黄或白色，单瓣或重瓣，花冠喉部宽大；副花冠呈花瓣状，流苏状撕裂；雄蕊着生花冠筒顶部，花药呈箭头状，无花盘；蓇葖果2枚，离生，圆柱形；种子呈长圆形，基部较窄，顶端钝，呈褐色，种皮被锈色短柔毛；花期6~10月，果期12月至翌年1月。

夹竹桃的观赏树种还有白花夹竹桃，其花冠呈白色。

基本属性	光照性：强	观赏特性：观花
	生物习性：常绿	观赏期：6~10月

园林应用：适种于公路、厂区等。

63. 长春花 Catharanthus roseus

植物名：长春花	学　名：Catharanthus roseus
别　名：日日春、日日草、日日新、三万花	科　属：夹竹桃科长春花属

产地分布：主要在中国长江以南地区栽培，广东、广西、云南等地栽培较为普遍。

形态特征：常绿亚灌木，高达 60 厘米；略有分枝，有水液，全株无毛或仅有微毛；茎接近方形，有条纹，呈灰绿色；节间长 1~3.5 厘米；叶膜质，呈倒卵状长圆形，先端浑圆，有短尖头，基部呈广楔形或楔形，渐狭而成叶柄；叶脉在叶面扁平，在叶背略隆起，侧脉约 8 对；聚伞花序腋生或顶生，有花 2~3 朵；花萼 5 深裂，内面无腺体或腺体不明显，萼片呈披针形或钻状渐尖；花冠呈红色，高脚碟状，花冠筒呈圆筒状，内面具疏柔毛，喉部紧缩，具刚毛，花冠裂片呈宽倒卵形，长和宽约 1.5 厘米；雄蕊着生于花冠筒的上半部，但花药隐藏于花喉之内，与柱头离生；外果皮厚纸质，有条纹，被柔毛；种子呈黑色，长圆状圆筒形，两端呈截形，具有颗粒状小瘤；花、果期几乎全年。

基本属性	光照性：强	观赏特性：观花
	生物习性：常绿	观赏期：全年

园林应用：适种于学校、公园、厂区等。

二十九、茜草科

64. 栀子 *Gardenia jasminoides*

植物名：栀子

别　名：野栀子、黄栀子、栀子花

学　名：*Gardenia jasminoides*

科　属：茜草科栀子属

产地分布：产自中国山东、江苏、安徽、浙江、江西、福建、台湾、湖北、湖南、广东、香港、广西、海南、四川、贵州和云南，河北、陕西和甘肃也有栽培。

形态特征：常绿灌木，最高可达 3 米；叶对生或 3 枚轮生，呈长圆状披针形、倒卵状长圆形、倒卵形或椭圆形，先端渐尖或短尖，基部呈楔形，两面无毛，侧脉 8~15 对；叶柄长 0.2~1 厘米；托叶膜质，基部合生成鞘；花芳香，单朵生于枝顶，萼筒宿存；花冠呈白色或乳黄色，高脚碟状；果呈卵形、近球形、椭圆形或长圆形，呈黄色或橙红色，有翅状纵棱 5~9 条，宿存萼裂片长达 4 厘米，宽 6 毫米；种子数量多，外表接近圆形；花期 3~7 月，果期 5 月至翌年 2 月。

基本属性	光照性：强	观赏特性：观花
	生物习性：常绿	观赏期：3~7 月

园林应用：适种于学校、居住区、公园、厂区等。

65. 金边六月雪 *Serissa japonica 'Variegata'*

植物名：金边六月雪	学　名：*Serissa japonica 'Variegata'*
别　名：碎叶冬青、白马骨、素馨、悉茗	科　属：茜草科白马骨属

产地分布：原产于长江流域及其以南地区，现河南各地均有栽培。

形态特征：常绿灌木，高不足 1 米；分枝细密；叶对生，常聚生于小枝上部，呈卵形或卵状椭圆形，全缘，叶缘呈金黄色；花近无梗，呈白色或略带红晕，1 朵至数朵簇生于枝顶或叶腋，花冠呈漏斗状；花期 6~8 月，果期 10 月。

基本属性	光照性：中	观赏特性：观花
	生物习性：常绿	观赏期：6~8 月

园林应用：适种于学校、居住区、公园、厂区等。

三十、忍冬科

66. 红王子锦带花 *Weigela florida 'Red Prince'*

植物名：红王子锦带花	学　名：*Weigela florida 'Red Prince'*
别　名：红王子锦带	科　属：忍冬科锦带花属

产地分布：长江流域及其以北地区园林中多有栽培。

形态特征：落叶灌木，最高可达 3 米；幼枝有 2 列短柔毛；叶具短柄或接近无柄，呈椭圆形或倒卵状椭圆形，长 5~10 厘米，顶端渐尖，基部呈近圆形或楔形，边有锯齿，上面疏生短柔毛尤以中脉为甚，下面的毛较上面密；聚伞花序生短枝叶腋和顶端；花大，呈鲜红色；花冠呈漏斗状钟形，外疏生微毛，裂片 5 枚；蒴果长 1.5~2 厘米，顶有短柄状喙，疏生柔毛，2 瓣室间开裂　种子微小但数量多，花期 5~9 月，果期 10 月。

基本属性	光照性：强	观赏特性：观花
	生物习性：落叶	观赏期：5~9 月

园林应用：适种于花境、学校、居住区、公园、道路、厂区等。

67. 金银忍冬 *Lonicera maackii*

植物名：金银忍冬	学　名：*Lonicera maackii*
别　名：金银木	科　属：忍冬科忍冬属

产地分布：产自中国东北三省的东部、河北、山西南部、陕西、甘肃东南部、山东东部和西南部、江苏、安徽、浙江北部、河南、湖北、湖南西北部和西南部、四川东北部、贵州、云南东部至西北部及西藏。

形态特征：落叶灌木，高可达 6 米；茎干直径达 10 厘米；凡幼枝、叶两面脉上、叶柄、苞片、小苞片及萼檐外面都被短柔毛和微腺毛；叶纸质，形状变化较大，通常呈卵状椭圆形至卵状披针形，偶尔有矩圆状披针形或倒卵状矩圆形，菱状矩圆形或圆卵形更为稀有，顶端渐尖或长渐尖，基部呈宽楔形至圆形；花芳香，生于幼枝叶腋，花冠先呈白色后变黄色，唇形，筒长约为唇瓣的 1/2；果实呈暗红色，圆形；花期 5~6 月，果期 8~10 月。

基本属性	光照性：中	观赏特性：观花
	生物习性：落叶	观赏期：5~6 月

园林应用：适种于学校、居住区、公园、厂区等。

68. 红花忍冬 *Lonicera rupicola* var. *syringantha*

植物名：红花忍冬	学　名：*Lonicera rupicola* var. *syringantha*
别　名：金银木	科　属：忍冬科忍冬属

产地分布：产自东北三省的东部、河北、山西南部、陕西、甘肃东南部、山东东部和西南部、江苏、安徽、浙江北部、河南、湖北、湖南西北部和西南部、四川东北部、贵州、云南东部至西北部及西藏。

形态特征：落叶灌木，高可达6米；茎一直径达10厘米；幼枝、叶两面脉上、叶柄、苞片、小苞片及萼檐外面都被短柔毛和微腺毛；叶纸质，形状变化较大，通常呈卵状椭圆形或卵状披针形，偶尔有矩圆状披针形或倒卵状矩圆形，菱状矩圆形或圆卵形更为稀有，顶端渐尖或长渐尖，基部呈宽楔形或圆形；花芳香，生于幼枝叶腋，花冠、小苞片和幼叶均呈淡紫红色，唇形，筒长约为唇瓣的1/2；果实呈暗红色，圆形；花期5~6月，果期8~10月。

基本属性	光照性：中	观赏特性：观花
	生物习性：落叶	观赏期：5~6月

园林应用：适种于学校、居住区、公园、厂区等。

69. 大花六道木 *Abelia × grandiflora*

植物名：大花六道木	学　名：*Abelia × grandiflora*
别　名：六道木、大花糯米条	科　属：忍冬科六道木属

产地分布：在中国华东、西南及华北有分布。

形态特征：常绿矮生灌木；幼枝呈红褐色，有短柔毛；叶片呈倒卵形，长2~4厘米，墨绿有光泽；花呈粉白色，钟形，长约2厘米，有香味，花小，花型优美，似漏斗，5裂；其花数朵着生于叶腋或花枝顶端，呈圆锥花序或聚伞花序单生，花冠呈钟状，花萼4~5枚，大而宿存，呈粉红色；圆锥花序，开花繁茂；花期特长，5~11月持续开花。

基本属性	光照性：中	观赏特性：观花
	生物习性：常绿	观赏期：5~11月

园林应用：适种于学校、居住区、公园、厂区等。

70. 珊瑚树 *Viburnum odoratissimum*

植物名：珊瑚树	学　名：*Viburnum odoratissimum*
别　名：欧荚蒾、欧洲荚蒾	科　属：忍冬科荚蒾属

产地分布：广泛用于园林绿化，常见栽培于公园、道路等。

形态特征 常绿灌木，高可达15米，枝呈灰色或灰褐色，有凸起的小瘤状皮孔，无毛或少数稍被褐色簇状毛；叶革质，呈椭圆形、矩圆形或倒卵形，少数接近圆形，基部呈宽楔形，少数圆形，边缘上部有不规则浅波状锯齿，上面呈深绿色，有光泽，两面无毛或脉上散生簇状微毛；圆锥花序顶生或生于侧生短枝上，呈宽尖塔形，总花梗长可达10厘米；花芳香，花冠呈白色，后变黄白色，有时微红，辐状；花期4~6月（有时不定期开花），果期7~9月。

基本属性	光照性：中	观赏特性：观花
	生物习性：常绿	观赏期：4~6月

园林应用：适种于绿篱、色带、学校、居住区、公园、厂区等。

71. 绣球荚蒾 *Viburnum keteleeri 'Sterile'*

植物名：绣球荚蒾	学　名：*Viburnum keteleeri 'Sterile'*
别　名：木绣球	科　属：忍冬科荚蒾属

产地分布：江苏、浙江、江西和河北等地均有栽培。

形态特征：落叶或半常绿灌木，高可达 4 米；树皮呈灰褐色或灰白色；芽、幼技、叶柄及花序均密被灰白色或黄白色簇状短毛，后渐变无毛；叶临冬至翌年春季逐渐落尽，纸质，呈卵形、椭圆形或卵状矩圆形，长 5~11 厘米，顶端钝或稍尖，基部呈圆形，有时呈心形，边缘有小齿，上面初时密被簇状短毛，后仅中脉有毛；聚伞花序直径 8~15 厘米，全部由大型不孕花组成，总花梗长 1~2 厘米，第一级辐射枝 5 条，花生于第三级辐射枝上；果熟时呈红色，后呈黑色，椭圆形，长约 1.2 厘米。

基本属性	光照性：中	观赏特性：观花
	生物习性：落叶或半常绿	观赏期：4~5 月

园林应用：适种于花境、学校、居住区、公园、厂区等。

72. 蝴蝶荚蒾 *Viburnum plicatum* var. *tomentcsum*

植物名：蝴蝶荚蒾	学　名：*Viburnum plicatum* var. *tomentosum*
别　名：蝴蝶戏珠花、蝴蝶花	科　属：忍冬科荚蒾属

产地分布：产自中国陕西南部、安徽南部和西部、浙江、江西、福建、台湾、河南、湖北、湖南、广东北部、广西东北部、四川、贵州及云南，南方各地公园均有栽培。

形态特征：落叶灌木；叶较狭，呈宽卵形或矩圆状卵形，有时呈椭圆状倒卵形，两端有时渐尖，下面荤呈绿白色，侧脉 10~17 对；花序直径 4~10 厘米，外围有 4~6 朵白色、大型的不孕花，具长花梗，花冠直径达 4 厘米，不整齐 4~5 裂；中央可孕花直径约 3 毫米，萼筒长约 15 毫米，花冠辐状，呈黄白色，裂片宽卵形，长约等于萼筒长度，雄蕊高出花冠，花药接近圆形；果实先呈红色后变黑色，宽卵圆形或倒卵圆形；花期 4~5 月，果期 8~9 月。

基本属性	光照性：中	观赏特性：观花
	生物习性：落叶	观赏期：4~5 月

园林应用：适种于花境、学校、居住区、公园、厂区等。

73. 鸡树条荚蒾 *Viburnum opulus* subsp. *calvescens*

植物名：鸡树条荚蒾	学　名：*Viburnum opulus* subsp. *calvescens*
别　名：天目琼花、鸡树条	科　属：忍冬科荚蒾属

产地分布：产自中国黑龙江、吉林、辽宁、河北北部、山西、陕西南部、甘肃南部，河南西部、山东、安徽南部和西部、浙江西北部、江西、湖北和四川，南方各地公园均有栽培。

形态特征：落叶灌木，高可达 3 米；树皮质厚而多少呈木栓质；小枝、叶柄和总花梗均无毛；叶对生，叶片纸质，呈卵圆形或宽卵形，基部呈圆形、楔形或浅心形，边缘常具不整齐粗牙齿；叶下面仅脉腋有集聚簇状毛或有时脉上亦有少数长伏毛；花序复伞形状，周围有大型的不孕花；花冠呈乳白色，辐状；花药呈紫红色；花期 4~5 月，果期 8~9 月。

基本属性	光照性：中 生物习性：落叶	观赏特性：观花 观赏期：4~5 月

园林应用：适种于花境、学校、居住区、公园、厂区等。

三十一、白花丹科

74. 蓝雪花 *Caratostigma plumbaginoides*

植物名：蓝雪花	学　名：*Caratostigma plumbaginoides*
别　名：蓝茉莉、花绣球、蓝花丹	科　属：白花丹科白花丹属

产地分布： 主要分布于华南、华东、西南地区和北京等地。

形态特征： 高约 1 米；多分枝，上端常呈蔓状；叶薄，呈菱状卵形、椭圆状卵形或椭圆形，长 3~7 厘米，先端钝，具短尖头，有时呈下凹形态，基部呈楔形；上部叶的叶柄基部常呈耳状；穗形总状花序具 18~30 朵花，花序梗长 0.2~1.2 厘米，连同枝条上部密被绒毛；花冠呈淡蓝色，花冠筒长 3.2~3.4 厘米，冠檐直径 2.5~3.2 厘米，裂片呈倒卵形，长 1.2~1.4 厘米，宽约 1 厘米，先端圆；雄蕊稍伸出，花药呈蓝色；花柱无毛；花期为 6 至 9 月和 12 月至次年 4 月。

基本属性	光照性：强	观赏特性：观花
	生物习性：常绿	观赏期：6 至 9 月和 12 月至次年 4 月

园林应用： 适种于花境、花坛、学校、居住区、公园、厂区等。

三十二、茄科

75. 蓝花茄 *Lycianthes rantonnetii*

植物名：蓝花茄	学　名：*Lycianthes rantonnetii*
别　名：蓝花十萼茄	科　属：茄科红丝线属

产地分布：原产自阿根廷、玻利维亚、巴西、巴拉圭；萨尔瓦多、危地马拉、墨西哥、新西兰、巴基斯坦、西班牙、突尼斯、澳大利亚有引种该物种。

形态特征：常绿灌木；花丛生，合瓣花，5 裂，盛开时完全平展，花不具香味，花呈紫色，中心为黄色雄蕊，有数条放射状深紫色的棱线，花期全年；单叶互生，全缘，叶端钝，叶基渐狭，有叶柄；蓝花茄的花枝细弱，平展的蓝紫色花冠被放射状伸展开的 5 条棱形深蓝色纵纹分割为五等分；棱形纵纹之间还可见一窄条与花冠同色且略突起的纵纹，很像折叠后留下的痕迹；枝条柔软到不胜花叶的负担而垂落下来；刚绽开的花朵色深而艳；花朵将要凋谢时颜色变淡。

基本属性	光照性：强	观赏特性：观花
	生物习性：常绿	观赏期：全年

园林应用：适种于花境、花坛、学校、居住区、公园、道路、厂区等。

76. 大花木曼陀罗 *Brugmansia suaveolens*

植物名：大花木曼陀罗	学　名：*Brugmansia suaveolens*
别　名：巴西曼陀罗	科　属：茄科木曼陀罗属

产地分布：原产自南美洲巴西东南部，中国华南地区、昆明等地零星栽培。

形态特征：多年生常绿灌木，高3~5米；通常多分枝；叶丛生枝端，呈卵形；花顶生，美丽而芳香，长20~32厘米，呈喇叭状，下垂或接近水平；花冠呈白色、黄色、粉红色；花期不定，常见四季开花。

基本属性	光照性：强	观赏特性：观花
	生物习性：常绿	观赏期：全年

园林应用：公园等。

三十三、唇形科

77. 迷迭香 *Rosmarinus officinalis*

植物名：迷迭香	学　名：*Rosmarinus officinalis*
别　名：无	科　属：唇形科迷迭香属

产地分布：中国各地均有引种栽培。

形态特征：常绿灌木，树可高达 2 米；树皮呈暗灰色，不规则纵裂，块状剥落；幼枝密被白色星状微绒毛；叶簇生，线形，长 1~2.5 厘米，宽 1~2 毫米，先端钝，基部渐窄，上面接近无毛，下面密被白色星状线毛；无柄或具短柄；花萼长约 4 毫米，密被白色星状绒毛及腺点，内面无毛，上唇接近圆形，下唇齿卵状三角形；花冠呈蓝紫色，长不到 1 厘米，疏被短柔毛，冠筒稍伸出，上唇 2 浅裂，裂片呈卵形，下唇中裂片基部缢缩，侧裂片呈长圆形；花期 11 月。

基本属性	光照性：中	观赏特性：全株
	生物习性：常绿	观赏期：全年

园林应用：适种于花境、花坛、绿篱、学校、居住区、公园等。

三十四、芸香科

78. 胡椒木 *Zanthoxylum 'Odorum'*

植物名：胡椒木	学　名：*Zanthoxylum 'Odorum'*
别　名：无	科　属：芸香科花椒属

产地分布：胡椒木原产自日本，在中国分布于台湾、中南、西南及河北等地。

形态特征：常绿灌木，株高 30~90 厘米；胡椒木树皮呈黑棕色，上有瘤状突起，枝叶密生，枝有刺；胡椒木为奇数羽状复叶，叶基有短刺 2 枚，叶轴有狭翼，小叶对生，呈卵状披针形，具钝锯齿，革质，叶面浓绿富光泽，全叶密生腺体；胡椒木为聚伞状圆锥花序，雌雄异株，雄花呈黄色，雌花呈橙红色，子房 3~4 个，胡椒木果为红色，椭圆形，种子呈黑色；花期 5 月，

基本属性	光照性：中	观赏特性：观叶
	生物习性：常绿	观赏期：全年

园林应用：适种于花境、绿篱、学校、居住区、公园、厂区等。

三十五、百合科

79. 朱蕉 *Cordyline fruticosa*

植物名：朱蕉	学　名：*Cordyline fruticosa*
别　名：红铁树、红叶铁树	科　属：百合科朱蕉属

产地分布：分布在中国广东、广西、福建、台湾等地，今广泛栽种于亚洲温暖地区。

形态特征：直立灌木，高 1~3 米；茎粗 1~3 厘米，有时稍分枝；叶聚生于茎或枝的上端，呈绿色或带紫红色，叶柄有槽，抱茎；圆锥花序侧枝基部有大的苞片；花呈淡红色、青紫色至黄色；花梗通常很短；外轮花被片下半部紧贴内轮而形成花被筒，上半部在盛开时外弯或反折；雄蕊生于筒的喉部，稍短于花被；花柱细长；花期 11 月至次年 3 月。

基本属性	光照性：强	观赏特性：全株
	生物习性：常绿	观赏期：全年

园林应用：适种于学校、居住区、公园、厂区等。

三十六、天南星科

80. 龟背竹 *Monstera deliciosa*

植物名：龟背竹	学　名：*Monstera deliciosa*
别　名：蓬莱蕉、穿孔喜林芋、龟背蕉	科　属：天南星科龟背竹属

产地分布：中国福建、广东、云南栽培于露地，北京、湖北等地多栽于温室。

形态特征：攀缘藤状灌木；茎粗壮，呈绿色，长3~6米，直径6厘米，叶痕呈半月形环状，节间长6~7厘米，具气生根；叶片呈心状卵形，宽40~60厘米，厚革质，下面呈绿白色，边缘羽状分裂，侧脉间有1~2空洞，侧脉8~10对，网脉不明显；叶柄呈绿色，长达1米，下面扁平，宽4~5厘米，上面钝圆，边缘锐尖，基部对折抱茎，两侧叶鞘宽；花序呈绿色，粗糙；佛焰苞厚革质，呈宽卵形，舟状，近直立，先端具喙，长20~25厘米，苍白带黄色；肉穗花序接近圆柱形，长17.5~20厘米，直径4~5厘米，呈淡黄色；浆果呈淡黄色，柱头有黄紫色斑点，长1厘米，直径7.5毫米；花期8~9月。

基本属性	光照性：弱	观赏特性：全株
	生物习性：常绿	观赏期：全年

园林应用：适种于学校、居住区、公园、道路、厂区等。

第三章　草本植物

一、秋海棠科

1. 秋海棠 *Begonia grandis*

植物名：秋海棠	学　名：*Begonia grandis*
别　名：无名相思草、无名断肠草、八香	科　属：秋海棠科秋海棠属

产地分布：分布于中国河北、河南、湖北、福建等地。

形态特征：多年生草本植物，茎高达 60 厘米，接近无毛；茎生叶呈宽卵形或卵形，长 10~18 厘米，先端渐尖，基部呈心形，具不等大三角形浅齿，齿尖带短芒，上面常有红晕，幼时散生硬毛；花葶高达 9 厘米，无毛；花呈粉红色，花葶基部常有 1 枚小叶，无毛；雄花花梗长约 8 毫米，无毛，花被片 4 枚，外面 2 枚呈宽卵形或接近圆形，内面 2 枚呈倒卵形或倒卵状长圆形，无毛；花丝基部合生；雌花花梗长约 2.5 厘米，无毛，花被片 3 枚，外面 2 枚呈接近圆形或扁圆形，内面 1 枚呈倒卵形；蒴果下垂，长圆形，无毛；7 月开花，8 月结果。

基本属性	光照性：中	观赏期：7 月
	观赏特性：观花	

园林应用：行道树、园景树，适种于学校、居住区、公园、道路、厂区等。

2. 丽格秋海棠 *Begonia rentformis*

植物名：丽格秋海棠	学　名：*Eegonia rentformis*
别　名：丽格海棠、玫瑰海棠	科　属：秋海棠科秋海棠属

产地分布：原产于德国，园艺栽培种，中国南方均有种植。

形态特征：多年生草本植物；株高多为 40 厘米以下，须根系；茎枝肉质多汁、易脆折，呈直立型或略蔓垂性；单叶互生，叶呈卵圆、歪心形，叶端锐尖；花序侧生于叶腋，为复二歧聚伞花序；花朵硕大，花型变化多，花色有红、白、黄、橙、粉等，单瓣或重瓣；花期秋季开始，可持续至第二年春季。

基本属性	光照性：中	观赏期：秋季开始，可持续至第二年春季
	观赏特性：观花	

园林应用：适种于学校、居住区、公园、道路、厂区等。

二、蓼科

3. 头花蓼 *Persicaria capitata*

植物名：头花蓼	学　名：*Persicaria capitata*
别　名：草石椒	科　属：蓼科蓼属

产地分布：分布于中国江西、湖南、湖北、四川、贵州、广东、广西、云南及西藏。

形态特征：多年生草本植物；茎匍匐，丛生，节部生根，节间比叶片短，疏生腺毛或近似无毛；叶呈卵形或椭圆形，顶端尖，基部呈楔形，全缘，边缘具腺毛，两面疏生腺毛，上面有时具黑褐色新月形斑点；叶柄长 2~3 毫米，基部有时具叶耳；托叶鞘筒状，膜质；花序头状，单生或成对，顶生；花序梗具腺毛；苞片呈长卵形，膜质；花梗极短；花期 6~9 月，果期 8~10 月。

基本属性	光照性：中	观赏期：6~9 月
	观赏特性：观花	

园林应用：适种于花境、学校、居住区、公园、道路、厂区等。

三、苋科

4. 血苋 *Iresine herbstii*

植物名：血苋	学　名：*Iresine herbstii*
别　名：红洋苋、红叶苋	科　属：苋科血苋属

产地分布： 在中国分布于江苏、上海、广东、广西、云南等地。

形态特征： 多年生草本植物；高可达 2 米；茎粗壮，常呈红色，有分枝，初有柔毛，后除节部外几乎无毛，具纵棱及沟；叶片呈宽卵形或接近圆形，顶端凹缺或 2 浅裂，基部接近截形，全缘，两面有贴生毛，呈紫红色，具淡色中脉及 5~6 对弧状侧脉，如为绿色或淡绿色，则有黄色叶脉；叶柄长 2~3 厘米，有贴生毛或凑近无毛；花成顶生及腋生圆锥花序，由穗状花序形成，初有柔毛，后转变为几乎无毛；花微小，长约 1 毫米，有极短花梗；花、果期为 9 月至次年 3 月。

基本属性	光照性：强	观赏期：全年
	观赏特性：全株	

园林应用： 适种于花境、学校、居住区、公园、厂区等。

5. 千日红 *Gomphrena globosa*

植物名：千日红	学　名：*Gomphrena globosa*
别　名：百日红、火球花	科　属：苋科千日红属

产地分布：原产自美洲热带，中国南北各地均有栽培。

形态特征：一年生直立草本植物，高 20~60 厘米；茎粗壮，有分枝，枝略成四棱形，有灰色糙毛，幼时更密，节部稍膨大；叶片纸质，呈长椭圆形或矩圆状倒卵形，顶端急尖或圆钝，凸尖，基部渐狭，边缘波状，两面有小斑点、白色长柔毛及缘毛；花多数，密生，成顶生球形或矩圆形头状花序；总苞为两绿色对生叶状苞片，呈卵形或心形；苞片呈白色，顶端呈紫红色；小苞片呈三角状披针形，呈紫红色，内面凹陷，顶端渐尖，背棱有细锯齿缘；花被片呈披针形；花、果期 6~9 月。

基本属性	光照性：强	观赏期：6~9 月
	观赏特性：观花	

园林应用：学校、居住区、公园、厂区、花坛、盆景等。

6. 青葙 *Celosia argentea*

植物名：青葙	学　名：*Celosia argentea*
别　名：野鸡冠花、鸡冠花、百日红、狗尾草	科　属：苋科青葙属

产地分布：广泛分布于中国，各地均有栽培；朝鲜、日本、俄罗斯、印度、越南、缅甸、泰国、菲律宾、马来西亚及非洲热带均有分布。

形态特征：一年生草本植物，高 0.3~1 米，全体无毛；茎直立，有分枝，呈绿色或红色，具显明条纹；叶片呈矩圆披针形、披针形或披针状条形，少数呈卵状矩圆形，叶色为绿色常带红色，顶端急尖或渐尖，具小芒尖，基部渐狭；叶柄长 2~15 毫米，或无叶柄；花数量较多，密生，在茎端或枝端成单一、无分枝的塔状或圆柱状穗状花序；花期 5~8 月，果期 6~10 月。

基本属性	光照性：强	观赏期：5~8 月
	观赏特性：观花	

园林应用：适种于学校、居住区、公园、厂区、花坛、盆景等。

四、酢浆草科

7. 红花酢浆草 *Oxalis corymbosa*

植物名：红花酢浆草	学　名：*Oxalis corymbosa*
别　名：多花酢浆草、紫花酢浆草、南天七、铜锤草、 　　　　大酸味草	科　属：酢浆草科酢浆草属

产地分布：分布中国河北、陕西、四川和云南等地。

形态特征：多年生直立草本植物；具球状鳞茎；叶基生，小叶 3 枚，呈扁圆状倒心形，长 1~4 厘米，宽 1.5~6 厘米，先端凹缺，两侧角圆，基部呈宽楔形，上面被毛或接近无毛，下面疏被毛；托叶呈长圆形，与叶柄基部合生；花序梗长 10~40 厘米，被毛；花梗具披针形干膜质苞片 2 枚；萼片 5 枚，呈披针形，顶端具暗红色小腺体 2 枚；花瓣 5 枚，呈倒心形，淡紫或紫红色；雄蕊 10 枚，5 枚超出花柱，另 5 枚达子房中部，花丝被长柔毛；子房 5 室，花柱 5 枚，被锈色长柔毛；花、果期 3~12 月。

基本属性	光照性：中 观赏特性：观花	观赏期：3~12 月

园林应用：适种于花境、学校、小区、庭院、公园、道路、厂区等。

五、柳叶菜科

8. 山桃草 *Oenothera lindheimeri*

植物名：山桃草	学　名：*Oenothera lindheimeri*
别　名：白蝶花、白桃花、紫叶千鸟花	科　属：柳叶菜科山桃草属

产地分布：中国北京、山东、南京、浙江、江西、香港等有引种。

形态特征：多年生粗壮草本植物，常丛生；茎直立，高60~100厘米，常多分枝，入秋变红色，被长柔毛与曲柔毛；叶无柄，呈椭圆状披针形或倒披针形，长3~9厘米，宽5~11毫米，向上渐变小，先端锐尖，基部呈楔形，边缘具远离的齿突或波状齿，两面被近贴生的长柔毛；花序呈长穗状，生于茎枝顶部，不分枝或有少数分枝，直立；苞片呈狭椭圆形、披针形或线形；蒴果呈坚果状，狭纺锤形，熟时褐色，具明显的棱；种子1~4粒，有时只部分胚珠发育，卵状，呈淡褐色；花期5~9月，果期8~9月。

基本属性	光照性：强	观赏期：5~9月
	观赏特性：观花	

园林应用：适种于花境、色带、学校、居住区、公园、道路、厂区等。

六、锦葵科

9. 蜀葵 *Alcea rosea*

植物名：蜀葵	学　名：*Alcea rosea*
别　名：一丈红、大蜀季、戎葵、吴葵、卫足葵	科　属：锦葵科蜀葵属

产地分布：原产自中国西南地区，在中国分布很广，华东、华中、华北、华南地区均有分布；世界各地均广泛栽培。

形态特征：二年生直立草本植物，高可达 2 米；茎枝密被刺毛；叶接近圆心形，直径 6~16 厘米，掌状 5~7 浅裂，裂片呈三角形或圆形，下面被星状长硬毛或绒毛；叶柄长 5~15 厘米，被星状长硬毛；花腋生，单生或接近簇生，排列成总状花序式，具叶状苞片，花梗长约 5 毫米，结果时延长至 1~2.5 厘米，被星状长硬毛；花大，直径 6~10 厘米，有红、紫、白、粉红、黄和黑紫等色，单瓣或重瓣，花瓣呈倒卵状三角形，长约 4 厘米，先端凹缺，基部狭，爪被长髯毛；花期为 2~8 月。

基本属性	光照性：强 观赏特性：观花	观赏期：2~8 月

园林应用：适种于郊野公园、学校、居住区等。

七、茄科

10. 碧冬茄 *Petunia × atkinsiana*

植物名：碧冬茄	学　名：*Petunia × atkinsiana*
别　名：撞子花、灵芝牡丹、撞羽朝颜、矮牵牛	科　属：茄科矮牵牛属

产地分布：碧冬茄原产自南美洲，在世界各国花园中普遍栽培，中国各地城市公园中均普遍栽培观赏。

形态特征：一年生草本植物，高可达 60 厘米；叶呈卵形，长 3~8 厘米，先端渐尖，基部呈宽楔形或楔形，全缘，侧脉不显著，5~7 对；具短柄或接近无柄；花单生叶腋；花梗长 3~5 厘米；花萼 5 深裂，裂片线形，先端钝，宿存；花冠呈白或紫堇色，具条纹，漏斗状，长 5~7 厘米，冠筒向上渐宽，冠檐开展，具折襞，5 浅裂；雄蕊 4 长 1 短；花柱稍长于雄蕊；蒴果呈圆锥状，2 瓣裂，裂瓣顶端 2 浅裂；种子近球形，呈褐色；花期 4~11 月。

基本属性	光照性：强	观赏期：4~11 月
	观赏特性：观花	

园林应用：适种于学校、居住区、公园、庭院、厂区等。

八、爵床科

11. 蓝花草 *Ruellia simplex*

植物名：蓝花草	学 名：*Ruellia simplex*
别 名：翠芦莉、兰花草、狭叶芦莉草	科 属：爵床科芦莉草属

产地分布：中国台湾、福建、广东、香港、海南和广西有种植。

形态特征：多年生草本植物，高 30~60 厘米；茎直立，粗壮，密被多细胞腺毛和柔毛，基部木质化，叶对生，具短柄或接近无柄；叶片呈卵状披针形或宽卵形，长 2~8 厘米，先端钝，基部呈浑圆或阔楔尖，边缘有钝锯齿，两面均被茸毛，叶背面、苞片、小苞片、萼片均有黄色透明腺点，腺点脱落后留下褐色窝孔；总状花序顶生；花梗先端有 1 对小苞片；萼片 5 枚，后方 1 枚较宽大，呈狭披针形；花冠呈蓝色或紫红色，长 1~2.5 厘米，上唇直立，呈圆卵形、截形或微凹，下唇 3 裂；花期 3~10 月。

基本属性	光照性：中	观赏期：花期 3~10 月
	观赏特性：观花	

园林应用：适种于学校、居住区、公园、厂区、庭院、花境、花坛等。

12. 虾蟆花 *Acanthus mollis*

植物名：虾蟆花	学　名：*Acanthus mollis*
别　名：鸭嘴花	科　属：爵床科老鼠簕属

产地分布：中国云南昆明有引种种植。

形态特征：多年生草本植物，株高50~90厘米；具粗壮的根状茎，茎直立，丛生；叶大，多基生，长圆形，有裂片，叶对生、卵形，呈深绿色，具光泽，叶顶端凸尖，茎部心形，边缘深裂；总状花序基生，羽状分裂或浅裂；花序穗状；花疏生，顶生，苞片大，具刺，花小，数多，呈白色或褐红色；每花含1枚苞片，苞片膜质似鸭嘴花，呈白色至淡雪青色；花冠2唇，上唇极小而成单唇状，下唇大，伸展；花期5~10月，果期夏季。

基本属性	光照性：中	观赏期：5~10月
	观赏特性：观花	

园林应用：适种于庭院、花境、学校、居住区、公园、厂区等。

13. 十字爵床 *Crossandra infundibuliformis*

植物名：十字爵床	学　名：*Crossandra infundibuliformis*
别　名：鸟尾花、半边黄、橙花鸟尾花	科　属：爵床科十字爵床属

产地分布：原产于安哥拉、布隆迪、刚果民主共和国、埃塞俄比亚、肯尼亚、索马里、斯里兰卡；中国云南昆明有引种种植。

形态特征：灌木状多年生草本植物；株高 20~60 厘米；单叶对生，披针形，长 5~12 厘米，宽 5 厘米，全缘，有光泽，叶面呈暗绿色；叶柄长 1.3~2.5 厘米；花两性，由数朵花密集排列成总状花序，直立；花冠筒呈圆柱形，全缘，雄蕊 4 枚，2 长 2 短；花 2~3 朵成簇着生在长 15~20 厘米的花序轴上，花色为橙红或橙粉红色，花瓣 5 枚，呈高脚蝶状，通常有一个黄色眼状斑点；花期为春、夏季。

基本属性	光照性：中 观赏特性：观花	观赏期：3~8 月

园林应用：适种于庭院、花境、学校、居住区、公园、厂区等。

九、马鞭草科

14. 柳叶马鞭草 *Verbena bonariensis*

植物名：柳叶马鞭草	学　名：*Verbena bonariensis*
别　名：铁马鞭、龙芽草、风颈草、野荆芥、蜻蜓草	科　属：马鞭草科马鞭草属

产地分布：柳叶马鞭草原产于南美洲、巴西、阿根廷等地，中国华中、华东及华南地区均有栽培。

形态特征：多年生草本植物，株高（连同花茎）可达150厘米；多分枝，花为聚伞穗状花序，小筒状花着生于花茎顶部，顶生或腋生；生长初期叶为椭圆形，边缘有缺刻，两面有粗毛，花茎抽高后叶转为细长型如柳叶状；穗状花序顶生或腋生，细长如马鞭，所以被称为马鞭草；柳叶马鞭草的茎为正方形，全株都有纤细的绒毛，花莛虽高却不易倒伏；花小，花朵由5瓣花瓣组成，每瓣花瓣只有4毫米或8毫米长，群生最顶端的花穗上，花冠呈紫红色或淡紫色，花色鲜艳，生长季节边发新枝边开花，开花植株分枝幅度可达40厘米以上；花期5~9月。

基本属性	光照性：强 观赏特性：观花	观赏期：5~9月

园林应用：适种于庭院、学校、居住区、公园、郊野公园、厂区等。

15. 美女樱 *Glandularia × hybrida*

植物名：美女樱	学　名：*Glandularia × hybrida*
别　名：紫花美女樱	科　属：马鞭草科美女樱属

产地分布：中国各地均有引种栽培。

形态特征：多年生草本植物，株高10~50厘米；全株有细绒毛；植株丛生而铺覆地面；茎四棱；叶对生，呈深绿色；穗状花序顶生，密集呈伞房状，花小而密集，有白色、粉色、红色、复色等，具芳香；花期5~11月。

基本属性	光照性：强	观赏期：5~11月
	观赏特性：赏花	

园林应用：适种于庭院、花境、学校、居住区、公园等。

十、唇形科

16. 薰衣草 *Lavandula angustifolia*

植物名：薰衣草	学　名：*Lavandula angustifolia*
别　名：香水植物，灵香草，香草，黄香荁	科　属：唇形科薰衣草属

产地分布：薰衣草原产于法国和意大利南部地中海沿海的阿尔卑斯山南麓一带，以及西班牙、北非等地；中国在天山脚下伊犁河畔亦形成较大种植规模。

形态特征：分枝，被星状绒毛，在幼嫩部分较密；老枝呈灰褐色或暗褐色，皮层作条状剥落，具有长的花枝及短的更新枝；叶呈线形或披针状线形，在花枝上的叶较大，疏离；花具短梗，呈蓝色，密被灰白色星状绒毛；花期 6~8 月。

基本属性	光照性：强 观赏特性：观花	观赏期：6~8 月

园林应月：适种于庭院、花境、居住区、公园等。

17. 蓝花鼠尾草 *Salvia farinacea*

植物名：蓝花鼠尾草	学　名：*Salvia farinacea*
别　名：粉萼鼠尾草、一串兰、天蓝鼠尾草	科　属：唇形科鼠尾草属

产地分布：蓝花鼠尾草原产自欧洲南部、得克萨斯、墨西哥；大约在 19 世纪末引入中国，在中国主要分布于华东地区、湖北、广东及广西。

形态特征：一、二年生或多年生草本植物，株高 30~60 厘米；有毛，茎下部叶为二回羽状复叶，茎上部叶为一回羽状复叶，轮伞花序 2~6 朵花，组成顶生假总状或圆锥花序，长 20~35 厘米，花色为蓝色、淡蓝色、淡紫色、淡红色或白色，花萼似钟形；花期 4~7 月，果期 7~10 月。

基本属性	光照性：强 观赏特性：观花	观赏期：4~7 月

园林应用：适种于庭荫树、园景树，适种于学校、居住区、公园等。

18. 樱桃鼠尾草 *Salvia greggii*

植物名：樱桃鼠尾草	学　名：*Salvia greggii*
别　名：无	科　属：唇形科鼠尾草属

产地分布：原产于美国得克萨斯州、墨西哥。

形态特征：多年生草本植物；单叶对生，呈披针形、椭圆形或卵形，锯齿叶缘；总状花序，花萼合生，钟状，宿存；花冠呈唇形，有桃红、深红、粉红、杏黄、白等色，上唇呈直立、斜上或镰刀形，上裂片有绒毛，下唇3裂，中裂片较大，凹缺或2裂，下裂片宽大而下垂，两侧开裂，末端凹入，雄蕊4枚，后方2枚雄蕊退化，前方2枚雄蕊可孕，着生于花冠筒喉部；花期5~11月。

基本属性	光照性：中	观赏期：5~11月
	观赏特性：观花	

园林应用：适种于花带、花境、小区、庭院、学校、居住区、公园等。

19. 墨西哥鼠尾草 *Salvia leucantha*

植物名：墨西哥鼠尾草	学　名：*Salvia leucantha*
别　名：无	科　属：唇形科鼠尾草属

产地分布：原产于墨西哥。

形态特征　一年生或多年生草本植物，株高80~160厘米；茎直立多分枝，基部稍木质化，全株被柔毛；叶呈披针形，叶面皱，先端渐尖，具柄，边缘具浅齿；穗状花序，花紫红色；花期秋季，果期冬季。

基本属性	光照性：强	观赏期：5~11 月
	观赏特性：观花	

园林应用：适种于庭院、郊野公园、花坛、色带、厂区、学校、居住区等。

20. 一串红 *Salvia splendens*

植物名：一串红	学　名：*Salvia splendens*
别　名：炮仔花、象牙海棠、墙下红	科　属：唇形科鼠尾草属

产地分布：中国各地庭院中广泛栽培。

形态特征 多年生亚灌木状草本植物，最高可达90厘米；茎呈钝四棱形，具浅槽，无毛；叶呈卵圆形或三角状卵圆形，先端渐尖，基部呈截形或圆形，有时钝，边缘具锯齿，上面呈绿色，下面较淡，两面无毛，下面具腺点；茎生叶，无毛；轮伞花序2~6朵花，组成顶生总状花序；苞片呈卵圆形，呈红色，大，在花开前包裹着花蕾，先端尾状渐尖；花萼钟形，呈红色，开花时长约1.6厘米，花后增大达2厘米；花冠呈红色，长4~4.2厘米，外被微柔毛，内面无毛，冠筒呈筒状，直伸；柱与花冠近相等，先端不相等2裂，前裂片较长；花期3~10月。

基本属性	光照性：强	观赏期：3~10月
	观赏特性：观花	

园林应用：适种于庭院、花境、花坛、学校、居住区、公园等。

21. 绵毛水苏 *Stachys byzantina*

植物名：绵毛水苏	学　名：*Stachys byzantina*
别　名：无	科　属：唇形科水苏属

产地分布：中国华东、东南、华南、西南等地区。

形态特征：多年生草本植物，高约 60 厘米；茎直立，呈四棱形，密被有灰白色丝状绵毛；基生叶及茎生叶呈长圆状椭圆形，长约 10 厘米，宽约 2.5 厘米，两端渐狭，边缘具小圆齿，质厚，两面均密被灰白色丝状绵毛，侧脉不明显，叶柄接近扁平，密被灰白色丝状绵毛，基部半抱茎；苞叶近似无柄，细小，最下部稍长于轮伞花序，上部则短于轮伞花序；轮伞花序多花，向上密集组成顶生长 10~22 厘米的穗状花序；小苞片呈线形或线状披针形，长约 6 毫米，外面密被丝状绵毛，内面无毛；无花梗；未成熟小坚果呈长圆形，褐色，无毛；花期 7 月。

基本属性	光照性：强	观赏期：7 月
	观赏特性：全株	

园林应用：适种于学校、居住区、公园等。

十一、鸭跖草科

22. 吊竹梅 *Tradescantia zebrina*

植物名：吊竹梅	学　名：*Tradescantia zebrina*
别　名：吊竹兰、斑叶鸭跖草、甲由草	科　属：鸭跖草科紫露草属

产地分布：分布于中国福建、广西、香港、台湾等地。

形态特征：多年生草本植物；茎葡匐或外倾，通常形成紧密的垫席或群体，茎叶稍肉质、多汁，分枝　元毛或被疏毛，节上有根；叶互生，无柄，呈椭圆状卵圆形或长圆形，先端尖锐，基部钝，全缘；表面呈紫绿色或杂以银白色条纹，中部和边缘有紫色条纹，叶背呈紫红色；叶鞘长 0.8~1.2 厘米、宽 0.5~0.8 厘米，薄　膜质，长在节嘴，具缘毛或无毛或疏生柔毛；花数朵，聚生于小枝顶部的两枚叶状苞片内，花瓣呈玫瑰色或粉红色，卵形，长约 6 毫米，先端钝；萼片呈披针形或长圆状披针形；花期为 6~8 月。

基本属性	光照性：弱	观赏期：全年
	观赏特性：观叶	

园林应用：适种于花境、学校、居住区、公园、厂区等。

十二、姜科

23. 艳山姜 *Alpinia zerumbet*

植物名：艳山姜	学　名：*Alpinia zerumbet*
别　名：红团叶、糕叶、花叶良姜、斑纹月桃	科　属：姜科山姜属

产地分布：分布于中国海南、广西、广东、香港、福建、浙江东南部、贵州南部、四川、江苏西南部、湖南等地。

形态特征：多年生草本植物，株高最高可达 3 米；叶片呈披针形；顶端渐尖而有一旋卷的小尖头，基部渐狭，边缘具短柔毛，两面均无毛；圆锥花序呈总状花序式，下垂，长达 30 厘米，花序轴呈紫红色，被绒毛，分枝极短，在每一分枝上有花 1~3 朵；小苞片椭圆形，呈白色，顶端呈粉红色，蕾期包裹住花，无毛；小花梗极短；花萼近钟形，呈白色，顶端呈粉红色，一侧开裂，顶端又齿裂；花冠管较花萼为短，裂片呈长圆形，后方的 1 枚较大，呈乳白色，顶端呈粉红色，侧生退化雄蕊呈钻状；唇瓣呈匙状宽卵形，长 4~6 厘米，顶端皱波状，呈黄色而有紫红色纹彩；花期 4~6 月，果期 7~10 月。

基本属性	光照性：中	观赏期：4~6 月
	观赏特性：观花	

园林应用：适种于庭院、花境、学校、居住区、郊野公园、厂区等。

十三、美人蕉科

24. 美人蕉 *Canna indica*

植物名：美人蕉	学　名：*Canna indica*
别　名：蕉芋	科　属：美人蕉科美人蕉属

产地分布：中国大陆各地。

形态特征：多年生草本植物，高可达 1.5 米；叶呈卵状长圆形，长 10~30 厘米，宽 10 厘米；总状花序疏花，略超出叶片之上；花呈红色，单生；苞片卵形，呈绿色，长约 1.2 厘米；萼片 3 枚，呈披针形，呈绿色，有时为红色；花冠管长不及 1 厘米，花冠裂片呈披针形，长 3~3.5 厘米，呈绿色或红色；外轮退化雄蕊 2~3 枚，呈鲜红色，若为 2 枚则呈倒披针形，长 3.5~4 厘米，另 1 枚如存在，则长 1.5 厘米，宽 1 毫米；蒴果呈绿色，长卵形，有软刺；花色多，有粉色、红色、黄色、红黄色等；花、果期 3~12 月。

基本属性	光照性：强	观赏期：3~12 月
	观赏特性：观花	

园林应用：适种于学校、居住区、湿地公园、厂区等。

十四、百合科

25. 吊兰 *Chlorophytum comosum*

植物名：吊兰	学　名：*Chlorophytum comosum*
别　名：挂兰、垂盆草	科　属：百合科吊兰属

产地分布：中国主要分布于南部地区。

形态特征：多年生常绿草本植物；根稍肥厚；根状茎短；叶呈剑形，有绿色或黄色条纹，长 10~30 厘米，宽 1~2 厘米，两端稍窄；花葶比叶长，有时长达 50 厘米，常为匍枝，顶部具叶簇或幼小植株；花呈白色，常 2~4 朵簇生，排成疏散总状或圆锥花序；花梗长 0.7~1.2 厘米，关节位于中部至上部；雄蕊稍短于花被片，花药呈长圆形，短于花丝，开裂后常卷曲；蒴果呈三棱状扁球形，每室种子 3~5 枚；花期 5 月，果期 8 月。

基本属性	光照性：中	观赏期：全年
	观赏特性：全株	

园林应用：适种于花境、花坛、学校、居住区、公园、道路、厂区、高架桥等。

26. 阔叶山麦冬 *Liriope muscari*

植物名：山麦冬	学　名：*Liriope muscari*
别　名：麦门冬、阔叶土麦冬	科　属：百合科山麦冬属

产地分布：在中国，除东北地区、内蒙古、青海、新疆、西藏外，其也地区均广泛分布。

形态特征：多年生草本植物；植株有时丛生；根茎 1~2 毫米，有时分枝多，近末端成长圆形、椭圆形或纺锤形肉质小块根；叶长 25~60 厘米，宽 4~3 毫米，基部常具褐色叶鞘，上面呈粉绿色，具 5 条脉，中脉较明显，具细锯齿；具多花，花常 3~5 簇生苞片腋内，苞片小，呈披针形，最下面的长 4~5 毫米，干膜质；花梗长约 4 毫米，关节生于中部以上或接近顶端；花被片呈长圆形、长圆状披针形，先端钝圆，呈淡紫或淡蓝色；种子接近球形，直径约 5 毫米；花期 5~7 月，果期 8~10 月。

基本属性	光照性：弱	观赏期：全年
	观赏特性：全株	

园林应用：适种于学校、居住区、公园、游园、道路、厂区、高架桥等。

27. 沿阶草 *Ophiopogon bodinieri*

植物名：沿阶草	学　名：*Ophiopogon bodinieri*
别　名：铺散沿阶草、矮小沿阶草	科　属：百合科沿阶草属

产地分布： 沿阶草产于中国华东、华南、华中等地区，长江以南各地有分布。

形态特征： 多年生草本植物；根纤细，近末端具纺锤形小块根；地下走茎长，直径 1~2 毫米；叶基生成丛，禾叶状，长 20~40 厘米，宽 2~4 毫米；总状花序长 1~7 厘米，具数朵至十数朵花，花常单生或 2 朵生于苞片腋内，苞片呈线形或披针形，呈黄色，半透明，最下面的长约 7 毫米；花被片呈卵状披针形、披针形或接近长圆形，内轮 3 枚宽于外轮 3 枚，呈白色或紫色；花药呈窄披针形，长约 2.5 毫米，常呈绿黄色；种子接近球形或椭圆形，直径 5~6 毫米；花期 6~8 月，果期 8~10 月。

基本属性	光照性：弱	观赏期：全年
	观赏特性：全株	

园林应用： 适种于学校、居住区、公园、道路、厂区、高架桥等。

28. 麦冬 *Ophiopogon japonicus*

植物名：麦冬	学　名：*Ophiopogon japonicus*
别　名：金边阔叶麦冬、沿阶草、麦门冬	科　属：百合科沿阶草属

产地分布：分布于中国广东、广西、福建、台湾、浙江等地。

形态特征：多年生常绿草本植物；根较粗，中间或接近末端处具椭圆形或纺锤形小块根，呈淡褐黄色；地下走茎细长，直径 1~2 毫米；叶基生成丛，呈禾叶状，长 10~50 厘米，宽 1.5~3.5 毫米；花葶长 6~27 厘米；总状花序长 2~5 厘米，具数朵至十数朵花，花单生或成对生于苞片腋内；苞片呈披针形，最下面的长 7~8 毫米；花梗长 3~4 毫米，关节生于中部以上或接近中部；种子呈球形，直径 7~8 毫米；花期 5~8 月，果期 8~9 月。

基本属性	光照性：弱	观赏期：全年
	观赏特性：全株	

园林应用：适种于学校、居住区、公园、道路、厂区、高架桥等。

29. 大花萱草 *Hemerocallis hybridus*

植物名：大花萱草	学　名：*Hemerocallis hybridus*
别　名：杂种萱草、萱草杂交品种	科　属：百合科萱草属

产地分布：广泛分布于中国的东北、华北等地区。

形态特征：多年生草本植物；具短根状茎和粗壮的纺锤形肉质根；叶基生、宽线形、对排成 2 列，叶宽 2~3 厘米，长 20~110 厘米，背面有龙骨突起，呈嫩绿色；花有红色、黄色、橙色、紫色、绿色、粉色、白色等多种颜色，花色模式有单色、复色和混合色；花大，有漏斗形、钟形、星形等多种花型，花筒长 4~10 厘米，花冠直径 6~14 厘米，花瓣 6 枚，分为内外 2 层，每层 3 枚花被片，围绕花柱和花丝呈镊合状排列，外花被裂片呈倒披针形或长圆形；花期 5~10 月。

基本属性	光照性：中	观赏期：5~10 月
	观赏特性：观花	

园林应用：适种于学校、居住区、郊野公园、湿地公园、道路、厂区等。

30. 火炬花 *Kniphofia uvaria*

植物名：火炬花	学　名：*Kniphofia uvaria*
别　名：火把莲，红火棒	科　属：百合科火炬花属

产地分布：中国广泛种植。

形态特征：多年生草本植物，株高 80~120 厘米；根肉质，自地下茎的节位上发出；茎着生于地下短缩，因而整棵植株的地下部分形成一个较庞大的根茎群；短缩茎的顶芽常孕育为花芽，侧芽容易萌发，形成许多分蘖；大量侧芽与老根茎潜伏芽有萌芽期；叶丛生，草质，呈剑形；密穗状总状花序，花序长 20~30 厘米，庄百余朵小花组成，小花自下而上逐渐开放，一个花序的开花时期为 20 天左右；花期 6~10 月，果期 9 月。

基本属性	光照性：强	观赏期：6~9 月
	观赏特性：观花	

园林应用：适种于学校、居住区、公园、厂区等。

31. 蜘蛛抱蛋 *Aspidistra elatior*

植物名：蜘蛛抱蛋	学　名：*Aspidistra elatior*
别　名：一叶兰	科　属：百合科蜘蛛抱蛋属

产地分布：主要分布于中国南方各地。

形态特征：多年生常绿草本植物；根状茎近圆柱形，具节和鳞片；叶单生，呈矩圆状披针形、披针形或椭圆形，先端渐尖，基部呈楔形，边缘多少皱波状，两面呈绿色，有时稍具黄白色斑点或条纹；叶柄明显，粗壮；花被呈钟状，外面呈紫色或暗紫色，内面下部呈淡紫色或深紫色；花被筒长 10~12 毫米，裂片接近三角形，向外扩展或外弯，先端钝，边缘和内侧的上部呈淡绿色，内面具 4 条特别肥厚的肉质脊状隆起，中间的 2 条细而长，两侧的 2 条粗而短，中部高达 1.5 毫米，呈紫红色。

基本属性	光照性：弱	观赏期：全年
	观赏特性：全株	

园林应用：园景树，适种于学校、居住区、公园、厂区等。

32. 天门冬 *Asparagus cochinchinensis*

植物名：天门冬	学 名：*Asparagus cochinchinensis*
别 名：丝冬、野鸡食	科 属：百合科天门冬属

产地分布：分布于中国华东地区、河北、河南、陕西、山西、甘肃、四川、台湾、贵州等地。

形态特征：多年生草本植物；茎长可达 2 米；基部木质化，有短刺，上部披散簇生；根茎表面呈黄白色或黄棕色，半透明，有深浅不等的纵沟及细皱纹；叶退化成鳞片状，肉眼不易看到，看到的类似"叶"的部分实际是枝；花呈淡绿色，腋生；花期 5~6 月，果期 8~10 月。

基本属性	光照性：中	观赏期：全年
	观赏特性：全株	

园林应用：适种于学校、高架桥、居住区、公园、厂区等。

33. 长叶竹根七 *Disporopsis longifolia*

植物名：长叶竹根七	学　名：*Disporopsis longifolia*
别　名：长叶万寿竹	科　属：百合科竹根七属

产地分布：分布于中国广西、云南。

形态特征：多年生直立草本植物；根状茎连珠状；叶纸质，呈椭圆形、椭圆状披针形或狭椭圆形，先端长渐尖或稍尾状，两面无毛，具短柄；花5~10朵，簇生于叶腋，呈白色，近直立或平展；花梗无毛；花被长8~10毫米，由于花被筒口部缢缩，而略带葫芦形；裂片呈狭椭圆形；副花冠裂片肉质，与花被裂片对生；浆果呈卵状球形，熟时呈白色；花期5~6月，果期10~12月。

基本属性	光照性：弱	观赏期：5~6月
	观赏特性：全株	

园林应用：适种于学校、居住区、公园、厂区等。

34. 软叶丝兰 *Yucca flaccida*

植物名：软叶丝兰　　　　　　　　　学　名：*Yucca flaccida*
别　名：荷兰铁树、荷兰铁、丝兰　　科　属：百合科丝兰属

产地分布：原产自北美洲东南部；中国偶见栽培，昆明部分公园有栽培，其长势良好。

形态特征：茎很短或不明显；叶近莲座状簇生，坚硬，接近剑形或长条状披针形，长 25~60 厘米，宽 2.5~3 厘米，顶端具一硬刺，边缘有许多稍弯曲的丝状纤维；花葶高大而粗壮；花接近白色，下垂，排成狭长的圆锥花序，花序轴有乳突状毛；花被片长 3~4 厘米；花丝有疏柔毛；花柱长 5~6 毫米。

基本属性	光照性：强	观赏期：全年
	观赏特性：全株	

园林应用：适种于学校、居住区、公园、厂区等。

35. 凤尾丝兰 *Yucca gloriosa*

植物名：凤尾丝兰	学　名：*Yucca gloriosa*
别　名：剑麻、凤尾兰	科　属：百合科丝兰属

产地分布： 原产自北美东部和东南部，世界各地有引种栽培，中国长江流域各地普遍栽植。

形态特征： 常绿草本植物，茎短，高可达 5 米；叶剑形，质硬，挺直向上斜展，呈粉绿色，长 40~80 厘米，宽 1~6 厘米，顶端长渐尖且呈坚硬刺状，基部稍扩展而抱茎，边缘全缘或老时具白色丝状纤维；顶生狭圆锥花序，长 1~1.5 米，花下垂，呈乳白色，花被片 6 枚，呈长圆形或卵状椭圆形，具突尖，长 4~5.5 厘米，宽 2~2.7 厘米；果呈倒卵状长圆形，长 5 厘米左右，不开裂；5 月、10 月开花。

基本属性	光照性：强	观赏期：全年
	观赏特性：全株	

园林应用： 适种于学校、居住区、公园、厂区等。

十五、天南星科

36. 春羽 *Thaumatophyllum bipinnatifidum*

植物名：春羽	学 名：*Thaumatophyllum bipinnatifidum*
别 名：春芋	科 属：天南星科鹅掌芋属

产地分布：中国华南、东南、西南等地区栽培。

形态特征：多年生常绿草本植物，株高50~100厘米；具短茎，成年株茎常匍匐生长；老叶不断脱落，新叶主要生于茎的顶端，轮廓为宽心脏形，羽状深裂，裂片呈宽披针形，边缘浅波状，有时皱卷，叶柄粗壮，较长；佛焰苞外面呈绿色，内面呈黄白色，肉穗花序总梗甚短，呈白色，花单生，无花被；花期3~5月。

基本属性	光照性：中	观赏期：全年
	观赏特性：观叶	

园林应用：适种于花境、郊野公园、学校、居住区、公园、厂区等。

37. 金叶石菖蒲 *Acorus gramineus* '*Ogan*'

植物名: 金叶石菖蒲	学 名: *Acorus gramineus* '*Ogan*'
别 名: 无	科 属: 天南星科菖蒲属

产地分布: 中国黄河以南各地。

形态特征: 多年生草本植物, 高 20~30 厘米; 根茎较短, 长 5~10 厘米, 横走或斜伸, 芳香, 外皮呈淡黄色, 节间长 1~5 毫米; 根肉质, 多数; 根茎上部多分枝, 呈丛生状; 叶基对折, 两侧膜质叶鞘呈棕色, 下部宽 2~3 毫米, 上延至叶片中部以下, 渐狭, 后脱落; 叶片质地较厚, 线形, 呈绿色, 长 20~30 厘米, 极狭, 宽不足 6 毫米, 先端长渐尖, 无中肋, 平行脉多数; 叶状佛焰苞短, 为肉穗花序长的 1~2 倍, 有时比肉穗花序短, 较狭, 宽 1~2 毫米; 肉穗花序呈黄绿色, 圆柱形, 果序粗达 1 厘米, 果呈黄绿色; 花期 5~6 月, 果期 7~8 月。

基本属性	光照性: 中	观赏期: 全年
	观赏特性: 全株	

园林应用: 适种于道路、花境、学校、居住区、郊野公园、厂区等。

38. 马蹄莲 *Zantedeschia aethiopica*

植物名：马蹄莲	学 名：*Zantedeschia aethiopica*
别 名：慈茹花、水芋马、观音莲	科 属：天南星科马蹄莲属

产地分布：分布于中国北京、江苏、福建、台湾、四川、云南及秦岭地区。

形态特征：多年生草本植物；具块茎；叶基生，叶柄长 0.4~1.5 米，下部具鞘；叶片较厚，呈绿色，心状箭形或箭形，先端锐尖、渐尖或具尾状尖头，基部呈心形或戟形，全缘；佛焰苞长 10~25 厘米，管部短，呈黄色；檐部略后仰，锐尖或渐尖，具锥状尖头，呈亮白色，有时呈绿色；肉穗花序圆柱形，呈黄色；雌花序长 1~2.5 厘米；雄花序长 5~6.5 厘米；子房 3~5 室，渐狭为花柱，大部分周围有 3 枚假雄蕊；浆果呈短卵圆形，呈淡黄色；花期 2~3 月，果期 8~9 月。

基本属性	光照性：中	观赏期：2~3 月
	观赏特性：观花	

园林应用：适种于学校、居住区、湿地公园、厂区等。

十六、石蒜科

39. 紫娇花 *Tulbaghia violacea*

植物名：紫娇花	学　名：*Tulbaghia violacea*
别　名：洋韭、洋韭菜	科　属：石蒜科紫娇花属

产地分布：中国江苏地区有大面积引种，世界各地也都有栽培。

形态特征：多年生草本植物；鳞茎肥厚，呈球形，直径达 2 厘米，具白色膜质叶鞘；花茎直立，高 30~60 厘米；伞形花序球形，花的数量很多，直径 2~5 厘米，花被呈粉红色，花被片呈卵状长圆形，长 4~5 毫米，基部稍结合，先端钝或锐尖，背脊呈紫红色；雄蕊较花被长，着生于花被基部，花丝下部扁而阔，基部略连合；花柱外露；柱头小，不分裂；茎叶均含有韭味；顶生聚伞花序开紫粉色小花；果实为三角形蒴果，内含扁平硬实的黑色种子；花、果期几乎为全年。

基本属性	光照性：中	观赏期：5~7 月
	观赏特性：观花	

园林应用：适种于公园、厂区等。

40. 蜘蛛兰 *Hymenocallis littoralis*

植物名：蜘蛛兰	学　名：*Hymenocallis littoralis*
别　名：水鬼蕉	科　属：石蒜科水鬼蕉属

产地分布：中国华南地区广泛引种栽培供观赏。

形态特征：多年生草本植物；叶片 10~12 枚，剑形，长 45~75 厘米，宽 2.5~6 厘米，顶端急尖，基部渐狭，呈深绿色，多脉，无柄；花茎扁平，高 30~80 厘米；佛焰苞状总苞片长 5~8 厘米，基部极阔；花茎顶端生花 3~8 朵，呈白色，无柄；花被管纤细，长短不等，长者可达 20 厘米以上，花被裂片呈线形，通常短于花被管；雄蕊呈杯钟形或阔漏斗形，有齿，花丝分离部分长 3~5 厘米；花柱约与雄蕊等长或更长；花呈绿白色，有香气；蒴果呈卵圆形或环形，肉质状，成熟时裂开；种子为海绵质状，呈绿色；花期为夏末秋初。

基本属性	光照性：中	观赏期：夏末秋初
	观赏特性：观花	

园林应用：适种于学校、居住区、郊野公园、湿地公园、厂区等。

41. 百子莲 *Agapanthus africanus*

植物名：百子莲	学　名：*Agapanthus africanus*
别　名：紫君子兰、蓝花君子兰、非洲百合	科　属：石蒜科百子莲属

产地分布：中国各地多有栽培。

形态特征：草本植物，株高 50~70 厘米；具短缩根状茎；叶 2 列基生，舌状带形，光滑，呈浓绿色；花葶自叶丛中抽出，高 40~80 厘米；伞形花序；花被片 6 枚联合呈钟状漏斗形，呈深蓝色或白色；蒴果，含多数带翅种子；花期 7~8 月。

基本属性	光照性：中 观赏特性：观花	观赏期：7~8 月

园林应用：适种于学校、居住区、庭院、花境、郊野公园、湿地公园、厂区等。

十七、鸢尾科

42. 大花离被鸢尾 *Dietes grandiflora*

植物名：大花离被鸢尾	学　名：*Dietes grandiflora*	
别　名：非洲鸢尾、仙女鸢尾	科　属：鸢尾科离被鸢尾属	

产地分布：原产于南非。

形态特征：多年生草本植物；植株基部包与老叶残留叶鞘及纤维；叶基生，呈黄绿色，宽剑形，无明显中脉，长15~50厘米，宽1.5~3.5厘米；花茎高20~40厘米，顶部常有1~2枚侧枝；苞片2~3枚，呈绿色，草质，披针形，包1~2朵花；花朵为白色，带有黄色和紫色；花冠有黄褐色花斑；花期4~5月，果期6~8月。

基本属性	光照性：中	观赏期：4~5月
	观赏特性：观花	

园林应月：适种于学校、居住区、郊野公园、湿地公园、花境、庭院、厂区等。

43. 鸢尾 *Iris tectorum*

植物名：鸢尾	学　名：*Iris tectorum*
别　名：乌鸢、扁竹花、屋顶鸢尾、蓝蝴蝶	科　属：鸢尾科鸢尾属

产地分布：产自中国山西、安徽、江苏、浙江、福建、湖北、湖南、江西、广西、陕西、甘肃、青海、四川、贵州、云南、西藏。

形态特征：多年生草本植物；植株基部包有老叶残留叶鞘及纤维；叶基生，呈黄绿色，宽剑形，无明显中脉，长 15~50 厘米，宽 1.5~3.5 厘米；花茎高 20~40 厘米，顶部常有 1~2 枚侧枝；苞片 2~3 枚，呈绿色，草质，披针形，包 1~2 朵花；花呈蓝紫色，直径约 10 厘米；花被筒细长，上端喇叭形；外花被裂片呈圆形或圆卵形，有紫褐色花斑，中脉有白色鸡冠状附属物，内花被裂片呈椭圆形，长 4~4.5 厘米；花期 4~5 月，果期 6~8 月。

基本属性	光照性：强 观赏特性：观花	观赏期：4~5 月

园林应用：适种于学校、居住区、郊野公园、湿地公园、厂区等。

44. 扁竹兰 *Iris confusa*

植物名：扁竹兰	学　名：*Iris confusa*
别　名：白跌打	科　属：鸢尾科鸢尾属

产地分布：产自中国广西、四川、云南。

形态特征：多年生草本植物；根状茎横走，直径 4~7 毫米，呈黄褐色，节明显，节间较长；地上茎直立，高 80~120 厘米，扁圆柱形，节明显，节上常残留有老叶的叶鞘；叶十几枚，密集于茎顶，基部呈鞘状，互相嵌迭，排列成扇状，叶片呈宽剑形，呈黄绿色，两面略带白粉，顶端渐尖，无明显的纵脉；花呈浅蓝色或白色；花梗与苞片等长或略长；花药呈黄白色；花柱分枝呈淡蓝色；花期 4 月，果期 5~7 月。

基本属性	光照性：强	观赏期：4 月
	观赏特性：观花	

园林应用：适种于学校、居住区、郊野公园、湿地公园、花境、庭院、厂区等。

45. 马蔺 *Iris lactea*

植物名：马蔺	学　名：*Iris lactea*
别　名：马兰花、马兰、白花马蔺	科　属：鸢尾科鸢尾属

产地分布：分布于中国吉林、内蒙古、青海、新疆、西藏等地。

形态特征：多年生草本植物，根状茎粗壮，木质，斜伸，外包有大量致密的红紫色折断的老叶残留叶鞘及毛发状的纤维；须根粗而长，呈黄白色，少分枝；叶基生，坚韧，呈灰绿色，条形或狭剑形，顶端渐尖，基部鞘状，呈红紫色，无明显的中脉；花呈乳白色、浅蓝色、蓝色或蓝紫色，直径 5~6 厘米；花梗长 4~7 厘米；外花被裂片呈倒披针形，顶端钝或急尖，爪部呈楔形；内花被裂片呈狭倒披针形，爪部呈狭楔形；花药呈黄色，花丝呈白色；花期 5~6 月，果期 6~9 月。

基本属性	光照性：强	观赏期：5~6 月
	观赏特性：观花	

园林应用：适种于学校、居住区、郊野公园、湿地公园、花境、庭院、厂区等。

46. 黄菖蒲 *Iris pseudacorus*

植物名：黄菖蒲	学　名：*Iris pseudacorus*
别　名：黄花鸢尾	科　属：鸢尾科鸢尾属

产地分布：产自中国湖北、陕西、甘肃、四川、云南。

形态特征：多年生湿生草本植物；根状茎粗壮，斜伸；叶基生，呈灰绿色，宽线形，长 25~55 厘米，宽 5~8 毫米；花茎中空，高 50~60 厘米；花呈黄色，直径 6~7 厘米；苞片 3 枚，披针形，含 2 朵花；蒴果呈椭圆状，长 3~4 厘米；花期 5~6 月，果期 7~8 月。

基本属性	光照性：中	观赏期：5~6 月
	观赏特性：观花	

园林应用：适种于学校、居住区、湿地公园、厂区等。

47. 雄黄兰 *Crocosmia × crocosmiiflora*

植物名：雄黄兰	学　名：*Crocosmia × crocosmiiflora*
别　名：倒挂金钩、标杆花、火星花	科　属：鸢尾科雄黄兰属

产地分布：分布于中国各地。

形态特征：多年生草本植物，高 50~100 厘米；雄黄兰具扁球径，叶多基生，剑形；花茎由多花组成疏散的穗状花序；每朵花基部有 2 枚膜质的苞片；花两侧对称，呈橙黄色，直径 3.5~4 厘米；花被管略弯曲，花被裂片 6 枚，2 轮排列，呈披针形或倒卵形，长约 2 厘米，宽约 5 毫米，内轮较外轮的花被裂片略宽而长，外轮花被裂片顶端略尖；花期 7~8 月，果期 8~10 月。

基本属性	光照性：强	观赏期：7~8 月
	观赏特性：观花	

园林应用：适种于学校、居住区、郊野公园、湿地公园、花境、庭院、厂区等。

十八、龙舌兰科

48. 金边龙舌兰 *Agave americana* var. *marginata*

植物名：金边龙舌兰
别　名：金边莲、金边假菠萝

学　名：*Agave americana* var. *marginata*
科　属：龙舌兰科龙舌兰属

产地分布：在中国的华南、西南的亚热带地区广为栽培。

形态特征：多年生常绿草本植物；茎短、稍木质；叶丛，呈莲座状排列，肉质剑状，主要呈绿色，叶丛生，边缘有黄白色条带镶边，有红色或紫褐色顶刺，叶子厚，冠直径约3米，底部叶子较软，匍匐在地，较大的叶子经常向后反折，少数叶子会向内折，叶长1~1.8米，宽12.5~20厘米；叶基部表面凹，背面凸，至叶顶端形成明显的沟槽；叶顶端有1枚硬刺，叶缘具向下弯曲的疏刺；一般5~10年生植株可开花；结实后即枯死。

基本属性	光照性：强	观赏期：全年
	观赏特性：全株	

园林应用：适种于学校、居住区、公园、厂区等。

49. 龙舌兰 *Agave americana*

植物名：龙舌兰	学　名：*Agave americana*
别　名：龙舌掌、番麻	科　属：龙舌兰科龙舌兰属

产地分布：中国华南及西南各省区常引种栽培，在云南已逸生多年。

形态特征：多年生常绿草本植物；叶呈莲座式排列，通常 30~40 枚，有时 50~60 枚，大型，肉质，倒披针状线形，长 1~2 米，中部宽 15~20 厘米，基部宽 10~12 厘米；叶缘具有疏刺，顶端有 1 枚硬尖刺，刺呈暗褐色；圆锥花序大型，长达 6~12 米，多分枝；花呈黄绿色；蒴果呈长圆形，长约 5 厘米；开花后花序上生成的珠芽极少；在红河、怒江、金沙江等的干热河谷地区和昆明均能正常开花结实。

基本属性	光照性：强	观赏期：全年
	观赏特性：全株	

园林应用：园景树，适种于学校、居住区、公园、厂区等。

十九、莎草科

50. 金丝薹草 *Carex oshimensis 'Evergold'*

植物名：金丝薹草	学　名：*Carex oshimensis 'Evergold'*
别　名：金叶苔草	科　属：莎草科薹草属

产地分布：上海、杭州等地有栽培。

形态特征：草本植物；株丛密生，株高 20~40 厘米；叶片质地光滑，边缘呈深绿色，中间有宽条纹，初期呈乳白色，成熟后呈乳黄色；花期 4~5 月。

基本属性	光照性：中	观赏期：全年
	观赏特性：全株	

园林应用：适种于学校、居住区、公园、道路、厂区等。

二十、禾本科

51. 狼尾草 *Pennisetum alopecuroides*

植物名：狼尾草	学　名：*Pennisetum alopecuroides*
别　名：狗尾巴草、芮草	科　属：禾本科狼尾草属

产地分布：中国东北、华北、华东、中南及西南地区均有分布。

形态特征：草本植物；须根较粗壮；秆直立，丛生，在花序下密生柔毛；叶鞘光滑，两侧压扁，秆上部者长于节间；叶舌具长约 2.5 毫米纤毛；叶片呈线形，先端长渐尖，基部生疣毛；圆锥花序直立；主轴密生柔毛；总梗长 2~5 毫米；刚毛粗糙，呈淡绿色或紫色；小穗通常单生，少数为双生，呈线状披针形；花药顶端无毫毛；花柱基部联合；颖果呈长圆形；花、果期为夏秋季。

基本属性	光照性：强	观赏期：3~12 月
	观赏特性：全株	

园林应用：适种于学校、居住区、郊野公园、湿地公园、花境、厂区等。

52. 紫叶狼尾草 *Cenchrus setaceus 'Rubrum'*

植物名：紫叶狼尾草	学　名：*Cenchrus setaceus 'Rubrum'*
别　名：无	科　属：禾本科蒺藜草属

产地分布：中国东北、华北、华东、中南及西南地区均有分布。

形态特征：草本植物；须根较粗壮，秆直立，丛生，高 30~120 厘米；叶鞘光滑，两侧压扁，主脉呈脊，叶片呈线形，先端长渐尖；穗状圆锥花序，长 12~26 厘米，直径 1.5~2.0 厘米，有紫色刚毛；花期 5~3 月。

基本属性	光照性：强 观赏特性：全株	观赏期：3~12 月

园林应用：适种于学校、居住区、郊野公园、湿地公园、花境、厂区等。

53. 蒲苇 *Cortaderia selloana*

植物名：蒲苇	学　名：*Cortaderia selloana*
别　名：无	科　属：禾本科蒲苇属

产地分布：中国上海、南京、北京等地的公园有引种。

形态特征：草本植物，秆丛生，高 2~3 米；叶舌为一圈密生柔毛，毛长 2~4 毫米；叶片质硬，狭窄，簇生秆基，长 1~3 米，边缘具锯齿状粗糙；圆锥花序稠密，长 0.5~1 米，呈银白或粉红色；雌花序较宽大，雄花序较狭窄；小穗具 2~3 朵小花，雌小穗具丝状柔毛，雄小穗无毛；颖质薄，细长，呈白色，外稃顶端延伸成长而细弱之芒；花期 9~10 月。

基本属性	光照性：强	观赏期：3~12 月
	观赏特性：全株	

园林应用：适种于学校、居住区、郊野公园、湿地公园、花境、厂区等。

54. 蓝羊茅 *Festuca glauca*

植物名：蓝羊茅
别　名：滇羊茅

学　名：*Festuca glauca*
科　属：禾本科羊茅属

产地分布：中国江浙等地引种栽培。

形态特征：多年生半常绿草本植物；有柔软的针状叶子；株高可达 40 厘米，蓬径为株高的 2 倍，形成圆垫；叶片内卷成针状或毛发状，大多呈蓝色，具银白霜。

基本属性	光照性：中	观赏期：全年
	观赏特性：全株	

园林应用：适种于学校、居住区、郊野公园、花境、厂区等。

55. 粉黛乱子草 *Muhlenbergia capillaris*

植物名：粉黛乱子草	学　名：*Muhlenbergia capillaris*
别　名：无	科　属：禾本科乱子草属

产地分布：中国上海、杭州等地均有种植。

形态特征：多年生暖季型草本植物；株高可达90厘米，宽可达90厘米；具被鳞片的匍匐根茎；秆直立或基部倾斜、横卧，分为"毛细管"状的分枝；绿色叶子覆盖下层；在成熟期间，叶片被卷起，平坦到渐开线；顶端呈拱形，绿色叶片纤细；顶生云雾状粉色的絮；花期9~11月。

 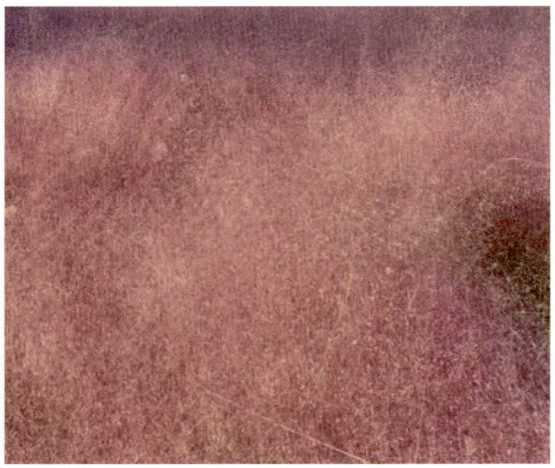

基本属性	光照性：强 观赏特性：全株	观赏期：3~12月

园林应用：适种于学校、居住区、郊野公园、花境、厂区等。

56. 细茎针茅 *Nassella tenuissima*

植物名：细茎针茅	学　名：*Nassella tenuissima*
别　名：墨西哥羽毛草	科　属：禾本科侧针茅属

产地分布：原产自欧洲中部、南部和亚洲。

形态特征：多年生常绿草本植物；植株密集丛生，茎秆细弱柔软；叶片细长如丝状，成型高度 30~50 厘米；花序呈银白色，柔软下垂；花期 6~9 月。

基本属性	光照性：中	观赏期：全年
	观赏特性：全株	

园林应用：适种于学校、居住区、郊野公园、花境、厂区等。

57. 日本血草 *Imperata cylindrica 'Rubra'*

植物名：日本血草	学　名：*Imperata cylindrica 'Rubra'*
别　名：血草	科　属：禾本科白茅属

产地分布：分布于中国四川东部、湖北西部和陕西南部。

形态特征：多年生草本植物，株高 50 厘米；叶丛生，剑形，常保持深血红色；圆锥花序，小穗呈银白色，花期夏末；喜光。

基本属性	光照性：中	观赏期：全年
	观赏特性：全株	

园林应用：适种于学校、居住区、郊野公园、花境、厂区等。

58. 斑叶芒 *Miscanthus sinensis 'Zebrinus'*

植物名：斑叶芒	学　名：*Miscanthus sinensis 'Zebrinus'*
别　名：无	科　属：禾本科芒属

产地分布：分布于中国华北、华中、华南、华东及东北地区。

形态特征：多年生草本植物，丛生状，茎高可达 1.7 米；叶片有黄色不规则斑纹，非常亮丽，下面疏生柔毛并被白粉，具黄白色环状斑；圆锥花序呈扇形，小穗成对着生，两性花，花呈黄色，花序呈紫红色。

基本属性	光照性：中	观赏期：3~12 月
	观赏特性：全株	

园林应用：适种于学校、居住区、郊野公园、花境、厂区等。

59. 花叶芦竹 *Arundo donax 'Versicolor'*

植物名：花叶芦竹	学 名：*Arundo donax 'Versicolor'*
别 名：斑叶芦竹、花芦竹、彩叶芦竹	科 属：禾本科芦竹属

产地分布：分布于全球热带、亚热带。

形态特征：多年生草本植物，具长匍匐根状茎；秆直立，高大，粗壮，具多数节；叶鞘平滑无毛；叶舌纸质，背面及边缘具毛；叶片宽大，扁平，呈线状披针形，上面与边缘微粗糙，具白色纵长条纹；圆锥花序大型，分枝密生；小穗含 2~4 朵小花；颖果细小呈黑色。

基本属性	光照性：强	观赏期：3~12 月
	观赏特性：全株	

园林应用：适用于河边、郊野公园、湿地公园、沼泽地、湖边等水景观旁。

60. 细叶芒 *Miscanthus sinensis 'Gracillimus'*

植物名：细叶芒	学　名：*Miscanthus sinensis 'Gracillimus'*
别　名：拉手笼	科　属：禾本科芒属

产地分布：产自中国江苏、浙江、江西、湖南、福建、台湾、广东、海南、广西、四川、贵州、云南等地。

形态特征：多年生草本植物；叶鞘均长于节间，除鞘口及上部边缘有长柔毛外均无毛；叶舌质地稍厚，先端钝圆，边缘呈啮蚀状，长1~2毫米；叶片呈线形，长20~70厘米，宽5~15毫米，除基部有长柔毛或瘤毛外均无毛，有时叶背疏生柔毛且呈粉白色，边缘有密集细锯齿且明显；圆锥花序呈扇形，主轴无毛或被短毛，仅延伸至花序的中部以下。

基本属性	光照性：中	观赏期：3~12月
	观赏特性：全株	

园林应用：适用于河边、郊野公园、湿地公园、湖边等水景观旁。

61. 花叶芒 *Miscanthus sinensis* 'Variegatus'

植物名：花叶芒	学　名：*Miscanthus sinensis* 'Variegatus'
别　名：银边芒	科　属：禾本科芒属

产地分布： 在中国华北、华中、华南及东北地区有种植。

形态特征： 多年生草本植物，株高 1.5~1.8 米；具根状茎，丛生，暖季型；叶片呈拱形向地面弯曲，最后呈喷泉状，叶片长 60~90 厘米，叶片呈浅绿色，有奶白色条纹，条纹与叶片等长；圆锥花序，花序呈深粉色，花序高于植株 20~60 厘米。

基本属性	光照性：中 观赏特性：全株	观赏期：3~12 月

园林应用： 适用于河边、郊野公园、湿地公园、湖边等水景观旁。

第四章　藤本植物

一、蔷薇科

1. 木香花 *Rosa banksiae*

植物名：木香花	学　名：*Rosa banksiae*
别　名：木香、七里香	科　属：蔷薇科蔷薇属

产地分布：产自中国四川、云南，多地有栽培。

形态特征：高可达 6 米；小枝圆柱形，无毛，有短小皮刺；老枝上的皮刺较大，坚硬，经栽培后有时枝条无刺；小叶 3~5 枚，有时 7 枚，连叶柄长 4~6 厘米；小叶片呈椭圆状卵形或长圆披针形，先端急尖或稍钝，基部接近圆形或宽楔形，边缘有紧贴细锯齿，上面无毛，呈深绿色，下面呈淡绿色，中脉突起，沿脉有柔毛；小叶柄和叶轴有稀疏柔毛和散生小皮刺；托叶呈线状披针形，膜质，离生，早落；花形较小，多朵成伞形花序，花瓣重瓣或半重瓣，呈白色；花期 4~5 月。

基本属性	光照性：中	观赏特性：观花
	生物习性：落叶	观赏期：4~5 月

园林应用：适用于郊野公园、庭院、花柱、花架、围墙及廊架处。

2. 七姊妹 *Rosa multiflora 'Grevillei'*

植物名：七姊妹	学　名：*Rosa multiflora 'Grevillei'*
别　名：十姊妹、七姐妹	科　属：蔷薇科蔷薇属

产地分布：原产于中国华北、华中、华东、华南及西南地区，昆明等地栽培较多。

形态特征：枝直立，较细，有近蔓生；单数羽状复叶，小面薄，托叶附着于叶柄上；成伞房花序，有淡红、朱红、淡白等色，具淡香；果呈卵形，较小，呈褐红色；花期 5~6 月，果期 9~10 月。

基本属性	光照性：强	观赏特性：观花
	生物习性：落叶	观赏期：5~6 月

园林应用：适种于学校、居住区、公园、厂区，可用于花柱、花架、花廊、墙垣等。

二、蝶形花科

3. 紫藤 *Wisteria sinensis*

植物名：紫藤	学　名：*Wisteria sinensis*
别　名：朱藤、招藤、招豆藤	科　属：蝶形花科紫藤属

产地分布：主要分布于中国辽宁、陕西、甘肃及华北地区和长江以南各地。

形态特征：落叶藤本植物；茎左旋；奇数羽状复叶长 15~25 厘米；托叶线形，早落；小叶 3~6 对，纸质，呈卵状椭圆形或卵状披针形，上部小叶较大，基部 1 对最小，先端渐尖至尾尖，基部呈钝圆或楔形，有时歪斜，嫩叶两面被平伏毛，后秃净；小叶柄被柔毛；小托叶呈刺毛状，宿存；花梗细，长 2~3 厘米；花萼呈杯状，密被细绢毛，上方 2 齿甚钝，下方 3 齿呈卵状三角形；花冠呈紫色，旗瓣圆形，先端略凹陷，花开后反折，翼瓣长圆形，基部圆，龙骨瓣较翼瓣短，呈阔镰形；子房线形，密被绒毛；花柱无毛，上弯；胚珠 6~8 粒；花期 4~5 月，果期 5~8 月。

基本属性	光照性：强 生物习性：落叶	观赏特性：观花 观赏期：4~5 月

园林应用：适种于学校、居住区、公园、厂区，可用于花柱、花架、花廊、墙垣等。

4. 油麻藤 *Mucuna sempervirens*

植物名：油麻藤	学　名：*Mucuna sempervirens*
别　名：牛马藤、常绿油麻藤、常春油麻藤	科　属：蝶形花科油麻藤属

产地分布：分布于中国四川、贵州、云南、陕西南部、湖北、浙江、江西、湖南、福建、广东、广西。

形态特征：常绿木质藤本植物，老茎直径达30厘米；羽状复叶具3枚小叶，长21~39厘米；叶柄长7~17厘米，无毛；顶生小叶呈椭圆形、长圆形或卵状椭圆形，长8~15厘米，先端渐尖，基部接近楔形，两面无毛，侧生小叶极偏斜；小叶柄膨大；总状花序生于老茎上，每节具3枚花，有臭味；花萼呈杯状，萼筒长0.8~1.2厘米，外面密被褐色短伏毛和稀疏长硬毛，内面被绢质绒毛；花冠呈深紫色，长约6.5厘米，旗瓣长3.2~4厘米，呈圆形，先端深凹，翼瓣长4.8~6厘米，龙骨瓣长6~7厘米，各瓣均具瓣柄和耳，子房被锈色毛；无柄；荚果呈带形，木质；花期4~5月，果期8~10月。

基本属性	光照性：中	观赏特性：观花
	生物习性：常绿	观赏期：4~5月

园林应用：适种于学校、居住区、公园、厂区，可用于花柱、花架、花廊、墙垣等。

5. 香花鸡血藤 *Callerya dielsiana*

植物名：香花鸡血藤	学　名：*Callerya dielsiana*
别　名：灰毛崖豆藤、山鸡血藤、香花崖豆藤	科　属：蝶形花科鸡血藤属

产地分布：产自中国陕西、甘肃、安徽、浙江、江西、福建、湖北、湖南、广东、海南、广西、四川、贵州、云南；越南、老挝也有分布。

形态特征：茎皮呈灰褐色，剥裂，枝无毛或被微毛；羽状复叶长 15~30 厘米；叶轴被稀疏柔毛，后秃净，上面有沟；小叶 2 对，间隔 3~5 厘米，纸质，呈披针形、长圆形或狭长圆形，先端急尖或渐尖，偶有钝圆，基部钝圆，偶有心形，上面有光泽，几乎无毛；圆锥花序顶生，宽大，长达 40 厘米，生花枝伸展，长 6~15 厘米，较短时接近直生，较长时呈扇状开展并下垂，花序轴被一定程度黄褐色柔毛；花单生；苞片呈线形，锥尖；花冠呈紫红色，旗瓣为阔卵形或倒阔卵形，密被锈色或银色绢毛，基部稍呈心形，具短瓣柄；荚果呈线形或长圆形，扁平，密被灰色绒毛，果瓣薄，接近木质；花期 5~9 月，果期 6~11 月。

基本属性	光照性：中	观赏特性：观花
	生物习性：常绿	观赏期：5~9 月

园林应用：适种于学校、居住区、公园、厂区，可用于花柱、花架、花廊、墙垣等。

三、桑科

6. 地果 *Ficus tikoua*

植物名：地果	学　名：*Ficus tikoua*
别　名：地爬根、地瓜榕、地瓜、地石榴、地枇杷	科　属：桑科榕属

产地分布：分布于中国湖南、湖北、广西、贵州、云南、西藏、四川、甘肃、陕西南部。

形态特征：常绿匍匐木质藤本植物；茎上生细长不定根，节膨大；高可达40厘米；叶坚纸质，叶片呈倒卵状椭圆形，先端急尖，基部呈圆形或浅心形，基生侧脉较短，侧脉表面被短刺毛，托叶呈披针形；榕果成对或簇生于匍匐茎上，常埋于土中，呈球形或卵球形，基生苞片细小；雄花生于榕果内壁孔口部，无柄，雌花生于另一植株榕果内壁，有短柄；5~6月开花，7月结果。

基本属性	光照性：中	观赏特性：全株
	生物习性：常绿	观赏期：全年

园林应用：适种于学校、居住区、公园、厂区等。

四、葡萄科

7. 五叶地锦 *Parthenocissus quinquefolia*

植物名：五叶地锦	学　名：*Parthenocissus quinquefolia*
别　名：美国地锦、美国爬山虎、五叶爬山虎	科　属：葡萄科地锦属

产地分布：在中国分布于东北、华北地区。

形态特征：常绿木质藤本植物；小枝呈圆柱形，无毛；卷须总状 5~9 枚分枝，相隔 2 节间断与叶对生，卷须顶端嫩时尖细卷曲，后遇附着物扩大成吸盘；叶为掌状 5 枚小叶，小叶呈倒卵圆形、倒卵椭圆形，最宽处在上部，外侧小叶呈椭圆形，最宽处在近中部，顶端短尾尖，基部呈楔形或阔楔形，边缘有粗锯齿，上面呈绿色，下面呈浅绿色，两面均无毛或下面脉上微被疏柔毛；侧脉 5~7 对，网脉两面均不明显突出；叶柄长，无毛，小叶有短柄或几乎无柄；花序假顶生，形成主轴明显的圆锥状多歧聚伞花序，花瓣 5 枚；果实呈球形；花期 6~7 月，果期 8~10 月。

基本属性	光照性：弱	观赏特性：观叶
	生物习性：常绿	观赏期：全年

园林应用：适种于学校、居住区、公园、厂区，可用于花柱、花架、花廊、墙垣等。

8. 地锦 *Parthenocissus tricuspidata*

植物名：地锦
别　名：土鼓藤、趴墙虎、爬山虎

学　名：*Parthenocissus tricuspidata*
科　属：葡萄科地锦属

产地分布：产自中国吉林、辽宁、河北、河南、山东、安徽、江苏、浙江、福建、台湾；生于山坡崖石壁或灌丛。

形态特征：半常绿木质藤本植物；小枝呈圆柱形，几乎无毛或微被疏柔毛；卷须 5~9 枝分枝，相隔 2 节间断与叶对生；卷须顶端嫩时膨大呈圆珠形，后遇附着物扩大成吸盘；叶为单叶，通常着生在短枝上为 3 浅裂，有时着生在长枝上者小型不裂，叶片通常呈倒卵圆形，顶端裂片急尖，基部呈心形，边缘有粗锯齿，上面呈绿色，无毛，下面呈浅绿色，无毛或中脉上疏生短柔毛，基出脉 5 枚，中央脉有侧脉 3~5 对；花序着生在短枝上，基部分枝，形成多歧聚伞花序，花瓣 5 枚；果实呈球形；花期 5~8 月，果期 9~10 月。

基本属性	光照性：中 生物习性：半常绿	观赏特性：观叶 观赏期：全年

园林应用：适种于学校、居住区、公园、厂区，可用于花架、墙垣等。

9. 扁担藤 *Tetrastigma planicaule*

植物名：扁担藤	学　名：*Tetrastigma planicaule*
别　名：扁藤	科　属：葡萄科崖爬藤属

产地分布：分布于中国福建、广东、广西、贵州、云南、西藏东南部。

形态特征：常绿木质大藤本植物，茎扁压，呈深褐色；小枝呈圆柱形或微扁，卷须不分枝；叶为掌状，小叶片呈长圆披针形、披针形、卵披针形，顶端渐尖或急尖，基部呈楔形，边缘每侧有锯齿，上面呈绿色，下面呈浅绿色，两面无毛；网脉突出；叶柄无毛，花序腋生，节上有褐色苞片，有时与叶对生，而基部无节和苞片，集生成伞形；花序梗无毛；花蕾呈卵圆形，顶端圆钝；花瓣呈卵状三角形，花丝呈丝状；果实接近球形，多为肉质，种子呈长椭圆形；花期 4~6 月，果期 8~12 月。

基本属性	光照性：中	观赏特性：全株
	生物习性：常绿	观赏期：全年

园林应用：适种于学校、居住区、公园、厂区，可用于花架、墙垣等。

五、五加科

10. 常春藤 *Hedera nepalensis var. sinensis*

植物名：常春藤	学　名：*Hedera nepalensis var. sinensis*
别　名：土鼓藤、钻天风、三角风、散骨风	科　属：五加科常春藤属

产地分布： 在中国分布广泛，北自甘肃东南部、陕西南部、河南、山东，南至广东、江西、福建，西自西藏波密，东至江苏、浙江，均有生长。

形态特征： 全株供药用，叶供观赏用，含鞣酸；茎呈灰棕色或黑棕色，有气生根；叶片革质，在不育枝上通常为三角状卵形或箭形，先端渐尖，基部呈截形，边缘全缘或 3 裂，花枝上的叶片通常为椭圆状卵形，略歪斜而带菱形，先端渐尖，基部呈楔形或圆形；伞形花序单个顶生或数个总状排列或伞房状排列成圆锥花序；花呈淡黄白色或淡绿白色，芳香，花瓣 5 枚，三角状卵形，雄蕊 5 枚，花药呈紫色，子房 5 室，花盘隆起，呈黄色；花柱全部合生成柱状；果实呈球形，红色或黄色，花柱宿存；花期 9~11 月，果期次年 3~5 月。

基本属性	光照性：中	观赏特性：观叶
	生物习性：常绿	观赏期：全年

园林应用： 适种于学校、居住区、公园、厂区、高架桥等。

六、夹竹桃科

11. 络石 *Trachelospermum jasminoides*

植物名：络石	学　名：*Trachelospermum jasminoides*
别　名：万字茉莉、络石藤风车藤	科　属：夹竹桃科络石属

产地分布：分布很广，中国山东、安徽、江苏、浙江、福建、台湾、江西、河北、河南、湖北、湖南、广东、广西、云南、贵州、四川、陕西等地都有分布。

形态特征：常绿木质藤本植物，长可达 10 米，具乳汁；茎呈赤褐色，圆柱形，有皮孔；小枝被黄色柔毛，老时渐无毛；叶革质或接近革质，呈椭圆形、卵状椭圆形或宽倒卵形，长 2~10 厘米，宽 1~4.5 厘米，顶端锐尖至渐尖或钝，有时微凹或有小凸尖，基部渐狭至钝，叶面无毛，叶背被疏短柔毛，老时渐无毛；二歧聚伞花序腋生或顶生，花多朵组成圆锥状，与叶等长或更长；花呈白色，芳香；总花梗被柔毛，老时渐无毛；苞片及小苞片呈狭披针形；花萼 5 深裂，裂片呈线状披针形，顶部反卷，外面被有长柔毛及缘毛，内面无毛，基部具 10 枚鳞片状腺体；花蕾顶端钝，花冠筒呈圆筒形，中部膨大，外面无毛，内面在喉部及雄蕊着生处被短柔毛，花冠裂片长 5~10 毫米，无毛；花期 3~7 月，果期 7~12 月；园林栽培品种花叶络石，在新叶与老叶间有数对斑状花叶，观赏价值高。

基本属性	光照性：中	观赏特性：观花
	生物习性：常绿	观赏期：3~7 月

园林应用：适种于学校、居住区、公园、厂区，可用于花柱、花架、花廊、墙垣等。

12. 蔓长春花 *Vinca major*

植物名：蔓长春花	学　名：*Vinca major*
别　名：攀缘长春花	科　属：夹竹桃科蔓长春花属

产地分布：中国江苏、上海、浙江、湖北和台湾等地有栽培。

形态特征：茎偃卧，花茎直立；除叶缘、叶柄、花萼及花冠喉部有毛外，其余部位均无毛；叶呈椭圆形，长2~6 厘米，宽 1.5~4 厘米，先端急尖，基部下延；侧脉约 4 对；叶柄长 1 厘米；花单朵腋生；花梗长 4~5 厘米；花萼裂片呈狭披针形，长 9 毫米；花冠呈蓝色，花冠筒漏斗状，花冠裂片呈倒卵形，长 12 毫米，宽 7 毫米，先端圆形；雄蕊着生于花冠筒中部之下，花丝短而扁平，花药的顶端有毛；子房由 2 个心皮所组成；菁葖长约 5厘米；花期 3~5 月，果期 5~6 月。

基本属性	光照性：中	观赏特性：观叶
	生物习性：常绿	观赏期：全年

园林应用：适种于学校、居住区、公园、厂区、高架桥等。

13. 大纽子花 *Vallaris indecora*

植物名：大纽子花	学 名：*Vallaris indecora*
别 名：纽子花	科 属：忍冬科纽子花属

产地分布：产于中国四川、贵州、云南和广西；昆明地区亦有种植。

形态特征：全株具乳汁；茎皮呈淡灰色，具皮孔；叶纸质，呈宽卵圆形或倒卵圆形，顶端渐尖，基部呈圆形，具有透明的腺体，叶面无毛，叶背被短柔毛；侧脉每边约8条，在叶背略为凸起；叶柄长0.5厘米，被短柔毛；花序为腋生伞房状聚伞花序，通常着花3朵，有时达6朵；总花梗不分枝；花呈土黄色，花萼裂片呈长圆状卵圆形，被柔毛；花冠筒长8毫米，内外面均被短柔毛，冠檐展开；花期3~6月，果期秋季。

基本属性	光照性：中	观赏特性：观花
	生物习性：半常绿	观赏期：3~6月

园林应用：适种于学校、居住区、公园、厂区，可用于花柱、花架、花廊、墙垣等。

七、忍冬科

14. 忍冬 *Lonicera japonica*

植物名：忍冬		学　名：*Lonicera japonica*	
别　名：金银花、金银藤		科　属：忍冬科忍冬属	

产地分布：除中国黑龙江、内蒙古、宁夏、青海、新疆、海南和西藏无自然生长外，中国其余各地均有分布。

形态特征：半常绿藤本植物；幼枝呈暗红褐色，密被黄褐色、开展的硬直糙毛、腺毛和短柔毛，下部常无毛；叶纸质，呈卵形或矩圆状卵形，有时呈卵状披针形，偶有圆卵形或倒卵形；总花梗通常单生于小枝上部叶腋，与叶柄等长或稍较短，密被短柔毛，并夹杂腺毛；苞片大，叶状，呈卵形或椭圆形，两面均有短柔毛或有时几乎无毛；花冠呈白色，有时基部向阳面呈微红，后变黄色，唇形，筒稍长于唇瓣；果实呈圆形，熟时呈蓝黑色，有光泽；花期 4~6 月（秋季亦常开花），果熟期 10~11 月。

基本属性	光照性：中	观赏特性：观花
	生物习性：半常绿	观赏期：4~6 月

园林应用：适种于学校、居住区、公园、厂区，适用于花架等。

八、紫葳科

15. 凌霄 *Campsis grandiflora*

植物名：凌霄	学　名：*Campsis grandiflora*
别　名：紫葳、苕华、堕胎花、藤五加	科　属：紫葳科凌霄属

产地分布：产自长江流域各地，在中国河北、山东、河南、福建、广东、广西、陕西、台湾等地有栽培；日本、越南、印度、巴基斯坦均有栽培。

形态特征：常绿藤本植物；茎木质，表皮脱落，呈枯褐色，以气生根攀附于其他植物之上；叶对生，为奇数羽状复叶；小叶7~9枚，呈卵形或卵状披针形，顶端尾状渐尖，基部呈阔楔形，两侧不等大，两面无毛，边缘有粗锯齿；顶生疏散的短圆锥花序，花序轴长15~20厘米；花萼钟状，分裂至中部，裂片呈披针形；花冠内面呈鲜红色，外面呈橙黄色，长约5厘米，裂片呈半圆形；蒴果顶端钝；花期5~8月。

基本属性	光照性：强	观赏特性：全株
	生物习性：常绿	观赏期：5~8月

园林应用：适种于学校、居住区、公园、厂区，可用于花柱、花架、花廊、墙垣等。

16. 硬骨凌霄 *Tecomaria capensis*

植物名：硬骨凌霄	学　名：*Tecomaria capensis*
别　名：竹林标、驳骨软丝莲、红花倒水莲	科　属：紫葳科硬骨凌霄属

产地分布：主要分布于中国广东、广西、云南等地。

形态特征：多年生常绿木质藤本植物，高 1~2 米；枝细长，呈绿褐色，常有小瘤状突起；叶对生，奇数羽状复叶，小叶 7~9 枚，小叶片呈卵形或宽椭圆形，长 1~2.5 厘米，先端急尖或渐尖，基部呈楔形，有一些偏斜，边缘有不规则而钝头的粗锯齿，两面无毛或于下面脉腋内被绵毛；花组成顶生、具总花梗的总状花序；花萼呈钟形，筒短，5 裂，裂片呈三角形；花冠呈橙红色至鲜红色，有深红色的纵纹，稍呈漏斗状，弯曲，长 4~5 厘米，呈二唇形，上唇 1 枚裂片顶端 2 浅裂，下唇 3 枚裂片全缘扩展；蒴果长 2.5~5 厘米；花期几乎全年。

基本属性	光照性：强	观赏特性：观花
	生物习性：常绿	观赏期：全年

园林应用：适种于学校、居住区、公园、厂区，可用于花柱、花架、花廊、墙垣等。

17. 非洲凌霄 *Podranea ricasoliana*

植物名：厚萼凌霄	学　名：*Podranea ricasoliana*
别　名：紫云藤	科　属：紫葳科非洲凌霄属

产地分布：非洲凌霄原产于非洲南部，中国福建、广东、昆明等地有引种栽培。

形态特征：常绿藤本植物，自然独立生长状态下，高 1 米左右，少数达到 2 米；叶对生，奇数羽状复叶，叶柄具凹沟，小叶通常 11 枚，也有 9 枚或 13 枚的情况，小叶呈长卵形，长 4~6 厘米，先端尖，叶缘具锯齿；叶柄基部呈紫黑色；圆锥花序顶生，花冠呈漏斗状钟形，先端 5 裂，呈粉红到紫红色，喉部色深，有时带有紫红色脉纹；花期秋至翌年春季。

基本属性	光照性：强	观赏特性：全株
	生物习性：常绿	观赏期：秋至翌年春季

园林应用：适种于学校、居住区、公园、厂区，可用于花柱、花架、花廊、墙垣等。

18. 炮仗藤 *Pyrostegia venusta*

植物名：炮仗藤	学　名：*Pyrostegia venusta*
别　名：黄鳝藤、鞭炮花、炮仗花	科　属：紫葳科炮仗藤属

产地分布：中国广东、海南、广西、福建、台湾、云南等地有栽培。

形态特征：常绿藤本植物；小枝顶端具3叉丝状卷须；叶对生，小叶2~3枚，卵形，先端渐尖，基部接近圆形，长4~10厘米，两面无毛，下面疏生细小腺穴，全缘，叶轴长约2厘米；圆锥花序生于侧枝顶端，长10~12厘米；花萼钟状，小齿5枚；花冠呈筒状，内面中部有毛环，基部缢缩，呈橙红色，裂片5枚，呈长椭圆形，花蕾时镊合状排列，边缘有被白色柔毛；果瓣革质，呈舟状，种子呈多列分布，花期1~6月。

基本属性	光照性：强	观赏特性：观花
	生物习性：常绿	观赏期：1~6月

园林应用：适种于学校、居住区、公园、厂区，可用于花柱、花架、花廊、墙垣等。

第五章 水生植物

一、睡莲科

1. 莲 *Nelumbo nucifera*

植物名：莲	学 名：*Nelumbo nucifera*
别 名：荷花、菡萏、芙蓉、芙蕖、莲花	科 属：睡莲科莲属

产地分布：莲分布在中国南北各地，俄罗斯、朝鲜、日本、印度、越南和大洋洲也有分布。

形态特征：多年生水生草本植物；根茎肥厚，横生地下，节长；叶呈盾状圆形，伸出水面，直径 25~90 厘米；叶柄长 1~2 米，中空，常具刺；花单生于花葶顶端，直径 10~20 厘米；萼片 4~5 枚，早落；花瓣数量多，呈红色、粉红色或白色；雄蕊数量多，花丝细长，药隔棒状；心皮数量多，离生，埋于倒圆锥形花托穴内；坚果呈椭圆形或卵形，黑褐色，长 1.5~2.5 厘米；种子呈卵形或椭圆形，长 1.2~1.7 厘米，种皮呈红色或白色；花期 6~8 月，果期 8~10 月。

基本属性	光照性：强	观赏期：6~3 月
	观赏特性：观花	

园林应用：适种于湿地公园、池塘、湖泊及水景中。

2. 睡莲 *Nymphaea tetragona*

植物名：睡莲	学　名：*Nymphaea tetragona*
别　名：子午莲、粉色睡莲、野生睡莲、矮睡莲	科　属：睡莲科睡莲属

产地分布：在中国，南至云南，北至东北，西至新疆，各地均有栽培。

形态特征：多年生水生草本植物；根茎粗短；叶漂浮，薄革质或纸质，呈心状卵形或卵状椭圆形，长 5~12 厘米，宽 3.5~9 厘米，基部具深弯缺，全缘，上面呈深绿色，光亮，下面呈红或紫色，两面无毛，具小点；叶柄长达 60 厘米；花梗细长；萼片 4 枚，呈宽披针形或窄卵形，长 2~3 厘米，宿存；花瓣 8~17 枚，呈白色，宽披针形、长圆形或倒卵形，长 2~3 厘米；雄蕊约 40 枚；柱头辐射状裂片 5~8 枚；浆果呈球形，直径 2~2.5 厘米，为宿萼包被；种子呈椭圆形，长 2~3 毫米，呈黑色；6~8 月为盛花期，10~11 月为黄叶期，11 月后进入休眠期。

基本属性	光照性：强	观赏期：6~11 月
	观赏特性：观花	

园林应用：适种于湿地公园、池塘、湖泊及水景中。

二、千屈菜科

3. 千屈菜 *Lythrum salicaria*

| 植物名：千屈菜 | 学　名：*Lythrum salicaria* |
| 别　名：水柳、中型千屈菜、光千屈菜 | 科　属：千屈菜科千屈菜属 |

产地分布：中国各地均有栽培。

形态特征：多年生草本植物；最高可达 1 米；全株呈青绿色，略被粗毛或密被绒毛，枝通常具 4 棱；叶对生或三叶轮生，呈披针形或阔披针形，顶端钝形或短尖，基部呈圆形或心形，有时略抱茎，全缘，无柄；花组成小聚伞花序，簇生，由于其花梗及总梗极短，因此花枝全形似一大型穗状花序；苞片呈阔披针形或至三角状卵形，长 5~12 毫米；萼筒长 5~8 毫米，有纵棱 12 条，稍被粗毛，裂片 6 枚，三角形；花瓣 6 枚，呈红紫色或淡紫色，倒披针状长椭圆形，基部呈楔形，长 7~8 毫米，着生于萼筒上部，有短爪，稍皱缩；蒴果呈扁圆形；花期 7~9 月，果期 9~10 月。

| 基本属性 | 光照性：中 | 观赏期：7~9 月 |
| | 观赏特性：观花 | |

园林应用：适种于湿地公园、池塘、湖泊及水景中。

三、泽泻科

4. 泽泻 Alisma plantago-aquatica

植物名：泽泻	学　名：*Alisma plantago-aquatica*
别　名：无	科　属：泽泻科泽泻属

产地分布： 在中国分布于黑龙江、吉林、辽宁、内蒙古、河北、山西、陕西、新疆、云南等地。

形态特征： 多年生水生或沼生草本植物；块茎直径 1~3.5 厘米，或更大；叶通常数量较多；沉水叶呈条形或披针形；挺水叶呈宽披针形、椭圆形或卵形，长 2~11 厘米，宽 1.3~7 厘米，先端渐尖，偶有急尖，基部呈宽楔形、浅心形，叶脉通常 5 条，叶柄长 1.5~30 厘米，基部渐宽，边缘膜质；两性，花梗长 1~3.5 厘米；外轮花被片呈广卵形，呈白色、粉红色或浅紫色；瘦果呈椭圆形，或接近矩圆形，长约 2.5 毫米，宽约 1.5 毫米，背部具 1~2 条不明显浅沟，下部平，果喙自腹侧伸出，喙基部凸起，膜质；种子呈紫褐色，具凸起。

基本属性	光照性：中	观赏期：全年
	观赏特性：观叶	

园林应用： 适用于河边、沼泽地、湖边等水景观旁。

5. 慈姑 *Sagittaria trifolia* subsp. *leucopetala*

植物名：慈姑
别　名：华夏慈姑、茨菰、燕尾草、白地栗

学　名：*Sagittaria trifolia* subsp. *leucopetala*
科　属：泽泻科慈姑属

产地分布：中国长江以南各地广泛栽培；日本、朝鲜亦有栽培。

形态特征：多年生沼生草本植物；球茎可作蔬菜食用；植株高大，粗壮；叶片宽大，肥厚，顶裂片先端钝圆，呈卵形或宽卵形；匍匐茎末端膨大成球茎，球茎呈卵圆形或球形；圆锥花序高大；果期常斜卧水中；果期花托呈扁球形，直径 4~5 毫米，高约 3 毫米；种子呈褐色，具小凸起；花期 8~10 月。

基本属性	光照性：中	观赏期：5~10 月
	观赏特性：全株	

园林应用：适用于河边、沼泽地、湖边等水景观旁。

四、眼子菜科

6. 菹草 *Potamogeton crispus*

植物名：菹草	学　名：*Potamogeton crispus*
别　名：札草、虾藻	科　属：眼子菜科眼子菜属

产地分布：产自中国南北各地，在世界各地广泛种植。

形态特征：多年生沉水草本植物；根茎呈圆柱形；茎稍扁，多分枝，近基部常匍匐地面，节生须根；叶条形，长 3~8 厘米，宽 0.5~1 厘米，先端钝圆，基部约 1 毫米与托叶合生，不形成叶鞘，叶缘多少具浅波状，具细锯齿，叶脉 3~5 枚，平行，顶端连接，中脉近基部两侧伴有通气组织形成的细纹；无柄，托叶薄膜质，长 0.5~1 厘米，早落；休眠芽腋生，松果状，长 1~3 厘米，革质叶 2 列密生，基部肥厚，坚硬，具细齿；穗状花序顶生，花呈 2~4 轮分布，初每轮 2 朵对生，穗轴伸长后常稍不对称；花序呈梗棒状，较茎细；花小，花被片 4 枚，呈淡绿色，雌蕊 4 枚，基部合生；果基部连合，呈卵圆形，长约 3.5 毫米，果喙长达 2 毫米，稍弯，背脊约 1/2 高度以下区域具齿；花、果期 4~7 月。

基本属性	光照性：中	观赏期：全年
	观赏特性：观叶	

园林应用：适用于河边、沼泽地、湖边等水景观旁。

五、竹芋科

7. 再力花 *Thalia dealbata*

植物名：再力花	学 名：*Thalia dealbata*
别 名：水竹芋、水莲蕉、塔利亚	科 属：竹芋科水竹芋属

产地分布：中国主要有海口、三亚、琼海、高雄、台南、深圳、湛江、中山、珠海、澳门、香港、南宁、钦州北海、茂名、景洪等城市种植。

形态特征：多年生挺水草本植物；植株中等大小，高 60~150 厘米；总花梗细长，常高出叶面 50~100 厘米；叶基生，4~6 枚；叶柄长 40~80 厘米，下部鞘状，基部略膨大，叶柄顶端和基部呈红褐色或淡黄褐色；叶片呈卵状披针形或长椭圆形，长 20~50 厘米，宽 10~20 厘米，硬纸质，呈浅灰绿色，边缘呈紫色，全缘；叶背表面被白粉，叶腹面具稀疏柔毛；叶基圆钝，叶尖锐尖；横出平行叶脉，花期 4~10 月。

基本属性	光照性：强	观赏期：全年
	观赏特性：全株	

园林应用：适用于河边、沼泽地、湖边等水景观旁。

六、雨久花科

8. 梭鱼草 *Pontederia cordata*

植物名：梭鱼草	学　名：*Pontederia cordata*
别　名：海寿花	科　属：雨久花科梭鱼草属

产地分布：中国华北等地区有引种栽培。

形态特征：多年生挺水草本植物，株高可达 150 厘米；地茎叶丛生，圆筒形叶柄呈绿色，叶片较大，呈深绿色，表面光滑，叶形多变，但多为倒卵状披针形；花葶直立，通常高出叶面，穗状花序顶生，每条穗上密密地簇拥着几十至上百朵蓝紫色圆形小花，上方两花瓣各有两个黄绿色斑点，质地半透明，5~10 月开花结果。

基本属性	光照性：强	观赏期：5~10 月
	观赏特性：观花	

园林应用：适用于河边、沼泽地、湖边等水景观旁。

七、香蒲科

9. 香蒲 *Typha orientalis*

植物名：香蒲	学　名：*Typha orientalis*
别　名：菖蒲、长苞香蒲、水烛	科　属：香蒲科香蒲属

产地分布：产自中国黑龙江、吉林、辽宁、内蒙古、河北、山西、河南、陕西、安徽、江苏、浙江、江西、广东、云南、台湾等地。

形态特征：多年生水生或沼生草本植物；根状茎呈乳白色；地上茎粗壮，向上渐细；叶片条形，光滑无毛，上部扁平，下部腹面微凹，背面逐渐隆起呈凸形，横切面呈半圆形，细胞间隙大，海绵状；叶鞘抱茎；雌雄花序紧密连接；雄花序长 2.7~9.2 厘米，花序轴具白色弯曲柔毛；雌花序长 4.5~15.2 厘米，基部具 1 枚叶状苞片，花后脱落；白色丝状毛通常单生，有时几枚基部合生，稍长于花柱，短于柱头；小坚果呈椭圆形或长椭圆形；果皮具长形褐色斑点；种子呈褐色，微弯　花、果期 5~8 月。

基本属性	光照性：强	观赏期：5~8 月
	观赏特性：全株	

园林应用：适用于河边、沼泽地、湖边等水景观旁。

10. 长苞香蒲 *Typha angustata*

植物名: 长苞香蒲	学　名: *Typha angustata*
别　名: 香烛	科　属: 香蒲科香蒲属

产地分布: 产自中国黑龙江、吉林、辽宁、内蒙古、河北、河南、山东、山西、陕西、甘肃、新疆、江苏、江西、贵州、云南等地。

形态特征: 多年生水生或沼生草本植物; 根状茎粗壮, 呈乳黄色, 先端呈白色; 地上茎直立, 粗壮; 叶片上部扁平, 中部以下背面逐渐隆起, 下部横切面呈半圆形, 细胞间隙大, 海绵状; 叶鞘很长, 抱茎; 雌雄花序远离; 雄花序长 7~30 厘米, 花序轴具弯曲柔毛, 先端齿裂或否, 叶状苞片 1~2 枚, 与雄花先后脱落; 雌花序位于下部, 叶状苞片比叶宽, 花后脱落; 白色丝状毛极多数, 生于子房柄基部, 或向上延伸, 短于柱头; 小坚果呈纺锤形, 纵裂, 果皮具褐色斑点; 种子呈黄褐色; 花、果期 6~8 月。

基本属性	光照性: 强	观赏期: 6~8 月
	观赏特性: 全株	

园林应用: 适用于河边、沼泽地、湖边等水景观旁。

八、莎草科

11. 风车草 *Cyperus involucratus*

植物名：风车草

别　名：旱伞草

学　名：*Cyperus involucratus*

科　属：莎草科莎草属

产地分布：中国南北各地均见栽培。

形态特征：其株高 60~150 厘米，茎近圆柱形，直立无分枝；根状茎短、粗大，须根坚硬；叶顶生为伞状；有多数辐射枝；小穗多数，密生于辐射分枝的顶端；其形状如一个绿色的风车，故取名风车草。

基本属性	光照性：强	观赏期：全年
	观赏特性：观叶	

园林应月：适用于河边、沼泽地、湖边等水景观旁。

12. 纸莎草 *Cyperus papyrus*

植物名：纸莎草	学 名：*Cyperus papyrus*
别 名：埃及纸莎草	科 属：莎草科莎草属

产地分布：中国中亚热带南部及华南地区有栽培。

形态特征：具有粗壮的根状茎；高可达 3 米；茎秆簇生，粗壮，直立，光滑，呈钝三棱形；叶退化呈鞘状，茎秆顶端着生总苞片 3~10 枚，呈伞状簇生，总苞片呈叶状，披针形，长 7.5~15 厘米，宽 2 厘米左右；顶生花序伞梗极多，细长下垂。

基本属性	光照性：强	观赏期：3~11 月
	观赏特性：全株	

园林应用：适用于河边、沼泽地、湖边等水景观旁。

13. 水葱 *Schoenoplectus tabernaemontani*

植物名：水葱	学　名：*Schoenoplectus tabernaemontani*
别　名：南水葱	科　属：莎草科水葱属

产地分布：分布于中国浙江、福建、台湾、广东、广西、云南。

形态特征：匍匐根状茎粗壮，具许多须根。秆高大，圆柱状，最上面一个叶鞘具叶片；叶片呈线形；苞片１枚，为秆的延长，直立，钻状，常短于花序，极少数稍长于花序；长侧枝聚伞花序简单或复出，假侧生；小穗单生或2~3个簇生于辐射枝顶端，呈卵形或长圆形，顶端急尖或钝圆，具多数花；鳞片呈椭圆形或宽卵形，顶端稍凹，具短尖，膜质。

基本属性	光照性：强	观赏期：全年
	观赏特性：观叶	

园林应用：适用于河边、沼泽地、湖边等水景观旁。

九、禾本科

14. 菰 *Zizania latifolia*

植物名：菰	学　名：*Zizania latifolia*
别　名：茭白、野茭白、茭笋	科　属：禾本科菰属

产地分布： 主要分布在中国长江流域以南各地，华北地区有零星栽培。

形态特征： 菰具有匍匐根状茎，须根粗壮发达；秆高大直立，高1~2米，直径约1厘米，具一定数量节，基部节生不定根；叶鞘长于其节间，肥厚，有小横脉；叶舌膜质，长约1.5厘米，顶端尖；叶片扁平宽大；圆锥花序长30~50厘米，分枝多数簇生，上升，果期开展；颖果呈圆柱形，长约12毫米，胚小型，菰被菰黑粉菌寄生后不能抽穗开花，失去了结果的能力，其生殖生长转化为营养生长，茎会畸形膨大，成为茭白。

基本属性	光照性：中	观赏期：全年
	观赏特性：观叶	

园林应用： 适用于水景边。

第六章　棕榈与竹类

一、棕榈科

1. 棕榈 *Trachycarpus fortunei*

植物名：棕榈	学　名：*Trachycarpus fortunei*
别　名：棕树	科　属：棕榈科棕榈属

产地分布：在中国主要分布在秦岭、长江流域以南地区、云南部分小区、公园有栽种。

形态特征：常绿乔木，高 3~10 米；树干圆柱形，被不易脱落的老叶柄基部和密集的网状纤维，除非人工剥除，否则不能自行脱落，裸露树干直径 10~15 厘米；叶片呈 3/4 圆形或者接近圆形，深裂成 30~50 枚具皱褶的线状剑形裂片，宽 2.5~4 厘米，长 60~70 厘米，裂片先端具短 2 裂或 2 齿，硬挺至顶端下垂；叶柄长 75~30 厘米，两侧具细圆齿，顶端有明显的戟突；花序粗壮，多次分枝，从叶腋抽出，通常是雌雄异株，呈黄绿色，卵球形，钝三棱；果实呈阔肾形，有脐；花期 4 月，果期 12 月。

基本属性	光照性：中	生长速度：慢
	生物习性：常绿	根系特点：浅根
	观赏特性：全株	观赏期：全年

园林应用：庭荫树、园景树，适种于学校、居住区、公园、厂区、景区等。

2. 加拿利海枣 *Phoenix canariensis*

植物名：加拿利海枣	学 名：*Phoenix canariensis*
别 名：加纳利海枣	科 属：棕榈科海枣属

产地分布：中国热带至亚热带地区可露地栽培，在长江流域冬季需要稍加遮盖，黄淮地区需要在室内保温越冬，云南部分道路、公园有栽种。

形态特征：常绿乔木，单干，高 8~12 米；株高 10~15 米，茎秆粗壮；具波状叶痕，羽状复叶，顶生丛出，较密集，长可达 6 米，每叶有 100 多对小叶（复叶），小叶呈狭条形，宽 2~3 厘米，近基部小叶成针刺状，基部由黄褐色网状纤维包裹；穗状花序腋生，长可至 1 米以上；花小，呈黄褐色；浆果呈卵状球形或长椭圆形，熟时呈黄色至淡红色；每年 3~4 月抽生花序，5 月上旬开花，花小，9~10 月果实成熟，自然结实率低。

基本属性	光照性：强	生长速度：慢
	生物习性：常绿	根系特点：浅根
	观赏特性：全株	观赏期：全年

园林应用：园景树，适种于学校、居住区、公园、厂区、景区等。

3. 林刺葵 *Phoenix sylvestris*

植物名：林刺葵	学　名：*Phoenix sylvestris*
别　名：银海枣、橙枣椰	科　属：棕榈科海枣属

产地分布：中国福建、广东、广西、云南等地有引种栽培。

形态特征：常绿乔木，高可达 16 米；叶密集成半球形树冠，完全无毛；叶柄短；叶鞘具纤维；羽片呈剑形，顶端尾状渐尖，互生或对生，下部羽片较少，最后变为针刺；佛焰苞近革质；花小，无小苞片，雄花呈狭长圆形或卵形，顶端钝，呈白色，具香味；雌花近球形，花萼杯状；果序长约 1 米，具节，密集，呈橙黄色：果实呈长圆状椭圆形或卵球形，呈橙黄色；果期 9~10 月。

基本属性	光照性：强	生长速度：慢
	生物习性：常绿	根系特点：浅根
	观赏特性：全株	观赏期：全年

园林应用：园景树，适种于学校、居住区、公园、厂区、景区等。

4. 丝葵 *Washingtonia filifera*

植物名：丝葵	学　名：*Washingtonia filifera*
别　名：华棕、老人葵、加州蒲葵	科　属：棕榈科丝葵属

产地分布：中国福建、台湾、广东、云南有栽培。

形态特征：常绿乔木，高可达 21 米；树干基部通常不膨大；向上为圆柱状，顶端稍细，被覆许多下垂的枯叶；若去掉枯叶，树干呈灰色，可见明显的纵向裂缝和不太明显的环状叶痕，叶基密集，不规则；叶大型，叶片最长可达 1.8 米，约分裂至中部而成 50~80 枚裂片，每裂片先端又再分裂，在裂片之间及边缘具灰白色的丝状纤维，裂片呈灰绿色，无毛，中央的裂片较宽（宽 4~4.5 厘米），两侧的裂片较狭和较短而更深裂，最外侧的裂片宽 1~1.5 厘米；叶柄约与叶片等长（约 1.8 米），基部扩大成革质的鞘，近基部宽 15 厘米，上面平扁，背面凸起，在老树的叶柄下半部一边缘具小刺，小刺呈正三角形，稍具钩状或不具钩状，长 0.5~0.8 厘米，其余部分无刺或具极小的几个小刺；花期 7 月。

基本属性	光照性：强	生长速度：快
	生物习性：常绿	根系特点：浅根
	观赏特性：全株	观赏期：全年

园林应用：庭荫树、园景树，适种于学校、居住区、公园、厂区等。

5. 多裂棕竹 *Rhapis multifida*

植物名：多裂棕竹	学　名：*Rhapis multifida*
别　名：金山棕	科　属：棕榈科棕竹属

产地分布：分布于中国广西西部及云南东南部。

形态特征：丛生灌木，高可达3米；带鞘茎直径1.5~2.5厘米，无鞘茎直径约1厘米；叶掌状深裂，扇形，长28~36厘米，裂片裂至基部2.5~6厘米处，侧边裂较深，裂片16~20枚（最多达30枚），呈线状披针形，边缘及肋脉上具细锯齿，横小脉明显；叶柄较长，两面凸圆，边缘几乎是锐尖的，顶端具小戟突，呈卵圆形或半圆形，被淡黄褐色或深褐色的绵毛；叶鞘纤维呈褐色，整齐排列，较粗壮；花序二回分枝，花序梗上的佛焰苞约2个，分枝上的佛焰苞呈狭管状，稍扁，果实呈球形，直径9~10毫米，熟时呈黄色至黄褐色；果期11月至翌年4月。

基本属性	光照性：强	生长速度：慢
	生物习性：常绿	根系特点：浅根
	观赏特性：全株	观赏期：全年

园林应用：庭荫树、园景树，适种于学校、居住区、郊野公园、厂区等。

6. 蒲葵 *Livistona chinensis*

植物名：蒲葵　　　　　　　　　　　　学　名：*Livistona chinensis*
别　名：扇叶葵、葵树　　　　　　　　科　属：棕榈科蒲葵属

产地分布：分布在中国广东省南部，中南半岛亦有分布；中国广西、福建、台湾等地区均有栽培，云南部分公园有种植。

形态特征：常绿乔木，高达 20 米；叶呈阔肾状扇形，直径达 1 米有余，掌状深裂至中部，裂片呈线状披针形，基部宽 4~4.5 厘米，顶部长渐尖，2 枚深裂成长达 50 厘米的丝状下垂的小裂片，两面呈绿色；叶柄长 1~2 米；下部两侧有黄绿色（新鲜时）或淡褐色（干枯后）下弯的短刺；花序呈圆锥状，粗壮，长约 1 米，总梗上有 6~7 个佛焰苞，约 6 个分枝花序；花小，两性，长约 2 毫米；花药呈阔椭圆形；子房的心皮上面有深雕纹，花柱突变成钻状；花、果期 4 月。

基本属性	光照性：强	生长速度：慢
	生物习性：常绿	根系特点：浅根
	观赏特性：全株	观赏期：全年

园林应用：庭荫树、园景树，适种于学校、居住区、公园、厂区等。

7. 鱼尾葵 *Caryota maxima*

植物名：鱼尾葵	学　名：*Caryota maxima*
别　名：假桃榔、青棕、钝叶、董棕	科　属：棕榈科鱼尾葵属

产地分布：分布在中国福建、广东、海南、广西、云南等地。

形态特征：常绿乔木，单干直立，有环状叶痕；叶长 3~4 米，幼叶近革质，老叶厚革质，互生，有罕见顶部的近对生，最上部的 1 枚羽片大，呈楔形，先端 2~3 裂，侧边的羽片小，呈菱形，外缘笔直，内缘上半部或 1/4 以上弧曲成不规则的齿缺，且延伸成短尖或尾尖；鱼尾葵为佛焰苞与花序无糠秕状的鳞秕；鱼尾葵果实为球形，成熟时呈红色；花期 5~7 月，果期 8~11 月。

基本属性	光照性：强	生长速度：快
	生物习性：常绿	根系特点：浅根
	观赏特性：全株	观赏期：全年

园林应用：庭荫树、园景树，适种于学校、居住区、公园、厂区等。

二、禾本科

8. 黄金间碧竹 *Bambusa vulgaris* f. *vittata*

植物名：黄金间碧竹	学　名：*Bambusa vulgaris* f. *vittata*
别　名：玉韵竹、黄金间碧玉竹	科　属：禾本科簕竹属

产地分布：在中国分布于广东、福建、台湾、海南、广西、云南、香港等地。

形态特征：竿丛生，呈圆柱形，鲜黄色间有宽窄不等的绿色纵条纹；竿基数节有短气生根；箨环上下方各有灰白色绢毛环；箨鞘鲜时呈绿色，有宽窄不等的黄色纵条纹；箨叶呈直立三角形，分枝簇生；叶窄，呈被针形，无毛，先端有钻状尖头，基部接近圆形。

基本属性	光照性：中	生长速度：快
	生物习性：常绿	根系特点：浅根
	观赏特性：全株	观赏期：全年

园林应用：适种于学校、居住区、郊野公园、山地公园、风景名胜、厂区等。

9. 凤尾竹 *Bambusa multiplex* f. *fernleaf*

植物名：凤尾竹	学 名：*Bambusa multiplex* f. *fernleaf*
别 名：观音竹、米竹、筋头竹	科 属：禾本科簕竹属

产地分布：中国华东、华南、西南地区都有栽培，云南部分公园有栽培。

形态特征：植株较高大，高 3~6 米；竿中空，小枝具 9~13 叶，稍下弯，直径 1.5~2.5 厘米，尾梢近直或略弯，下部挺直，呈绿色；节间长 30~50 厘米，幼时薄被白蜡粉，并于上半部被棕色或暗棕色小刺毛，后者在近节以下部分尤其较为密集，老时则光滑无毛，竿壁稍薄；节处稍隆起，无毛；分枝自竿基部第二或第三节开始，数枝乃至多枝簇生，主枝稍较粗长；竿箨幼时薄被白蜡粉，早落；箨鞘呈梯形，背面无毛，先端稍向外缘一侧倾斜，呈不对称的拱形；箨耳极微小以至不明显，边缘有少许繸毛；箨舌高 1~1.5 毫米，边缘呈不规则的短齿裂；箨片直立，易脱落，呈狭三角形，背面散生暗棕色脱落性小刺毛，腹面粗糙，先端渐尖，基部宽度与箨鞘先端近似相等。

基本属性	光照性：中	生长速度：快
	生物习性：常绿	根系特点：浅根
	观赏特性：全株	观赏期：全年

园林应用：适种于学校、居住区、公园、厂区等。

10. 佛肚竹 *Bambusa ventricosa*

植物名：佛肚竹	学 名：*Bambusa ventricosa*
别 名：小佛肚竹	科 属：禾本科簕竹属

产地分布：原产自中国广东，现中国南方各地以及亚洲的马来西亚和美洲均有引种栽培，云南部分公园有栽培。

形态特征：竿有两种形态，一种是肿胀的瓶状竿，高 0.5~1 米，较细，直径 1~2 厘米；另一种是正常竿，节间不肿大，高达 10 米，直径 3~5 厘米；小枝具 7~13 枚叶片；叶鞘无毛，叶耳小，鞘口具缝毛，叶舌短；叶呈卵状披针形或长圆状披针形，长 12~21 厘米，宽 1.6~3.3 厘米，上面无毛，下面呈灰绿色，被柔毛，侧脉 5~9 对。

基本属性	光照性：中	生长速度：快
	生物习性：常绿	根系特点：浅根
	观赏特性：全株	观赏期：全年

园林应用：适种于学校、居住区、公园、花境、厂区等。

11. 慈竹 *Bambusa emeiensis*

植物名：慈竹	学　名：*Bambusa emeiensis*
别　名：丝竹、绵竹	科　属：禾本科簕竹属

产地分布：分布于中国陕西、湖北、湖南、广西、四川、贵州、云南等地。

形态特征：竿高 5~10 米，梢端细长作弧形向外弯曲或幼时下垂如钓丝状，全竿共 30 节左右，竿壁薄；节间呈圆筒形，长 15~60 厘米，直径 3~6 厘米，表面贴生灰白色或褐色疣基小刺毛，其长约 2 毫米，以后毛脱落则在节间留下小凹痕和小疣点；竿环平坦；箨环显著；节内长约 1 厘米；竿基部数节有时在箨环的上下方均有贴生的银白色绒毛环，环宽 5~8 毫米，在竿上部各节之箨环则无此绒毛环 或仅于竿芽周围稍具绒毛。

基本属性	光照性：中	生长速度：快
	生物习性：常绿	根系特点：浅根
	观赏特性：全株	观赏期：全年

园林应用：适种于学校、居住区、公园、风景名胜、厂区等。

12. 金竹 *Phyllostachys sulphurea*

植物名：金竹	学　名：*Phyllostachys sulphurea*
别　名：黄竹、黄皮竹	科　属：禾本科刚竹属

产地分布：原产于中国，分布于黄河至长江流域及福建等地，云南部分公园有栽培。

形态特征：竿高可达 15 米；幼时无毛，微被白粉，成长的竿呈绿色或黄绿色；在较粗大的竿中，不分枝的各节上的竿环不明显；箨鞘背面呈乳黄色或绿黄褐色，略带灰色，具有绿色脉纹，以及淡褐色或褐色略呈圆形的斑点或斑块；箨片呈狭三角形或带状，微皱曲，呈绿色，但具桔黄色边缘；末级小枝有 2~5 枚叶片；叶片呈长圆状披针形或披针形。

基本属性	光照性：中	生长速度：快
	生物习性：常绿	根系特点：浅根
	观赏特性：全株	观赏期：全年

园林应用：适种于学校、居住区、公园、风景名胜、厂区等。

13. 毛竹 *Phyllostachys edulis*

植物名：毛竹　　　　　　　　　　　　　学　名：*Phyllostachys edulis*
别　名：楠竹、龟甲竹　　　　　　　　　科　属：禾本科刚竹属

产地分布： 分布于中国长江以南地区，主要集中在长宁、江安、兴文等地，云南部分公园有栽培。

形态特征： 竿高达 20 多米，直径 12~30 厘米，基部节间长 1~6 厘米，中部节间长达 40 厘米；新竿密被细柔毛，有白粉，老竿无毛，节下有白粉环，后渐黑；枝叶 2 列排列，每小枝具 2~3 枚叶片；幼苗分蘖丛生，每小枝 7~14 枚叶片；叶呈披针形或卵状披针形，长 10~18 厘米，宽 2~4.2 厘米；小穗仅有 1 朵小花，小穗轴延伸于最上方小花的内稃之背部，呈针状，节间具短柔毛；颖果长 2~3 厘米；笋期 4 月。

基本属性	光照性：中	生长速度：快
	生物习性：常绿	根系特点：浅根
	观赏特性：全株	观赏期：全年

园林应用： 适种于学校、居住区、郊野公园、厂区等、风景名胜。

14. 紫竹 *Phyllostachys nigra*

植物名：紫竹	学　名：*Phyllostachys nigra*
别　名：无	科　属：禾本科刚竹属

产地分布：紫竹原产于中国，分布于秦岭以南各地区。

形态特征：紫竹的幼竿呈绿色；密被细柔毛及白粉，幕环有毛，籍鞘背面呈红褐色或更带绿色；无斑点，或常具极微小的深褐色斑点，此斑点在锌鞘上端常密集成片，被微量白粉及较密的淡褐色刺毛；地下茎单轴型散生竹；叶片小，呈窄披针形，先端渐长尖，质薄；花枝呈短穗状，基部呈逐渐增大的鳞片状苞片；笋期4月中下旬。

基本属性	光照性：中	生长速度：快
	生物习性：常绿	根系特点：浅根
	观赏特性：全株	观赏期：全年

园林应用：适种于学校、居住区、郊野公园、厂区等、风景名胜。

第七章 花境植物

一、白花菜科

1. 醉蝶花 *Tarenaya hassleriana*

植物名：醉蝶花	学　名：*Tarenaya hassleriana*
别　名：蝴蝶梅、醉蝴蝶、紫龙须	科　属：白花菜科醉蝶花属

产地分布：原产于热带美洲，全球热带至温带均有栽培以供观赏，常见于中国各城市。

形态特征：一年生草本植物，高可达 1.5 米；全株被黏质腺毛，有特殊臭味，有托叶刺，刺长达 4 毫米，尖利，外弯；叶为具 5~7 枚小叶的掌状复叶，小叶草质，呈椭圆状披针形或倒披针形，中央小叶盛大，最外侧的最小，基部呈楔形，狭延成小叶柄，与叶柄相联接处稍呈蹼状，顶端渐狭或急尖，有短尖头，两面被毛，背面中脉有时也在侧脉上常有刺；总状花序长达 40 厘米，密被黏质腺毛；苞片 1 枚　叶状，呈卵状长圆形，无柄或几乎无柄，基部一定程度上呈心形；花瓣呈粉红色，少刁白色，在芽中时覆瓦状排列，无毛，瓣片呈倒卵状匙形；果呈圆柱形，两端梢钝，表面接近平坦或微呈念珠状，有细而密且不甚清晰的脉纹；花期初夏，果期夏末秋初。

基本属性	光照性：强	观赏特性：仝株
	生物习性：落叶	观赏期：初夏

园林应用：适种于公园、居住区、庭院、花境等。

二、堇菜科

2. 班克斯堇菜 *Viola banksii*

植物名：班克斯堇菜	学　名：*Viola banksii*
别　名：熊猫堇	科　属：堇菜科堇菜属

产地分布：班克斯堇菜原产自澳大利亚，在其原产地东部沿海地区的荒地和空地上生长。

形态特征：多年生草本植物；蔓性匍匐茎；花朵拇指大，白瓣紫心，它有两个上部花瓣、两个侧部花瓣和一个唇瓣；花瓣是白色的，有一个紫色的底座；从侧边花瓣的基部到中心分布有细小的白毛；叶子是肾形的，在短茎上生长成莲座状；在温度适宜的条件下可全年开花，但花期主要集中在 5~10 月。

基本属性	光照性：中	观赏特性：全株
	生物习性：常绿	观赏期：5~10 月

园林应用：适种于公园、居住区、庭院、花境等。

三、卷柏科

3. 小翠云 *Selaginella kraussiana*

植物名：小翠云	学 名：*Selaginella kraussiana*
别 名：荧光珊瑚蕨、星光珊瑚蕨	科 属：卷柏科卷柏属

产地分布：原产自非洲，中国南方的公园常栽培用作地被，云南部分公园有栽培。

形态特征：常绿，匍匐生长；无横走地下茎，根托沿匍匐茎和枝断续生长，由茎枝的分叉处上面生出，接近无毛；主茎通体呈不规则的羽状分枝，具关节，禾秆色；叶全部交互排列，二形，草质，表面光滑，边缘非全缘，不具白边；主茎上的腋叶稍大于分枝上的，呈长圆状椭圆形，基部钝，分枝上的腋叶对称，边缘有细齿，基部钝；中叶不对称，分枝上的中叶呈宽椭圆状披针形，背部不呈龙骨状或略呈龙骨状，先端渐尖，基部斜，略呈单耳，边缘具细齿；侧叶不对称，呈卵状椭圆形，外展，相距较远。

基本属性	光照性：中	观赏特性：全株
	生物习性：常绿	观赏期：全年

园林应用：适种于公园、居住区、庭院、花境等。

四、百合科

4. 玉簪 *Hosta plantaginea*

植物名: 玉簪

别　名: 玉春棒、白鹤花、玉泡花、白玉簪

学　名: *Hosta plantaginea*

科　属: 百合科玉簪属

产地分布: 分布于中国四川、湖北、湖南、江苏、安徽、浙江、福建、江西及广东等地，云南部分绿化带、公园有栽培。

形态特征: 多年生宿根草本花卉；根状茎粗厚，直径1.5~3厘米；叶基生，成簇，呈卵状心形、卵形或卵圆形，长14~24厘米，宽8~16厘米，先端近渐尖，基部呈心形，侧脉6~10对；叶柄长20~40厘米；花葶高40~80厘米，具数朵至十数朵花；花单生或2~3朵簇生，长10~13厘米，呈白色，芳香；花梗长约1厘米；雄蕊与花被几乎等长或比花被略短，基部1.5~2厘米贴生花被管；蒴果呈圆柱状，有3棱；花、果期8~10月。

基本属性	光照性: 弱	观赏特性: 全株
	生物习性: 常绿	观赏期: 全年

园林应用: 适种于公园、居住区、庭院、花境、高架桥等。

5. 狐尾天门冬 *Asparagus densiflorus* 'Myersii'

植物名：狐尾天门冬	学 名：*Asparagus densiflorus* 'Myersii'
别 名：狐尾武竹、狐尾天冬、美伯氏密花天门冬	科 属：百合科天门冬属

产地分布：原产自南非，中国昆明市公园、庭院多有栽种。

形态特征：多年生草本植物；植株丛生，各分枝近于直立生长，高 30~60 厘米，稍有弯曲，但不下垂；叶状枝，由真正的叶退化成细小的鳞片状或柄状，呈淡褐色，着生于叶状枝的基部，3~4 枚叶片呈辐射状生长，叶片及茎均为鲜绿色；小花呈白色；浆果呈小球状，初为绿色，成熟后呈鲜红。

基本属性	光照性：中	观赏特性：全株
	生物习性：常绿	观赏期：全年

园林应用：适种于公园、居住区、庭院、花境等。

五、茄科

6. 鸳鸯茉莉 *Brunfelsia brasiliensis*

植物名：鸳鸯茉莉	学　名：*Brunfelsia brasiliensis*
别　名：二色茉莉、番茉莉、双色茉莉	科　属：茄科鸳鸯茉莉属

产地分布：在中国的华南、西南地区广为栽培，云南部分公园有栽培。

形态特征：半常绿灌木，株高 1 米左右；冠丛圆浑，分枝力强，幼枝上有长刺；单叶互生，呈矩圆形，全缘无齿；花单生或数朵组成聚伞花序，呈漏斗状，花被 5 瓣裂，状似梅花，花直径 3~4 厘米；初开时呈淡紫色，不久后变成白色；其在绽放时好似两色花同时开放，又具有茉莉花的香味，故名鸳鸯茉莉；花期元旦至 5 月上旬。

基本属性	光照性：中	观赏特性：观花
	生物习性：半常绿	观赏期：1~5 月

园林应用：适种于公园、居住区、庭院、花境等。

六、玄参科

7. 大花醉鱼草 *Buddleja colvilei*

植物名：大花醉鱼草	学　名：*Buddleja colvilei*
别　名：尼泊尔醉鱼草	科　属：玄参科醉鱼草属

产地分布：分布于中国云南墨江、泸西和西藏南部等地；亦见于印度、尼泊尔、不丹等地。

形态特征：灌木或小乔木，高 2~6 米；枝条近圆柱形，幼时被锈色星状短绒毛和腺毛，老时渐变为无毛或几乎无毛；叶对生，叶片纸质，呈长圆形或椭圆状披针形，顶端渐尖，基部呈圆形、宽楔形或楔形，有对下延至叶柄基部，边缘具有细锯齿，幼时被星状短绒毛，下面较密，老时渐变为几乎无毛；叶柄较短或几乎无柄；花较大，张开时直径约 2 厘米；多朵组成被上生和顶生的宽圆锥状聚伞花序，花序长 7~23 厘米，宽 4~6 厘米，被锈色星状柔毛；花萼呈钟状，长 6~8 毫米，宽 4~8 毫米，外面密被星状柔毛，内面无毛或少数时候有腺毛，花萼管长 4~5 毫米，花萼裂片呈卵状三角形，全缘；花冠呈紫红色或深红色，花冠呈管圆筒状钟形；花期 6~9 月，果期 9~11 月。

基本属性	光照性：强	观赏特性：观花
	生物习性：常绿	观赏期：6~9 月

园林应用：适种于公园、居住区、庭院、花境等。

8. 穗花婆婆纳 *Pseudolysimachion spicatum*

植物名：穗花婆婆纳	学　名：*Pseudolysimachion spicatum*
别　名：穗花	科　属：玄参科婆婆纳属

产地分布：产自中国新疆西北部；欧洲、西伯利亚和中亚地区也有分布；现国内各地公园均有栽培。

形态特征：多年生草本植物，茎单生或数支丛生，直立或上升，高 15~50 厘米；全株光滑无毛；叶对生，茎基部的常密集聚生，有长达 2.5 厘米的叶柄，叶片呈长矩圆形；中部的叶为椭圆形或披针形，顶端急尖，无柄或有较短的柄；上部的叶小得多，有时互生，全部叶边缘具圆齿或锯齿，少有全缘的，到处生黏质腺毛，少有毛极疏的；花序呈长穗状；花梗几乎没有；花萼长 2.5~3.5 毫米；花冠呈紫色或蓝色；花期 7~9 月。

基本属性	光照性：中	观赏特性：观花
	生物习性：落叶	观赏期：7~9 月

园林应用：适种于公园、居住区、庭院、花境等。

9. 红花玉芙蓉 *Leucophyllum frutescens*

植物名：红花玉芙蓉	学　名：*Leucophyllum frutescens*
别　名：无	科　属：玄参科玉芙蓉属

产地分布：原产自中美洲至北美洲；中国华南地区有引种栽培，成都栽种后其长势较好，云南部分公园有栽培种植。

形态特征：常绿小灌木，株高 30~150 厘米；叶互生，呈椭圆形或倒卵形，长 2~4 厘米，密被银白色毛茸，质厚，全缘，微卷曲；花冠 5 裂，呈紫红色，腋生；花期 5~8 月。

基本属性	光照性：强	观赏特性：观花
	生物习性：常绿	观赏期：5~8 月

园林应用：适种于公园、居住区、庭院、花境等。

10. 毛地黄 *Digitalis purpurea*

植物名：毛地黄

别　名：德国金钟、洋地黄

学　名：*Digitalis purpurea*

科　属：玄参科毛地黄属

产地分布：原产自欧洲，中国亦有栽培。

形态特征：多年生草本植物，高 60~120 厘米；除花冠外，全体被灰白色短柔毛和腺毛，有时茎上几乎无毛，茎单生或数条成丛；基生叶多数成莲座状，叶柄具狭翅，叶柄短直至无柄而成为苞片；叶呈萼钟状，长约 1 厘米，果期略增大，5 裂，几乎到达基部，裂片呈矩圆状卵形，先端呈钝状或急尖状；花冠呈紫红色，内面具斑点，长 3~4.5 厘米，裂片很短，先端被白色柔毛；花期 5~6 月。

基本属性	光照性：强	观赏特性：观花
	生物习性：落叶	观赏期：5~6 月

园林应用：适种于公园、居住区、庭院、花境等。

七、马鞭草科

11. 姬岩垂草 *Phyla canescens*

植物名：姬岩垂草	学　名：*Phyla canescens*
别　名：过江藤	科　属：马鞭草科过江藤属

产地分布：分布极广，是常见的地被栽培品种。

形态特征：常绿多年生草本植物，高度不超过 10 厘米；幼茎柔软，匍匐生长，分枝能力强生长速度快，茎节触地生根；叶对生，光滑，呈倒披针形或卵状披针形，叶前半部边缘有锯齿；花呈球状，粉白黄心的小花次第开放，开花不结籽；花期 4~7 月。

基本属性	光照性：中	观赏特性：全株
	生物习性：常绿	观赏期：4~7 月

园林应用：适种于公园、居住区、庭院、花境等。

12. 穗花牡荆 *Vitex agnus-castus*

植物名：穗花牡荆	学　名：*Vitex agnus-castus*
别　名：无	科　属：马鞭草科牡荆属

产地分布：原产自欧洲，主要分布于中国江苏、上海等地，南方多地有栽培。

形态特征：落叶灌木，株高可达 3 米；茎直立，被白色绒毛，小枝呈四棱形；掌状复叶，对生，叶柄长 2~7 厘米，小叶片呈狭披针形，有短柄或接近无柄，中间的小叶片通常全缘，顶端渐尖，基部楔形，表面呈绿色，背面密被灰白色绒毛和腺点；聚伞花序排列成圆锥状；苞片呈线形，有毛，花柄极短或几乎没有花柄；花冠呈蓝紫色，长约 1 厘米，外面有毛和腺点；花期 5~8 月。

基本属性	光照性：强	观赏特性：观花
	生物习性：落叶	观赏期：5~8 月

园林应用：适种于公园、居住区、庭院、花境等。

13. 荆条 *Vitex negundo* var. *heterophylla*

植物名：荆条	学　名：*Vitex negundo* var. *heterophylla*
别　名：荆棵、黄荆条	科　属：马鞭草科牡荆属

产地分布： 分布于中国辽宁、河北、山西、山东、河南、陕西、甘肃、江苏、安徽、江西、湖南、贵州、四川，云南部分公园有栽培种植。

形态特征： 落叶灌木，高可达 8 米，地径 7~8 厘米；树皮呈灰褐色，幼枝方形有四棱；掌状复叶对生或轮生，小叶 3~5 枚，叶缘呈大锯齿状或羽状深裂，小叶片边缘有缺刻状锯齿，背面密被灰白色绒毛；花序顶生或腋生，先由聚伞花序集成圆锥花序；花冠呈紫色或淡紫色；核果呈球形 果直径 2~5 毫米，呈黑褐色，外被宿萼；花期 6~8 月，果期 9~10 月。

基本属性	光照性：强	观赏特性：观花
	生物习性：落叶	观赏期：5~8 月

园林应用： 适种于公园、居住区、庭院、花境等。

八、胡颓子科

14. 金边胡颓子 *Elaeagnus pungens 'Aurea'*

植物名：金边胡颓	学　名：*Elaeagnus pungens 'Aurea'*
别　名：金边牛奶子	科　属：胡颓子科胡颓子属

产地分布：分布极广，是常见的地被栽培品种。

形态特征：常绿灌木，高 1~2 米；树冠圆形开展，枝叶稠密；单叶互生，革质有光泽，呈椭圆形或长椭圆形；叶背面银白色并有锈褐色斑点，叶面呈深绿色，叶边缘镶嵌金黄色条状斑；花着生在叶腋间，呈乳白色，花香浓郁；翌年 5 月果实成熟，呈红色；花期 9~11 月。

基本属性	光照性：强 生物习性：常绿	观赏特性：观叶 观赏期：全年

园林应用：适种于公园、居住区、庭院、花境等。

九、瑞香科

15. 结香 *Edgeworthia chrysantha*

植物名：结香	学　名：*Edgeworthia chrysantha*
别　名：岩泽兰、打结花、黄瑞香	科　属：瑞香科结香属

产地分布：产自中国河南、陕西及长江流域以南等地；昆明、安宁等地有栽培。

形态特征：常绿灌木，高 0.7~1.5 米；小枝粗壮，呈褐色，常作三叉分枝，幼枝常被短柔毛，韧皮极坚韧。叶痕大；叶在花前凋落，呈长圆形、披针形或倒披针形，先端短尖，基部呈楔形或渐狭，两面均被银灰色绢状毛，下面较多，侧脉纤细，弧形，被柔毛；头状花序顶生或侧生，具花 30~50 朵，成绒球状，外围有 10 枚左右被长毛而早落的总苞；花序梗长 1~2 厘米，被灰白色长硬毛；花芳香，无梗，花萼长 1.3~2 厘米，宽 4~5 毫米，外面密被白色丝状毛；花期 11 月至次年 3 月，果期春夏间。

基本属性	光照性：中	观赏特性：观花
	生物习性：常绿	观赏期：11 月至次年 3 月

园林应用：适种于公园、居住区、庭院、花境等。

十、川续断科

16. 窄叶蓝盆花 *Scabiosa comosa*

植物名：窄叶蓝盆花	学　名：*Scabiosa comosa*
别　名：大花蓝盆花、毛叶蓝盆花、蓝盆花	科　属：川续断科蓝盆花属

产地分布：分布于中国黑龙江、吉林、辽宁、河北北部、内蒙古；云南部分公园有栽培。

形态特征：高可达 80 厘米；根外皮粗糙，呈棕褐色，里面呈白色；茎直立，呈黄白色或带紫色，具棱，基生叶成丛；叶片轮廓呈窄椭圆形，羽状全裂，有时为齿裂，裂片呈线形；茎生叶对生，叶片轮廓呈长圆形；头状花序，花呈半球形，总苞苞片呈披针形，小总苞呈倒圆锥形，方柱状，呈淡黄白色，花萼细长针状，呈棕黄色，花冠呈蓝紫色，中央花冠筒状，花丝细长，瘦果呈长圆形，顶端冠以宿存的萼刺；花期 7~8 月，果期 9 月。

基本属性	光照性：强	观赏特性：观花
	生物习性：落叶	观赏期：7~8 月

园林应用：园景树，适种于学校、居住区、公园、厂区等。

十一、车前科

17. 金鱼草 *Antirrhinum majus*

植物名：金鱼草	学　名：*Antirrhinum majus*
别　名：狮子头	科　属：车前科金鱼草属

产地分布：原产于地中海沿岸，南至摩洛哥和葡萄牙，北至法国，东至土耳其和叙利亚；现中国各地公园均有栽培。

形态特征：多年生草本植物，株高可达 70 厘米；草茎基部有时木质化，有时分枝；叶子较大，有短柄，呈圆状披针形；花头舒展，花冠是筒状唇形，基部较大且略有膨胀，上唇直立，下唇开展外曲，有白、淡红、深红、肉色、浅黄、橙黄等色；果实是卵形；花、果期 6~10 月。

目前经市场培育后，有美丽粉金鱼草品种。

基本属性	光照性：中	观赏特性：观花
	生物习性：落叶	观赏期：6~10 月

园林应用：适种于公园、居住区、庭院、花境等。

18. 香彩雀 *Angelonia angustifolia*

植物名：香彩雀	学 名：*Angelonia angustifolia*
别 名：天使花	科 属：车前科香彩雀属

产地分布：原产于墨西哥和西印度群岛，世界各地均广泛栽培，中国昆明部分公园有栽培。

形态特征：多年生草本植物，高 30~70 厘米；全体被腺毛；茎直立，呈圆柱形；叶对生；叶片呈条状披针形，先端渐尖基部渐狭；接近无柄，叶脉明显；花单生于茎上部叶腋，形似总状花序；花梗细长；花冠筒短，喉部有 1 对囊，檐部辐状，上唇宽大，2 深裂，下唇 3 裂；花萼长 2~4 毫米；花期 6~9 月。

基本属性	光照性：强	观赏特性：观花
	生物习性：落叶	观赏期：6~9 月

园林应用：适种于公园、居住区、庭院、花境等。

十二、唇形科

19. 凤梨鼠尾草 *Salvia elegans*

植物名：凤梨鼠尾草	学　名：*Salvia elegans*
别　名：无	科　属：唇形科鼠尾草属

产地分布：原产自墨西哥，现在中国南方各地多有栽培。

形态特征：多年生草本植物；植株高可达 50 厘米；叶为卵形，呈翠绿色，叶边缘呈红色；顶生穗状花序，花冠呈红色，上唇直伸，近圆形，顶端微缺；花期 9~11 月。

基本属性	光照性：中	观赏特性：观花
	生物习性：常绿	观赏期：9~11 月

园林应用：适种于公园、居住区、庭院、花境等。

20. 水果蓝 *Teucrium fruticans*

植物名：水果蓝	学　名：*Teucrium fruticans*
别　名：水果兰	科　属：唇形科香科科属

产地分布：原产于地中海地区，现中国云南各地多有栽培。

形态特征：常绿小灌木，株高可达 1.8 米；叶对生，呈卵圆形，叶片呈蓝灰色；小枝四棱形；全株表面覆盖白色绒毛；轮伞花序排列成假穗状花序，花瓣呈浅蓝色，花期 5~6 月。

基本属性	光照性：中	观赏特性：观叶、观花
	生物习性：常绿	观赏期：5~6 月

园林应用：适种于公园、居住区、庭院、花境等。

21. 假龙头花 *Physostegia virginiana*

植物名：假龙头花	学　名：*Physostegia virginiana*
别　名：随意草、如意草、芝麻花	科　属：唇形科假龙头花属

产地分布：原产自北美，现各地均有栽培。

形态特征：多年生草本植物，株高可达 1 米；茎直立，无毛，四棱形；叶片互生，呈长倒披针形，先端渐尖，缘有锯齿；穗状花序顶生，花呈粉色或淡紫红；花期 7~9 月。

基本属性	光照性：中	观赏特性：观花
	生物习性：落叶	观赏期：7~9 月

园林应用：适种于公园、居住区、庭院、花境等。

22. 朱唇 *Salvia coccinea*

植物名：朱唇	学　名：*Salvia coccinea*
别　名：小红花	科　属：唇形科鼠尾草属

产地分布： 原产于北美；在中国陕西、上海、浙江、安徽、江西、广东、广西等地有栽培，云南多地栽培长势较好。

形态特征： 一年生草本植物，高可达 70 厘米；茎直立，四棱形，具浅槽；叶片呈卵圆形或三角状卵圆形，先端锐尖，基部呈心形或接近截形，边缘具锯齿或钝锯齿，草质，上面呈绿色，被短柔毛，下面呈灰绿色，被灰色的短绒毛；叶柄长 0.5~2 厘米，被下向的疏柔毛及开展的长硬毛，或仅被绒毛状柔毛；轮伞花序，多枚花，疏离，组成顶生总状花序；苞片呈卵圆形，花萼呈筒状钟形，花冠呈深红或绯红色，冠檐呈二唇形，上唇比下唇短；花期 4~7 月。

基本属性	光照性：中	观赏特性：观花
	生物习性：落叶	观赏期：4~7 月

园林应用： 适种于公园、居住区、庭院、道路、花坛等。

十三、阿福花科

23. 麻兰 *Phormium tenax*

植物名：麻兰	学　名：*Phormium tenax*
别　名：新西兰麻	科　属：阿福花科麻兰属

产地分布：原产自新西兰，现中国昆明周边多有栽培。

形态特征：常绿多年生草本植物；叶剑形，长 50~70 厘米，宽 6~10 厘米，强直，厚革质，基生，呈绿色，叶缘颜色金黄，锯齿状；圆锥花序生于无叶的花茎上，花基部呈筒状，花冠呈暗红色，花期 4~8 月；目前有红色、紫色、金色等不同颜色的品种。

基本属性	光照性：强	观赏特性：全株
	生物习性：常绿	观赏期：全年

园林应用：适种于公园、居住区、庭院、花境等。

24. 须尾草 *Bulbine frutescens*

植物名：须尾草	学　名：*Bulbine frutescens*
别　名：鳞芹、韭芦荟	科　属：阿福花科须尾草属

产地分布：原产自南非，现中国园林中常栽培。

形态特征：常绿多年生草本植物；叶互生，肉质；总状花序，花有白色、黄色、粉色等颜色；花期 5~8 月。

基本属性	光照性：强	观赏特性：观花
	生物习性：常绿	观赏期：5~8 月

园林应用：适种于公园、居住区、庭院、花境等。

十四、白花丹科

25. 紫金莲 *Ceratostigma willmottianum*

植物名：紫金莲	学　名：*Ceratostigma willmottianum*
别　名：岷江蓝雪花、蓝雪花	科　属：白花丹科蓝雪花属

产地分布：分布于中国贵州西部、云南东部和北部、西藏东南部、四川南部和西部、甘肃文县。

形态特征：落叶半灌木，高可达 2 米，具开散分枝；地下茎呈暗褐色，常在距地面 3~4 厘米以下的各节上萌生地上茎；地上茎呈红褐色，有宽阔的髓，脆弱，节间沟棱显明 节上可有叶柄，基部有扩张的环状鞘或遗留成明显的环痕，新枝有稀少长硬毛，老枝变无毛；叶生于枝条中部者最大，呈倒卵状菱形或卵状菱形，有时呈长倒卵形；花序下部者常为披针形，先端渐尖或急尖，基部呈楔形，两面被有糙毛状长硬毛和细小的钙质颗粒；花序顶生和腋生，通常含 3~7 朵花，花冠长 2~2.6 厘米，筒部呈红紫色，裂片呈蓝色，心状倒三角形，先端中央内凹而有小短尖；花期 6~10 月，果期 7~11 月。

基本属性	光照性：强	观赏特性：观花
	生物习性：落叶	观赏期：6~10 月

园林应用：适种于公园、居住区、庭院、花境等。

十五、菊科

26. 梳黄菊 *Euryops pectinatus*

植物名：梳黄菊	学　名：*Euryops pectinatus*
别　名：南非菊、银叶情人菊	科　属：菊科黄蓉菊属

产地分布：分布于中国东北、华北、华东、华南、西北、西南、华中等地区，云南多地有栽培，长势较好。

形态特征：常绿灌木，叶不分裂，或呈一回或二回掌状分裂，有的呈羽状分裂；头状花序异型，单生茎顶，在茎枝顶端排成伞房或复伞房花序；边缘花雌性，舌状，1层；总苞浅碟状，极少为钟状；总苞片4~5层，边缘呈白色、褐色、黑褐色或棕黑色膜质，中外层苞片叶质化，边缘羽状浅裂或半裂；舌状花呈黄色、白色或红色，舌片有长有短，短可至1.5毫米，长可达2.5厘米，管状花全部呈黄色，顶端5齿裂；花柱分枝呈线形，顶端呈截形；花期6~9月。

基本属性	光照性：中	观赏特性：观花
	生物习性：常绿	观赏期：6~9月

园林应用：适种于花坛、绿篱、色带、学校、居住区、公园、道路、厂区等。

27. 木茼蒿 *Argyranthemum frutescens*

植物名：木茼蒿	学　名：*A.gyranthemum frutescens*
别　名：木春菊、法兰西菊	科　属：菊科木茼蒿属

产地分布：中国多地均有种植。

形态特征：灌木，高可达 1 米；枝条大部木质化；叶呈宽卵形、椭圆形或长椭圆形，长 3~6 厘米，宽 2~4 厘米，二回羽状复叶分裂；一回羽状复叶为深裂或几乎全裂，二回羽状复叶为浅裂或半裂；一回侧裂片 2~5 对；二回侧裂片呈线形或披针形，两面无毛；头状花序多数，在枝端排成不规则的伞房花序，有长花梗；全部苞片边缘呈白色宽膜质，内层总苞片顶端膜质扩大几乎形成附片状；花、果期 2~10 月。

基本属性	光照性：强	观赏特性：观花
	生物习性：常绿	观赏期：2~10 月

园林应用：适种于花坛、绿篱、色带、学校、居住区、公园、道路、厂区等。

28. 大滨菊 *Leucanthemum × superbum*

植物名：大滨菊	学　名：*Leucanthemum × superbum*
别　名：西洋滨菊、大白菊	科　属：菊科滨菊属

产地分布：原产自欧洲，中国嵩明、安宁等地有栽培。

形态特征：多年生草本植物，株高可达 70 厘米；全株光滑无毛；茎直立，被长毛，叶片互生，呈长倒披针形，先端钝圆，基部渐狭；头状花序，单生枝端，舌状花呈白色，总苞片呈宽长圆形，先端钝；7~9 月开花结果。

基本属性	光照性：中	观赏特性：观花
	生物习性：常绿	观赏期：7~9 月

园林应用：适种于公园、居住区、庭院、花坛、花境等。

29. 金盏花 *Calendula officinalis*

植物名：金盏花	学　名：*Calendula officinalis*
别　名：金盏菊	科　属：菊科金盏花属

产地分布：原产于埃及和欧洲南部，现栽培于全球的温带地区，遍布欧美；目前中国昆明等地有栽种，其适立性强。

形态特征：一年生草本植物，高 20~75 厘米；通常自茎基部分枝，呈绿色，或一定程度被腺状柔毛；基生叶呈长圆形倒卵形或匙形，全缘或具疏细齿，具柄，茎生叶呈长圆状披针形或长圆状倒卵形，无柄，边缘波状，具不明显的细齿，基部抱茎；头状花序单生茎枝端，总苞片 1~2 层，呈披针形或长圆状披针形，外层稍长于内层，顶端渐尖，小花呈黄色或橙黄色，舌片宽达 4~5 毫米；管状花檐部具三角状披针形裂片；花期 4~9 月，果期 6~10 月。

基本属性	光照性：强	观赏特性：观花
	生物习性：常绿	观赏期：4~9 月

园林应用：适种于公园、居住区、庭院、花境等。

30. 朝雾草 *Artemisia schmidtiana*

植物名：朝雾草	学　名：*Artemisia schmidtiana*
别　名：晨雾草、银叶艾蒿、细叶银蒿	科　属：菊科蒿属

产地分布：原产自尼泊尔、中国西藏等地，在高山或岩石缝间自然生长。

形态特征：多年生草本植物，高约 10 厘米；茎直立；茎叶纤细、柔软，植株通体呈银白色绢毛；花呈白色；花期 7~8 月。

基本属性	光照性：中	观赏特性：观叶
	生物习性：常绿	观赏期：7~8 月

园林应用：适种于公园、居住区、庭院、花境等。

31. 黑心菊 *Rudbeckia hirta*

植物名：黑心菊	学　名：*Rudbeckia hirta*
别　名：黑心金光菊	科　属：菊科金光菊属

产地分布：原产自北美洲，现中国各地庭院常有栽培，供观赏。

形态特征：高 30~100 厘米；茎不分枝或上部分枝，全株被粗刺毛；下部叶呈长卵圆形、长圆形或匙形，顶端尖或渐尖，基部楔状下延，有 3 出脉；上部叶呈长圆披针形，顶端渐尖，无柄或具短柄，两面被白色窓刺毛；头状花序直径 5~7 厘米，有长花序梗；总苞片外层呈长圆形，内层较短，呈披针状线形，顶端钝，全部被白色刺毛；舌状花呈鲜黄色；花期 4~7 月。

园林应用中有二色金光菊这一品种，该品种的黑色与红色被分隔于花朵中心。

基本属性	光照性：强	观赏特性：观花
	生物习性：常绿	观赏期：4~7 月

园林应用：适种于公园、居住区、庭院、花坛、花境等。

32. 全叶马兰 *Aster pekinensis*

植物名：全叶马兰	学　名：*Aster pekinensis*
别　名：全叶鸡儿肠	科　属：菊科紫菀属

产地分布：广泛分布于中国四川、陕西南部、湖北、湖南、安徽、浙江、江苏、山东、河南、山西、河北、辽宁、吉林、黑龙江及内蒙古东部。

形态特征：多年生草本植物，茎直立，高 30~70 厘米；有长纺锤状直根；单生或数个丛生，被细硬毛，中部以上有近直立的帚状分枝；下部叶在花期枯萎；中部叶多而密，呈条状披针形、倒披针形或矩圆形，顶端钝或渐尖，常有小尖头，基部渐狭无柄，全缘，边缘稍反卷；上部叶较小，条形；全部叶下面呈灰绿，两面密被粉状短绒毛，中脉在下面凸起；头状花序单生枝端且排成疏伞房状；花期 6~10 月，果期 7~11 月。

基本属性	光照性：强	观赏特性：观花
	生物习性：落叶	观赏期：6~10 月

园林应用：适种于公园、居住区、庭院、花境等。

33. 马兰 *Aster indicus*

植物名：马兰	学　名：*Aster indicus*
别　名：蓑衣莲、鱼鳅串、路边菊	科　属：菊科紫菀属

产地分布：分布于中国西部、中部、南部、东部。

形态特征：根状茎有匍枝，茎直立；高可达 70 厘米；上部有短毛，基部叶在花期枯萎；茎部叶呈倒披针形或倒卵状矩圆形，全部叶稍薄质；头状花序单生于枝端并排列成疏伞房状；总苞呈半球形，总苞片覆瓦状排列；外层呈倒披针形，内层倒披针状矩圆形，上部草质，有疏短毛，边缘膜质，花托呈圆锥形；舌状花，舌片呈浅紫色；瘦果呈倒卵状矩圆形，极扁；5~9 月开花，8~10 月结果。

基本属性	光照性：强	观赏特性：观花
	生物习性：落叶	观赏期：5~9 月

园林应用：适种于学校、居住区、公园、花坛、厂区等。

34. 紫菀 *Aster tataricus*

植物名：紫菀	学　名：*Aster tataricus*
别　名：还魂草、青菀	科　属：菊科紫菀属

产地分布：产自黑龙江、吉林、辽宁、内蒙古东部及南部、山西、河北、河南西部、陕西及甘肃南部。

形态特征：一、二年生草本植物，根状茎斜升；茎直立，高 40~50 厘米，粗壮，基部有纤维状枯叶残片且常有不定根，有棱和沟，被疏粗毛，有疏生的叶；基部叶在花期枯落，呈长圆状或椭圆状匙形，下半部渐狭成长柄；下部叶呈匙状长圆形，常较小，下部渐狭或急狭，形成具宽翅的柄，边缘除顶部外有密锯齿；中部叶呈长圆形或长圆披针形，无柄，全缘或有浅齿，上部叶狭小；全部叶厚纸质，上面被短糙毛，下面被稍疏的但沿脉被较密的短粗毛；中脉粗壮，有 5~10 对侧脉在下面突起，网脉明显；头状花序，花序梗长，有线形苞叶；舌状花 20 余个；花期 7~9 月，果期 8~10 月。

基本属性	光照性：强	观赏特性：观花
	生物习性：落叶	观赏期：7~9 月

园林应用：适种于公园、居住区、庭院、花境等。

35. 联毛紫菀 *Aster novi-belgii*

植物名：联毛紫菀	学　名：*Aster novi-belgii*
别　名：荷兰菊	科　属：菊科紫菀属

产地分布：原产自北美洲，中国各地广泛栽培。

形态特征：多年生草本植物，高 30~80 厘米，有地下走茎；茎直立，多分枝，被稀疏短柔毛；叶呈长圆形或条状披针形，长 1.5~1.2 厘米，宽 0.6~3 厘米，先端渐尖，基部渐狭，全缘或有浅锯齿；上部叶无柄，基部叶微抱茎；花序下部叶较小；头状花序顶生，总苞呈钟形，舌状花呈蓝紫色、紫红色等，管状花呈黄色；瘦果呈长圆形；花期 7~9 月；果期 8~10 月。

基本属性	光照性：强	观赏特性：观花
	生物习性：落叶	观赏期：7~9 月

园林应用：适种于公园、居住区、庭院、花境等。

36. 金鸡菊 *Coreopsis basalis*

植物名：金鸡菊	学　名：*Coreopsis basalis*
别　名：多花金鸡菊	科　属：菊科金鸡菊属

产地分布：原产自北美洲，中国各地公园、庭院常有栽培。

形态特征：一、二年生草本植物；茎直立，高 30~60 厘米，疏生柔毛，多分枝；叶具柄，叶片呈羽状分裂，裂片呈圆卵形或长圆形，上部叶有时呈线形；头状花序单生枝端，少数为伞房状，直径 2.5~5 厘米，具长梗；外层总苞片与内层几乎等长，舌状花 8 枚，呈黄色，基部呈紫褐色，先端具齿或裂片，呈管状黑紫色；瘦果呈倒卵形，内弯，具 1 条骨质边缘；花期 7~9 月；果期 8~10 月。

基本属性	光照性：强	观赏特性：观花
	生物习性：落叶	观赏期：7~9 月

园林应用：适种于公园、居住区、庭院、花境等。

37. 绵杉菊 *Santolina chamaecyparissus*

植物名：绵杉菊	学　名：*Santolina chamaecyparissus*
别　名：银香菊	科　属：菊科绵杉菊属

产地分布：原产自地中海，中国南方各地公园、庭院常有栽培。

形态特征：常绿小灌木，株高可达60厘米；叶具浅裂，呈灰白色，叶二具细毛，有较浓的芳香气味；头状花序，花呈黄色；花期5~8月。

基本属性	光照性：强	观赏特性：观花、观叶
	生物习性：常绿	观赏期：5~8月

园林应用：适种于公园、居住区、庭院、道路、花境等。

38. 银叶菊 *Jacobaea maritima*

植物名：银叶菊	学　名：*Jacobaea maritima*
别　名：银菊	科　属：菊科疆千里光属

产地分布：原产自南欧，中国南方各地公园、庭院常有栽培。

形态特征：常绿小灌木，株高可达60厘米；叶回羽状裂，正反面均被银白色柔毛；头状花序集成伞房花序，舌状花小，呈金黄色，管状花呈褐黄色；花期6~9月。

基本属性	光照性：强	观赏特性：全株
	生物习性：常绿	观赏期：全年

园林应用：适种于公园、居住区、庭院、花境等。

39. 蛇鞭菊 *Liatris spicata*

植物名：蛇鞭菊
别　名：马尾花、麒麟菊

学　名：*Liatris spicata*
科　属：菊科蛇鞭菊属

产地分布：原产自大西洋沿岸，中国南方各地公园、庭院常有栽培。

形态特征：多年生草本植物，株高可达60厘米；茎基部膨大呈扁球形，地上茎直立，株形锥状；基生叶呈线形，长达30厘米；头状花序排列成密穗状，长60厘米，因多数小头状花序聚集成长穗状花序后整体呈鞭形而得名；茎基部膨大呈扁球形，地上茎直立，株形锥状；蛇鞭菊具地下块茎，花葶长70~120厘米，花序部分约与整个花葶长的1/2；小花由上而下按顺序开放，花色分淡紫和纯白两种；叶呈线形或披针形；花期7~8月。

基本属性	光照性：强	观赏特性：观花
	生物习性：落叶	观赏期：7~8月

园林应用：适种于公园、居住区、庭院、花境、花坛等。

40. 松果菊 *Echinacea purpurea*

植物名：松果菊　　　　　　　　　　　　学　名：*Echinacea purpurea*
别　名：紫锥花、紫锥菊、紫松果菊　　　科　属：菊科松果菊属

产地分布：原产自北美，中国各地公园、庭院常有栽培。

形态特征：多年生草本植物，株高可达 150 厘米；全株有粗毛，茎直立；茎叶密生硬毛，呈叶卵状披针形或阔卵形，互生，叶缘具锯齿；基生叶呈卵形或三角形，茎生叶呈卵状披针形，叶柄基部略抱茎；头状花序，单生或多数聚生于枝顶，花大，直径可达 10 厘米：花的中心部位凸起，呈球形，球上为管状花，呈橙黄色，外围为舌状花，呈紫红色、红色、粉红色等；花期 5~9 月。

基本属性	光照性：强	观赏特性：观花
	生物习性：落叶	观赏期：5~9 月

园林应用：适种于公园、居住区、庭院、花境、花坛等。

41. 麦秆菊 *Xerochrysum bracteatum*

植物名：麦秆菊	学　名：*Xerochrysum bracteatum*
别　名：脆菊、麦藁菊、蜡菊	科　属：菊科蜡菊属

产地分布：原产于澳大利亚，在中国、东南亚和欧美等地广泛栽培。

形态特征：一年生或二年生草本植物；茎直立，高 20~120 厘米，分枝直立或斜升；叶呈长披针形或线形，长达 12 厘米，光滑或粗糙，全缘，基部渐狭窄，上端尖，主脉明显；头状花序直径 2~5 厘米，单生于枝端；总苞片外层短，履瓦状排列，内层长，呈宽披针形，基部厚，顶端渐尖，有光泽，有黄色、白色、红色、紫色等颜色；小花数量很多；冠毛有接近羽状的粗毛；瘦果无毛；花期 7~9 月，果期 9~10 月。

基本属性	光照性：强	观赏特性：观花
	生物习性：常绿	观赏期：7~9 月

园林应用：适种于公园、庭院、花境、花坛等。

42. 大丽花 *Dahlia pinnata*

植物名：大丽花	学　名：*Dahlia pinnata*
别　名：天竺牡丹、大理菊，苕菊，洋芍药	科　属：菊科大丽花属

产地分布：原产自墨西哥，是全世界栽培最广的观赏植物之一，约有 3000 个栽培品种；中国的品种也很多，这些品种可分为单瓣、细瓣、菊花状、牡丹花状、球状等类型。

形态特征：多年生草本植物，有巨大棒状块根；茎直立，多分枝，高 1.5~2 米，粗壮；叶回羽状全裂，上部叶有时不分裂，呈裂片卵形或长圆状卵形，下面呈灰绿色，两面无毛；头状花序大，有长花序梗，常下垂；总苞片外层约 5 个，呈卵状椭圆形，叶质，内层膜质，呈椭圆状披针形；舌状花 1 层，呈白色、红色或紫色，常呈卵形，顶端有不明显的 3 齿，或全缘；管状花呈黄色，有些栽培种为舌状花；花期 6~12 月，果期 9~10 月。

基本属性	光照性：强	观赏特性：观花
	生物习性：落叶	观赏期：6~12 月

园林应用：适种于公园、庭院、花境、花坛等。

43. 姬小菊 *Brachyscome angustifolia*

植物名：姬小菊	学　名：*Brachyscome angustifolia*
别　名：无	科　属：菊科鹅河菊属

产地分布：中国多地有种植；云南部分公园种植，其长势良好。

形态特征：多年生草本植物；叶互生，羽裂；有白色、紫色、粉色、玫红色等多种花色；花期长，花期4~1′月。

基本属性	光照性：强	观赏特性：观花
	生物习性：常绿	观赏期：4~11月

园林应用：适种于学校、居住区、公园、道路、厂区等。

44. 百日菊 *Zinnia elegans*

植物名：百日菊	学　名：*Zinnia elegans*
别　名：鱼尾菊、节节高、百日草	科　属：菊科百日菊属

产地分布：中国多地均有种植。

形态特征：一年生草本植物，茎直立，高 30~100 厘米，被糙毛或长硬毛；叶呈宽卵圆形或长圆状椭圆形，基部稍心形抱茎，两面粗糙，下面被密的短糙毛，基出 3 脉；头状花序直径 5~6.5 厘米，单生枝端，无中空肥厚的花序梗；总苞呈宽钟状；舌状花呈深红色、玫瑰色、紫堇色或白色，舌片呈倒卵圆形，先端 2~3 齿裂或全缘，上面被短毛，下面被长柔毛；管状花呈黄色或橙色，先端裂片呈卵状披针形，上面被黄褐色密茸毛；花期 6~9 月，果期 7~10 月。

基本属性	光照性：强	观赏特性：观花
	生物习性：落叶	观赏期：6~9 月

园林应用：适种于花境、花坛等。

45. 南非万寿菊 *Dimorphotheca ecklonis*

植物名：南非万寿菊	学　名：*Dimorphotheca ecklonis*
别　名：非洲万寿菊、蓝目菊	科　属：菊科异果菊属

产地分布：中国多地均有种植。

形态特征：半常绿多年生草本植物，茎直立，具分枝，株高 20~50 厘米；叶互生，长椭圆形，先端尖，基部渐狭成楔形，边缘具稀疏齿牙；头状花序，单生，花大，花直径 5~10 厘米，花色繁多，舌状花有黄色、红色、紫色等，管状花为蓝褐色；花期 2~8 月。

基本属性	光照性：强	观赏特性：观花
	生物习性：半常绿	观赏期：2~3 月

园林应用：适种于学校、居住区、公园、花境、花坛等。

46. 万寿菊 *Tagetes erecta*

植物名：万寿菊	学　名：*Tagetes erecta*
别　名：臭芙蓉，孔雀草、孔雀菊	科　属：菊科万寿菊属

产地分布：原产自墨西哥，中国各地均有栽培。

形态特征：一年生草本植物，高50~150厘米；茎直立，粗壮，具纵细条棱，分枝向上平展；叶羽状分裂，长5~10厘米，宽4~8厘米，裂片呈长椭圆形或披针形，边缘具锐锯齿，上部叶裂片的齿端有长细芒；沿叶缘有少数腺体；头状花序单生，花序梗顶端棍棒状膨大；舌状花呈黄色或暗橙色，舌片呈倒卵形；管状花花冠呈黄色，顶端具5齿裂；瘦果呈线形，基部缩小，呈黑色或褐色；花期7~9月。

基本属性	光照性：强	观赏特性：观花
	生物习性：常绿	观赏期：7~9月

园林应用：适种于学校、公园、花境、花坛等。

十六、石蒜科

47. 大花葱 *Allium giganteum*

植物名：大花葱

别　名：巨葱、高葱、硕葱、绒球葱、巨韭

学　名：*Allium giganteum*

科　属：石蒜科葱属

产地分布：原产于中亚和喜马拉雅山脉，目前中国昆明、大理等地有种植。

形态特征：多年生常绿草本植物，株高30~60厘米；有鳞茎，花葶从鳞茎基部长出，露出地面的部分被叶鞘或裸露；叶片丛生，呈灰绿色，长披针形，全缘；花、果实及种子密集的伞形花序呈头状，看生于花葶顶端，花茎自叶丛中抽出，高达12.5厘米；花序由2000~3000朵星状开展的小花组成，花序硕大如头，直径可达18厘米；其花色紫红，色彩艳丽，小花呈紫红色；花期5~6月；目前有白色栽培种。

基本属性	光照性：强	观赏特性：观花
	生物习性：常绿	观赏期：5~6月

园林应用：适种于公园、居住区、庭院、花境等。

十七、报春花科

48. 圆叶过路黄 *Lysimachia nummularia*

植物名：过路黄	学　名：*Lysimachia nummularia*
别　名：金钱草、真金草、走游草、铺地莲	科　属：报春花科珍珠菜属

产地分布：产自中国云南、四川、贵州、陕西南部、河南、湖北、湖南、广西、广东、江西、安徽、江苏、浙江、福建；生于沟边、路旁阴湿处和山坡林下。

形态特征：多年生草本植物，茎柔弱，平卧延伸，长 20~60 厘米；无毛或被疏毛，幼嫩部分密被褐色无柄腺体，下部节间较短，常发出不定根；叶对生，呈卵圆形或接近圆形；花单生叶腋；花萼长，分裂几乎延至基部，裂片呈披针形、椭圆状披针形甚至线形，或上部稍扩大而接近匙形，先端尖锐或稍钝，无毛或被柔毛，少数仅边缘具缘毛；花冠呈黄色；蒴果呈球形，无毛，有稀疏黑色腺条；花期 5~7 月，果期 7~10 月。

目前有金叶过路黄这一分支品种的应用，其叶色光亮，可组合成各种图案造型，且其病虫害少，是城市绿化造景彩叶地被植物。

基本属性	光照性：中	观赏特性：观花
	生物习性：常绿	观赏期：5~7 月

园林应用：适种于公园、居住区、庭院、花境等。

十八、牻牛儿苗科

49. 天竺葵 *Pelargonium hortorum*

植物名：天竺葵
别　名：臭海棠、洋绣球

学　名：*Pe'argonium hortorum*
科　属：牻牛儿苗科天竺葵属

产地分布：中国常见栽培。

形态特征：多年生草本植物，高30~60厘米；茎直立，基部木质化，上部肉质，分枝或不分枝，具明显的节，密被短柔毛，具浓烈鱼腥味；叶互生；托叶呈宽三角形或卵形；叶片呈圆形或肾形，茎部呈心形，具圆形齿，两面被透明短柔毛，表面叶缘以内有暗红色马蹄形环纹；伞形花序腋生，花的数量多，总花梗长于叶，被短柔毛；总苞片数枚，呈宽卵形；花瓣呈红色、橙红色、粉红色或白色，呈宽倒卵形；花期5~7月，果期6~9月。目前该品种栽培较多，有黄色、红色、白色等多个色系；应用较多的有蔓生天竺葵、香叶天竺葵、马蹄纹天竺葵、家天竺葵等。

基本属性	光照性：强	观赏特性：观花
	生物习性：常绿	观赏期：5~7月

园林应用：适种于公园、居住区、庭院、道路、花境等。

50. 香叶天竺葵 *Pelargonium graveolens*

植物名：香叶天竺葵	学 名：*Pelargonium graveolens*
别 名：驱蚊香草、驱蚊草	科 属：牻牛儿苗科天竺葵属

产地分布： 1962 年中国科学院昆明植物研究所引入香叶天竺葵，在昆明、玉溪、石屏、宾川等地栽培成功后，中国各地庭院都有栽培。

形态特征： 高可达 1 米；茎直立，基部木质化，上部肉质，密被具光泽的柔毛，有香味；叶互生；托叶呈宽三角形或宽卵形，先端急尖；叶柄与叶片几乎等长，被柔毛；叶片接近圆形，基部呈心形，裂片呈矩圆形或披针形，小裂片边缘为不规则的齿裂或锯齿，两面被长糙毛；伞形花序与叶对生，具花 5~12 朵；花瓣呈玫瑰色或粉红色，长度为萼片的 2 倍，先端钝圆，上面 2 枚较大；花期 5~7 月，果期 8~9 月。

基本属性	光照性：中	观赏特性：观花
	生物习性：常绿	观赏期：5~7 月

园林应用： 园景树，适种于学校、居住区、公园、厂区等。

十九、景天科

51. 佛甲草 *Sedum lineare*

植物名：佛甲草	学　名：*Sedum lineare*
别　名：珠芽佛甲草、指甲草	科　属：景天科景天属

产地分布：产自中国云南、四川、贵州、广东、湖南、湖北、甘肃、陕西、河南、安徽、江苏、浙江、福建、台湾、江西。

形态特征：多年生草本植物，茎高10~20厘米；3叶轮生，偶尔有4叶轮生或对生的，叶呈线形，长20~25毫米，宽约2毫米，先端钝尖，基部无柄，通体呈嫩黄色；花序聚伞状，顶生，疏生；中央有一朵有短梗的花，其他着生花无梗；花瓣5枚，呈黄色，披针形，先端急尖，基部稍狭；花期4~5月，果期6~7月。

基本属性	光照性：中	观赏特性：全株
	生物习性：常绿	观赏期：4~5月

园林应用：适种于公园、居住区、庭院、花境等。

二十、虎耳草科

52. 矾根 *Heuchera micrantha*

植物名：矾根

别　名：肾形草

学　名：*Heuchera micrantha*

科　属：虎耳草科矾根属

产地分布：原产自美洲中部，中国南方各地均有引种栽培。

形态特征：多年生草本植物；叶基生，呈阔心型，成熟叶片长 20~25 厘米，叶色丰富，有绿色、紫色、红色等；花小，呈钟状；花茎 0.6~1.2 厘米，呈红色，两侧对称；花序复总状；花期 4~6 月。

基本属性	光照性：弱	观赏特性：观叶
	生物习性：常绿	观赏期：全年

园林应用：适种于公园、居住区、庭院、花境、花带等。

二十一、爵床科

53. 虾衣花 *Justicia brandegeeana*

植物名：虾衣花

别　名：麒麟吐珠、狐尾木、虾夷花

学　名：*Justicia brandegeeana*

科　属：爵床科爵床属

产地分布：原产自墨西哥；中国南方的公园、庭院中有栽培，云南部分公园种植，其长势良好。

形态特征：多年生草本植物或亚灌木，分枝多，高可达60厘米；茎圆柱状，被短硬毛；叶有柄，等大，对生　呈卵形，长2.5~6厘米，先端短渐尖，基部渐窄成柄，全缘，两面被短硬毛；穗状花序紧密，顶生，稍弯垂，长6~9厘米；苞片呈卵状心形，覆瓦状排列，呈砖红色，被短柔毛，仅2列生花；小苞片较苞片稍小，比花萼长1倍；花萼长为花冠筒1/4，深5裂，呈白色；花单生苞腋，花冠呈白色，有红色糠秕状斑点，花冠筒呈窄钟形，喉部短，冠檐二唇形，裂片长度几乎相等，呈覆瓦状排列，上唇直立，全缘或微缺，具柱槽，下唇3浅裂，具喉凸　没有明显反折；在昆明地区几乎全年开花。

基本属性	光照性：强	观赏特性：观叶
	生物习性：常绿	观赏期：全年

园林应用：适种于公园、居住区、庭院、花境、花带等。

二十二、凤仙花科

54. 新几内亚凤仙花 *Impatiens hawkeri*

植物名：新几内亚凤仙花　　　　　　学　名：*Impatiens hawkeri*
别　名：五彩凤仙、四季凤仙　　　　科　属：凤仙花科凤仙花属

产地分布：原产自非洲；中国南方的公园、庭院中常有栽培，昆明花坛多有种植，其长势良好。

形态特征：多年生肉质常绿草本植物，株高 20~30 厘米；茎直立，呈淡红色；叶互生，呈长卵形，先端尖，基部楔形，叶呈绿色或具淡紫色，叶脉呈紫红色，叶缘具锯齿；花单生叶腋，花色丰富，有红、白、紫、雪青等色，部分品种为重瓣和彩叶品种；在昆明地区几乎全年开花。

基本属性	光照性：强	观赏特性：观叶
	生物习性：常绿	观赏期：全年

园林应用：适种于公园、居住区、庭院、道路、花境、花带等。

第八章　推荐种植

一、松科

1. 金钱松 *Pseudolarix amabilis*

植物名：金钱松	学　名：*Pseudolarix amabilis*
别　名：金松、水树	科　属：松科金钱松属

产地分布：金钱松为著名的古老残遗植物，产于中国江苏南部、浙江、安徽南部、福建北部、江西、湖南、湖北利川至四川万县交界地区；其分布零星，个体稀少，结实有明显的间歇性，亟待保护。

形态特征：落叶乔木，高可达 40 米；树干通直，树皮粗糙，呈灰褐色，裂成不规则的鳞片状块片；枝平展，树冠呈宽塔形；一年生长枝呈淡红褐色或淡红黄色，无毛，有光泽，二、三年生枝呈淡黄灰色或淡褐灰色，偶有淡紫褐色，老枝及短枝呈灰色、暗灰色或淡褐灰色；矩状短枝生长极慢，有密集成环节状的叶枕；花期 4 月，球果 10 月成熟。

基本属性	光照性：强	生长速度：慢
	生物习性：落叶	根系特点：深根
	观赏特性：观叶	观赏期：10~12 月

园林应用：庭荫树、园景树，适利于学校、居住区、公园、道路、厂区等。

2. 黑松 *Pinus thunbergii*

植物名：黑松	学　名：*Pinus thunbergii*
别　名：日本黑松	科　属：松科松属

产地分布：原产自日本及朝鲜南部海岸地区；中国大连、山东沿海地带和蒙山山区以及武汉、南京、上海、杭州等地引种栽培，其中山东蒙山东部的塔山已有 60 多年用之造林的历史，黑松生长十分旺盛，而浙江北部沿海地区近年亦用之造林，目前其生长良好。

形态特征：常绿乔木，高可达 30 米，直径可达 2 米；幼树树皮呈暗灰色，老则呈灰黑色，粗厚，裂成块片脱落；枝条开展，树冠呈宽圆锥状或伞形；一年生枝呈淡褐黄色，无毛；针叶 2 针一束，呈深绿色，有光泽，粗硬；球果成熟前呈绿色，熟时呈褐色，圆锥状卵圆形或卵圆形；中部种鳞呈卵状椭圆形，鳞盾微肥厚，横脊显著，鳞脐微凹，有短刺；花期 4~5 月，种子第二年 10 月成熟。

基本属性	光照性：强	生长速度：慢
	生物习性：常绿	根系特点：深根
	观赏特性：造型	观赏期：全年

园林应用：庭荫树、园景树，适种于学校、居住区、公园等。

3. 白皮松 *Pinus bungeana*

植物名：白皮松	学 名：*Pinus bungeana*
别 名：蟠龙松、虎皮松、白果松	科 属：松科松属

产地分布：分布于中国山西、河南西部、陕西秦岭、甘肃南部、四川北部江油观雾山和湖北西部等地，个体稀少，苏州、杭州、衡阳等地有栽培。

形态特征：高可达 30 米，直径可达 3 米；有明显的主干，枝较细长，斜展，树冠呈塔形或伞形；冬芽呈红褐色，卵圆形，无树脂；叶背及腹面两侧均有气孔线，先端尖，边缘细锯齿；叶鞘脱落；雄球花呈卵圆形或椭圆形，球果通常单生，成熟前呈淡绿色，熟时呈淡黄褐色，种子呈灰褐色，形状接近倒卵圆形；4~5 月开花，第二年 10~11 月球果成熟。

基本属性	光照性：强	生长速度：慢
	生物习性：常绿	根系特点：深根
	观赏特性：全株	观赏期：全年

园林应用：庭荫树、园景树，适种于学校、居住区、公园、厂区等。

二、杉科

4. 水松 *Glyptostrobus pensilis*

植物名：水松	学　名：*Glyptostrobus pensilis*
别　名：稷木、水石松、水绵	科　属：杉科水松属

产地分布：分布于中国广东珠江三角洲和福建中部及闽江下游等海拔 1000 米以下地区；广东东部及西部、福建西部及北部、江西东部、四川东南部、广西及云南东南部也有零星分布；南京、武汉、庐山、上海、杭州等地有栽培。

形态特征：落叶乔木，高可达 25 米；树干有扭纹；树皮呈褐色或灰白色带少许褐色，纵裂成不规则的长条片；树干基部膨大成柱槽状，并且有伸出土面或水面的吸收根；枝条稀疏，大枝近平展，上部枝条斜伸；叶鳞形，较厚，有的背腹隆起，螺旋状着生于多年生或当年生的主枝上；球果呈倒卵圆形；花期 2~3 月，球果 9~10 月。

基本属性	光照性：强 生物习性：落叶 观赏特性：观叶	生长速度：慢 根系特点：深根 观赏期：10 ~ 12 月

园林应用：庭荫树、园景树，适种于学校、居住区、公园、道路、厂区等。

三、红豆杉科

5. 云南红豆杉 *Taxus yunnanensis*

植物名：云南红豆杉	学　名：*Taxus yunnanensis*
别　名：西南红豆杉	科　属：红豆杉科红豆杉属

产地分布：分布于中国云南西北部及西部，四川西南部与西藏东南部，是云南省级珍贵树种，也是云南省雀一级重点保护树种；不丹、缅甸北部也有分布。

形态特征：常绿乔木，高可达 20 米，直径达 1 米；大枝开展，冬芽呈金绿黄色，芽鳞窄，先端渐尖，背部具纵脊，叶片质地薄而柔，呈条状披针形或披针状条形，列成两列，先端渐尖或微急尖，上面呈深绿色或绿色，有光泽；种子生于肉质杯状的假种皮中，呈卵圆形，微扁，通常上部渐窄，两侧微有钝脊，顶端有小尖头，种脐椭圆形，成熟时假种皮呈红色；果实 9~11 月成熟。

基本属性	光照性：中	生长速度：慢
	生物习性：常绿	根系特点：深根
	观赏特性：全株	观赏期：全年

园林应用：庭荫树、园景树，适和于学校、居住区、公园、厂区等。

四、木兰科

6. 香木莲 *Manglietia aromatica*

植物名：香木莲	学　名：*Manglietia aromatica*
别　名：无	科　属：木兰科木莲属

产地分布：产自中国云南东南部、广西西南部，野外数量稀少，昆明等地有引种栽培。

形态特征：常绿乔木，高达 35 米；树皮呈灰色，光滑；新枝呈淡绿色，除芽被白色平伏毛外全株无毛，各部揉碎有芳香；叶薄革质，呈倒披针状长圆形、倒披针形；叶柄长 1.5~2.5 厘米，托叶痕长为叶柄的 1/4~1/3；花被片呈白色，11~12 枚，4 轮排列，每轮 3 枚，外轮 3 枚，近革质，呈倒卵状长圆形；聚合果呈鲜红色，近似球形或卵状球形，成熟蓇葖沿腹缝及背缝开裂；花期 5~6 月，果期 9~10 月。

基本属性	光照性：强	生长速度：慢
	生物习性：常绿	根系特点：深根
	观赏特性：观花	观赏期：5~6 月

园林应用：庭荫树、园景树，适种于学校、居住区、公园等。

7. 乐昌含笑 *Michelia chapensis*

植物名：乐昌含笑	学　名：*Michelia chapensis*
别　名：无	科　属：木兰科含笑属

产地分布：产自中国云南东南部、广西西南部，昆明等地有引种栽培。

形态特征：常绿乔木，高 15~30 米；树反呈灰色至深褐色；小枝无毛或嫩时节上被灰色微柔毛；叶薄革页，呈倒卵形、狭倒卵形或长圆状倒卵形，先端骤狭短渐尖，或短渐尖，尖头钝，基部呈楔形或阔楔形，上面呈深绿色，有光泽，侧脉每边 9~15 条，网脉稀疏；叶柄长 1.5~2.5 厘米，无托叶痕，上面具张开的沟，嫩时被微柔毛，后脱落无毛；花被片呈淡黄色，6 枚，芳香，2 轮，呈外轮倒卵状椭圆形；聚合果长约 10 厘米，果梗长约 2 厘米；蓇葖呈长圆体形或卵圆形，长 1~1.5 厘米，宽约 1 厘米，顶端具短细弯尖头，基部宽；花期 3~4 月，果期 8~9 月。

基本属性	光照性：强	生长速度：快
	生物习性：常绿	根系特点：深根
	观赏特性：观花	观赏期：3~4 月

园林应用：庭荫树、园景树，适种于学校、居住区、公园等。

8. 缅桂 *Michelia × alba*

植物名：缅桂
别　名：白兰、白缅花、白缅桂

学　名：*Michelia × alba*
科　属：木兰科含笑属

产地分布：中国福建、广东、广西、云南等地栽培极盛。

形态特征：常绿乔木，高可达 17 米，枝广展，树冠宽似伞；幼枝及芽密被淡黄白色微柔毛，老时渐脱落；叶薄革质，呈长椭圆形或披针状椭圆形，长 10~27 厘米，先端长渐尖或尾尖，基部呈楔形，上面无毛，下面疏被微柔毛，网脉稀疏，干燥时明显；叶柄长 1.5~2 厘米，疏被微柔毛，托叶痕达叶柄近中部；花呈白色，极香，花被片 10 枚，披针形，长 3~4 厘米；心皮数量很多，常部分不发育；聚合果蓇葖疏散，蓇葖革质，呈鲜红色；花期 4~10 月。

基本属性	光照性：强 生物习性：常绿 观赏特性：观花	生长速度：慢 根系特点：深根 观赏期：4~10 月

园林应用：庭荫树、园景树、行道树，适种于学校、居住区、公园、道路、厂区等。

9. 厚朴 *Houpoea officinalis*

植物名：厚朴	学　名：*Houpoea officinalis*
别　名：凹叶厚朴	科　属：木兰科厚朴属

产地分布：产于中国安徽、浙江西部、江西、福建、湖南南部、广东北部、广西北部和东北部；生于海拔300~1400米的林中；多栽培于山麓和村舍附近。

形态特征：落叶乔木，高可达20米；树皮厚，呈褐色，不开裂；小枝粗壮，呈淡黄色或灰黄色，幼时有绢毛；顶芽大，呈狭卵状圆锥形，无毛；叶大，近革质，7~9枚叶聚生于枝端，呈长圆状倒卵形，先端具短急尖或圆钝，基部呈楔形，全缘，呈微波状，上面呈绿色，无毛，下面呈灰绿色，被灰色柔毛，有白粉；花白色，芳香，花梗粗短，被长柔毛，花被片9~17枚，厚肉质，外轮3枚呈淡绿色，长圆状倒卵形，盛开时常向外反卷，内两轮呈白色，倒卵状匙形；聚合果呈长圆状卵圆形；花期5~6月，果期8~10月。

基本属性	光照性：强	生长速度：慢
	生物习性：落叶	根系特点：深根
	观赏特性：观花	观赏期：5~6月

园林应用：庭荫树、园景树，适种于学校、居住区、公园、道路、厂区等。

10. 红色木莲 *Manglietia insignis*

植物名: 红色木莲	学　名: *Manglietia insignis*
别　名: 红花木莲	科　属: 木兰科木莲属

产地分布: 产于中国湖南西南部、广西、四川西南部、贵州、云南、西藏东南部; 生于海拔 900~1200 米的林间; 尼泊尔、印度东北部、缅甸北部也有分布。

形态特征: 常绿乔木, 高达 30 米; 小枝无毛或幼嫩时在节上被锈色或黄褐毛柔毛; 叶革质, 呈倒披针形、长圆形或长圆状椭圆形, 先端渐尖或尾状渐尖; 花芳香, 花梗粗壮, 离花被片下约 1 厘米处具 1 苞片脱落环痕, 花被片 9~12 枚, 外轮 3 枚呈褐色, 腹面呈染红色或紫红色, 倒卵状长圆形, 长约 7 厘米, 向外反曲, 中内轮 6~9 枚, 直立, 呈乳白色带少许粉红色, 倒卵状匙形; 聚合果鲜时呈紫红色, 卵状长圆形, 长 7~12 厘米; 蓇葖背缝全裂, 具乳头状突起; 花期 5~6 月, 果期 8~9 月。

基本属性	光照性: 强 生物习性: 常绿 观赏特性: 观花	生长速度: 慢 根系特点: 深根 观赏期: 5~6 月

园林应用: 庭荫树、园景树、行道树, 适种于学校、居住区、公园、道路、厂区等。

11. 云南拟单性木兰 *Parakmeria yunnanensis*

植物名：云南拟单性木兰	学　名：*Parakmeria yunnanensis*
别　名：云南拟克林丽木、黑心绿豆	科　属：木兰科拟单性木兰属

产地分布： 产于中国云南、广西；生于海拔 1200~1500 米的山谷密林中。

形态特征： 常绿乔木，高达 30 米；树皮呈灰白色，光滑不裂；叶薄革质，呈卵状长圆形或卵状椭圆形，先端短渐尖或渐尖，基部呈阔楔形或近圆形，上面呈绿色，下面呈浅绿色，嫩叶呈紫红色，侧脉每边 7~15 条，两面网脉明显，叶柄长 1~2.5 厘米；雄花两性花异株，芳香；雄花花被片 12 枚，4 轮，呈外轮红色，倒卵形，长约 4 厘米，内 3 轮呈白色，肉质，呈狭倒卵状匙形，长 3~3.5 厘米，基部渐狭成爪状；两性花花被片与雄花相似，但雄蕊极少，雌蕊呈卵圆形，绿色；聚合果呈长圆状卵圆形，长约 6 厘米，蓇葖菱形，熟时背缝开裂；花期 5~6 月，果期 9~10 月。

基本属性	光照性：强	生长速度：慢
	生物习性：常绿	根系特点：深根
	观赏特性：观花	观赏期：5~6 月

园林应用： 庭荫树、园景树、行道树，适种于学校、居住区、公园、道路、厂区等。

五、樟科

12. 长梗润楠 *Machilus duthiei*

植物名：长梗润楠	学　名：*Machilus duthiei*
别　名：树八咱、臭樟树	科　属：樟科润楠属

产地分布：产自中国云南中部至西北部、四川西南部。

形态特征：常绿乔木，高可达 30 米；枝呈圆柱形，有纵向条纹，无毛，枝条上有时有长圆形的虫瘿；顶芽呈卵形；叶疏离或聚生于枝顶，呈椭圆形、长椭圆形、倒卵形或倒卵状长圆形，薄革质，上面呈绿色，光亮，无毛，下面呈淡绿或灰绿色，几乎无毛或被绢状小柔毛，中脉上面凹陷，下面凸起；聚伞状圆锥花序，花朵数量多，生于短枝下部；果呈球形，无毛；果梗呈红色，先端粗约 1 毫米；花期 5~6 月，果期 8~10 月。

基本属性	光照性：中 生物习性：常绿 观赏特性：全株	生长速度：慢 根系特点：深根 观赏期：全年

园林应用：庭荫树、园景树，适种于学校、居住区、公园、道路、厂区等。

13. 楠木 *Phoebe zhennan*

植物名：楠木
别　名：桢楠、小叶桢楠

学　名：*Phoebe zhennan*
科　属：樟科楠属

产地分布：产自中国湖北西部、贵州西北部及四川。

形态特征：常绿乔木，高可达 30 米；树干通直；芽鳞被灰黄色贴伏长毛；小枝通常较细，有棱或近似圆柱形，被灰黄色或灰褐色的柔毛；叶革质，呈椭圆形，有时为披针形或倒披针形，先端渐尖，尖头直或呈镰状，基部呈楔形，最末端钝或尖；叶柄细，被毛；聚伞状圆锥花序，开展程度高，被毛；果呈椭圆形，果梗微粗；宿存花被片呈卵形，革质，紧贴，两面被短柔毛或外面被微柔毛；花期 4~5 月，果期 9~10 月。

基本属性	光照性：中	生长速度：慢
	生物习性：常绿	根系特点：深根
	观赏特性：全株	观赏期：全年

园林应用：庭荫树、园景树，适种于学校、居住区、公园、道路、厂区等。

14. 檫木 *Sassafras tzumu*

植物名：檫木
别　名：半风樟、鹅脚板、花楸树

学　名：*Sassafras tzumu*
科　属：樟科檫木属

产地分布：产自中国浙江、江苏、安徽、江西、福建、广东、广西、湖南、湖北、四川、贵州及云南等地。

形态特征：落叶乔木，高可达35米；树皮幼时呈黄绿色，平滑，老时变灰褐色，呈不规则纵裂；顶芽大，呈椭圆形，芽鳞接近圆形，外面密被黄色绢毛；枝条粗壮，近似圆柱形，具有一定的棱角，无毛，初时带红色，干燥后变黑色；叶互生，聚集于枝顶，呈卵形或倒卵形，先端渐尖，基部呈楔形，坚纸质；叶片上面呈绿色，晦暗或略光亮；叶片下面呈灰绿色，两面无毛或沿脉网疏被短硬毛；叶柄纤细，鲜时常带红色，腹平背凸，无毛或略被短硬毛；花序顶生，先于叶开放，多花，具梗，与序轴密被棕褐色柔毛，基部承有迟落互生的总苞片；花呈黄色，长约4毫米，雌雄异株；子房卵珠形，长约1毫米，无毛；果近似球形，成熟时呈蓝黑色而带有白蜡粉；花期3~4月，果期5~9月。

基本属性	光照性：强	生长速度：慢
	生物习性：落叶	根系特点：深根
	观赏特性：观叶	观赏期：3~4月

园林应用：庭荫树、园景树，适种于学校、居住区、公园、道路、厂区等。

六、锦葵科

15. 澳洲火焰木 *Brachychiton acerifolius*

植物名：澳洲火焰木	学　名：*Brachychiton acerifolius*
别　名：槭叶瓶干树、澳洲火焰树	科　属：锦葵科酒瓶树属

产地分布：原产于澳大利亚，中国广东、海南、广西、台湾、云南昆明等地有引种栽培。

形态特征：常绿乔木，高达 15 米；主干通直，冠幅较大，树枝层次分明，幼树枝条呈绿色；叶互生，掌状，苗期 3 裂，长成大树后叶 5~9 裂，裂片再呈羽状深裂，先端锐尖，革质，叶片宽大；夏季开花，圆锥状花序，腋生，花色艳红；花呈小铃钟形或小酒瓶形，先于叶开放，量大而红艳，一般可维持 30~45 天；蓇葖果呈长圆状棱形，果瓣呈赤褐色，近木质，长约 20 厘米，种子 3~5 粒；花期 4~7 月，果期 9~10 月。

基本属性	光照性：强	生长速度：快
	生物习性：常绿	根系特点：浅根
	观赏特性：观花、观叶	观赏期：4~7 月观花，全年观叶

园林应用：庭荫树、园景树、行道树，适和于学校、居住区、公园、道路等。

七、蔷薇科

16. 山楂 *Crataegus pinnatifida*

植物名：山楂	学　名：*Crataegus pinnatifida*
别　名：山里红、红果	科　属：蔷薇科山楂属

产地分布：产于中国东北、华北及西北等地区，在中国大部分地区均有分布。

形态特征：落叶乔木，高达 6 米；树皮粗糙，呈暗灰色或灰褐色；小枝呈圆柱形，当年生枝呈紫褐色；叶片呈宽卵形或三角状卵形，托叶草质，镰形，边缘有锯齿；伞房花序，具多花，苞片膜质，呈线状披针形；萼筒钟状；萼片呈三角卵形或披针形；花瓣呈倒卵形或近似圆形；果实接近球形或梨形，呈深红色，有浅色斑点；花期 5~6 月，果期 9~10 月。

基本属性	光照性：强 生物习性：落叶 观赏特性：观花、观叶、观果	生长速度：快 根系特点：浅根 观赏期：5~11 月

园林应用：庭荫树、园景树，适种于学校、居住区、公园、厂区等。

八、胡桃科

17. 枫杨 *Pterocarya stenoptera*

| 植物名：枫杨 | 学　名：*Pterocarya stenoptera* |
| 别　名：枰柳、麻柳、枰伦树、水麻柳、蜈蚣柳 | 科　属：胡桃科枫杨属 |

产地分布：产自中国陕西、河南、山东、安徽、江苏、浙江、江西、福建、台湾、广东、广西、湖南、湖北、四川、贵州、云南，在长江流域和淮河流域最为常见，东北地区仅有栽培；生于海拔 1500 米以下的沿溪涧河滩、阴湿山坡地的林中。

形态特征：落叶大乔木，高可达 30 米，直径达 1 米；幼树树皮平滑，呈浅灰色，老时则深纵裂；小枝呈灰色至暗褐色，具灰黄色皮孔；芽具柄，密被锈褐色盾状着生的腺体；叶多为偶数羽状复叶，长 8~16 厘米（有时可达 25 厘米），叶柄长 2~5 厘米，叶轴具翅，有些翅发达程度较低，与叶柄一样被有或疏或密的短毛；小叶无小叶柄，对生或有时近对生，呈长椭圆形或长椭圆状披针形，长 8~12 厘米，宽 2~3 厘米，顶端常钝圆或有时急尖，基部歪斜，边缘有向内弯的细锯齿，上面被有细小的浅色疣状凸起；雄性葇荑花序长 6~10 厘米，单独生于去年生枝条上叶痕腋内，雌性葇荑花序顶生，苞片及小苞片基部常有纤小的星芒状毛，并密被腺体；果实呈长椭圆形；果翅狭，呈条形或阔条形；花期 4~5 月，果期 8~9 月。

基本属性	光照性：强	生长速度：快
	生物习性：落叶	根系特点：深根
	观赏特性：观果、观叶	观赏期：8~11 月

园林应用：庭荫树、园景树，适种于学校、居住区、公园、厂区等。

18. 青钱柳 *Cyclocarya paliurus*

植物名：青钱柳	学　名：*Cyclocarya paliurus*
别　名：摇钱树、麻柳、青钱李、山麻柳、山化树	科　属：胡桃科青钱柳属

产地分布：青钱柳产于中国湖南、安徽、江苏、浙江、江西、福建、台湾、湖北、四川、贵州、广西、广东和云南东南部。

形态特征：落叶乔木，高可达 30 米；裸芽具柄，密被锈褐色腺鳞；枝条髓部薄片状分隔；奇数羽状复叶长20~25 厘米，具 5~11 枚小叶，叶柄长 3~5 厘米；小叶呈长椭圆状卵形或宽披针形，长 5~14 厘米，基部歪斜，呈宽楔形或接近圆形，具锐锯齿，上面被腺鳞，下面被灰色及黄色腺鳞，侧脉 10~16 对，沿脉被短柔毛，下面脉腋具簇生毛；雌雄同株；雌、雄花序均呈葇荑状；果具短柄，果翅革质，圆盘状，直径 2.5~6 厘米，被腺鳞，顶端具宿存花被片；花期 4~5 月，果期 7~9 月。

基本属性	光照性：中	生长速度：中
	生物习性：落叶	根系特点：深根
	观赏特性：观花、观果	观赏期：4~9 月

园林应用：庭荫树、园景树，适种于学校、居住区、公园、厂区等。

九、槭树科

19. 红花槭 *Acer rubrum*

植物名：红花槭	学　名：*Acer rubrum*
别　名：美国红枫、加拿大红枫	科　属：槭树科槭属

产地分布：分布于中国北京、河北、山东、辽宁、吉林、河南、陕西、安徽、江苏、上海、浙江、江西、胡南、湖北、云南、四川、新疆等地。

形态特征：落叶乔木，树高可达 30 米，冠幅 12 米；树形呈椭圆形或圆形；树干笔直，呈深褐色，材质坚硬、纹理好；茎干光滑无毛，有皮孔，随着植物的生长会由绿色变为红色或棕色；叶片 3~5 裂，手掌状，叶长 5~10 厘米；新生的叶子正面呈微红色，之后变成绿色，直至深绿色，叶背面是灰绿色；秋天叶子由黄绿色变成黄色，最后成为红色；春天开花，花呈红色；果实为翅果，呈红色，长 2.5~5 厘米；春天幼芽为浅红色，夏季呈碧绿色，秋天为鲜红色，挂色期长、落叶晚。

基本属性	光照性：中	生长速度：快
	生物习性：落叶	根系特点：浅根
	观赏特性：观叶	观赏期：3~11 月

园林应用：适种于学校、居住区、公园、厂区等。

十、榆科

20. 榔榆 *Ulmus parvifolia*

植物名：榔榆	学　名：*Ulmus parvifolia*
别　名：小叶榆、秋榆	科　属：榆科榆属

产地分布：分布于中国河北、山东、江苏、安徽、浙江、福建、台湾、江西、广东、广西、湖南、湖北、贵州、四川、陕西、河南等地；日本、朝鲜也有分布。

形态特征：落叶乔木，高达 25 米；树冠呈广圆形，树干基部有时成板状根，树皮呈灰色或灰褐，裂成不规则鳞状薄片剥落，露出红褐色内皮，平滑，微凹凸不平；当年生枝密被短柔毛，呈深褐色；冬芽呈卵圆形，呈红褐色，无毛；叶质地厚，呈披针状卵形或窄椭圆形，有时呈卵形或倒卵形，中脉两侧长宽不等，先端尖或钝，基部偏斜；花于秋季开放，3~6 朵在叶腋簇生或排成簇状聚伞花序，花被上部杯状，下部管状，花被片 4 枚，深裂至杯状花被的基部或接近基部处，花梗极短，被疏毛；翅果呈椭圆形或卵状椭圆形；花、果期 8~10 月。

基本属性	光照性：中 生物习性：落叶 观赏特性：观花、观叶	生长速度：慢 根系特点：深根 观赏期：8~11 月

园林应用：庭荫树、园景树、行道树，适种于学校、居住区、城市公园、厂区、风景名胜、道路等。

十一、壳斗科

21. 德州栎 *Quercus texana*

植物名：德州栎	学 名：*Quercus texana*
别 名：娜塔栎	科 属：壳斗科栎属

产地分布：原产于美国，集中分布在墨西哥湾沿海平原；中国安宁等地引种种植，其生长良好。

形态特征：落叶乔木，高可达 28 米；主干直立，枝叶浓密，主干和分枝粗壮，枝角较大，主要枝干平展略有下垂，树冠呈塔状或广圆形，冠幅约 12 米左右；叶长 10~20 厘米，宽 5~13 厘米，具有 5~7 个深裂片；叶顶部呈硬齿状，叶正面呈深绿色、背面呈暗绿色，有丛生毛；在秋季，其叶呈红色或是红棕色，树干表皮呈灰色或棕色且表面光滑，树叶颜色在每年的 11 月开始变红，次年 2 月开始落叶；果实长 2~3 厘米，卵形，带有深的被鳞壳斗；目前引种和栽培的德州栎未见结果。

基本属性	光照性：强	生长速度：慢
	生物习性：落叶	根系特点：深根
	观赏特性：观叶	观赏期：10~12 月

园林应用：庭荫树、行道树、园景树，适和于学校、公园、厂区、道路等。

22. 槲栎 *Quercus aliena*

植物名：槲栎	学　名：*Quercus aliena*
别　名：细皮青冈	科　属：壳斗科栎属

产地分布：产自中国陕西、山东、江苏、安徽、浙江、江西、河南、湖北、湖南、广东、广西、四川、贵州、云南。

形态特征：落叶乔木，高可达 30 米；树皮呈暗灰色，深纵裂；小枝呈灰褐色，几乎无毛，具圆形淡褐色皮孔；芽卵形，芽鳞具缘毛；叶片呈长椭圆状倒卵形或倒卵形，顶端微钝或短渐尖，基部呈楔形或圆形，叶缘具波状钝齿，叶背被灰棕色细绒毛，叶柄长 1~1.3 厘米，无毛；壳斗杯形，坚果的一半被其包裹，直径 1.2~2 厘米；坚果呈椭圆形或卵形；花期 3~5 月，果期 9~10 月。

基本属性	光照性：强 生物习性：落叶 观赏特性：观叶	生长速度：慢 根系特点：深根 观赏期：10~12 月

园林应用：庭荫树、园景树，适种于学校、公园、厂区等。

23. 滇青冈 *Quercus schottkyana*

植物名: 滇青冈

学　名: *Quercus schottkyana*

别　名: 滇槠、拟槠、滇桐、灰绿叶槠

科　属: 壳斗科栎属

产地分布: 分布在中国西藏、广西、贵州等地, 生长于海拔 1200~2800 米的山地林中。

形态特征: 常绿乔木, 株高达 20 米; 小枝呈灰绿色, 幼时有绒毛, 后渐无毛; 冬芽被绒毛; 叶片革质, 呈长椭圆形或倒卵状披针形, 长 5~12 厘米, 宽 2~5 厘米, 顶端渐尖或尾尖 基部呈楔形或接近圆形, 叶缘 1/3 以上有锯齿, 中脉在叶面凹陷, 在叶背显著凸起, 侧脉每边 8~12 条, 叶背支脉明显, 叶面呈绿色, 叶背呈灰绿色, 幼时被弯曲黄褐色绒毛, 后渐脱落; 壳斗碗形, 坚果的 1/3~1/2 部分被其包裹, 直径 0.8~1.2 厘米, 高 6~8 毫米, 外壁被灰黄色绒毛; 小苞片合生成 6~8 条同心环带, 环带近全缘; 坚果呈椭圆形或卵形; 花期 5 月, 果期 10 月。

基本属性	光照性: 中	生长速度: 慢
	生物习性: 常绿	根系特点: 深根
	观赏特性: 全株	观赏期: 全年

园林应用: 庭荫树、园景树, 适种于学校、公园、厂区等。

十二、木犀科

24. 白蜡树 *Fraxinus chinensis*

植物名：白蜡树	学　名：*Fraxinus chinensis*
别　名：白蜡杆、小叶白蜡、速生白蜡	科　属：木犀科梣属

产地分布： 白蜡树产于中国南北各地；昆明翠湖公园、黑龙潭公园有栽种。

形态特征： 落叶乔木，高可达 12 米；树皮呈灰褐色，纵裂；芽呈阔卵形或圆锥形，被棕色柔毛或腺毛；小枝呈黄褐色，粗糙，无毛或疏被长柔毛，旋即秃净，皮孔小，不明显；羽状复叶；圆锥花序顶生或腋生枝梢，无花冠，花药与花丝几乎等长；雌花疏离，花萼大，桶状，长 2~3 毫米，4 浅裂，花柱细长，柱头 2 裂；翅果匙形，上中部最宽，先端锐尖，常呈犁头状，基部渐狭，翅平展，下延至坚果中部，坚果呈圆柱形；宿存萼紧贴于坚果基部，常在一侧开口深裂；花期 4~5 月，果期 7~9 月。

基本属性	光照性：强	生长速度：快
	生物习性：落叶	根系特点：浅根
	观赏特性：全株	观赏期：4~5 月

园林应用： 适种于学校、居住区、公园、厂区、道路等。

25. 毛丁香 *Syringa tomentella*

植物名：毛丁香	学　名：*Syringa tomentella*
别　名：紫丁香	科　属：木犀科丁香属

产地分布：产自中国四川西部，北京、河南等地常有栽培。

形态特征：落叶灌木或小乔木，高 1.5~7 米；枝直立或弓曲，呈棕褐色，无毛，具皮孔，小枝呈黄绿色或棕色，疏被或密被短柔毛，或无毛，具反孔；叶片呈卵状披针形、卵状椭圆形或椭圆状披针形，有时呈宽卵形或倒卵形，先端锐尖至渐尖；圆锥花序直立，由顶芽或侧芽抽生；花序轴、花梗与花萼被短柔毛、微柔毛，或几乎无毛；花冠呈淡紫红色、粉红色或白色，稍呈漏斗状；果呈长圆状椭圆形，长 1.2~2 厘米，先端渐尖或锐尖；花期 6~7 月，果期 9 月。

基本属性	光照性：强	生长速度：中等
	生物习性：落叶	根系特点：浅根
	观赏特性：全株	观赏期：6~7 月

园林应用：适种于学校、居住区、公园、厂区、道路等。

十三、山茶科

26. 厚皮香 *Ternstroemia gymnanthera*

植物名：厚皮香	学 名：*Ternstroemia gymnanthera*
别 名：珠木树、猪血柴、水红树	科 属：山茶科厚皮香属

产地分布：分布于中国安徽南部、浙江、江西、福建、湖北西南部、湖南南部和西北部、广东、广西北部和东部、云南、贵州东北部和西北部以及四川南部等地。

形态特征：常绿小乔木，高可达 10 米；全株无毛；叶革质或薄革质，常簇生枝顶，呈椭圆形、椭圆状倒卵形或长圆状倒卵形，长 5.5~9 厘米，先端短渐尖或骤短尖，基部呈楔形，全缘，有时上部疏生浅齿，下面干燥后呈淡红褐色，上面中脉稍凹下，侧脉 5~6 对，两面均不明显；叶柄长 0.7~1.3 厘米；花梗长约 1 厘米；两性花小苞片 2 枚，呈三角形或三角状卵形；萼片 5 枚，呈卵圆形或长圆卵形，先端圆；花瓣 5 枚，呈淡黄白色，倒卵形，先端圆，常有少量凹陷；果呈球形，直径 0.7~1 厘米，小苞片和萼片均宿存；花期 5~7 月，果期 8~10 月。

基本属性	光照性：中	生长速度：慢
	生物习性：常绿	根系特点：浅根
	观赏特性：观花	观赏期：5~7 月

园林应用：园景树，适种于学校、居住区、公园、厂区等。

27. 木荷 *Schima superba*

植物名: 木荷	学 名: *Schima superba*
别 名: 何树	科 属: 山茶科木荷属

产地分布: 产自中国浙江、福建、台湾、江西、湖南、广东、海南、广西、贵州。

形态特征: 常绿乔木，高约 25 米；嫩枝通常无毛；叶革质或薄革质，呈椭圆形，先端尖锐，有时略钝，基部呈楔形，上面干燥后发亮，下面无毛，侧脉 7~9 对，在两面明显，边缘有钝齿，叶柄长 1~2 厘米；花生于枝顶叶腋，常多朵排成总状花序，直径 3 厘米，呈白色；花柄长 1~2.5 厘米，纤细，无毛；苞片 2 枚，贴近萼片，早落；萼片呈半圆形，外面无毛，内面有绢毛；花瓣最外 1 枚呈风帽状，边缘有毛；蒴果直径 1.5~2 厘米；花期 6~8 月。

基本属性	光照性: 强	生长速度: 慢
	生物习性: 常绿	根系特点: 深根
	观赏特性: 全株	观赏期: 6~8 月

园林应用: 庭荫树、园景树、行道树，适种于学校、居住区、公园、道路、厂区等。

十四、桃金娘科

28. 嘉宝果 *Plinia cauliflora*

植物名：嘉宝果	学　名：*Plinia cauliflora*
别　名：树葡萄	科　属：桃金娘科树番樱属

产地分布：原产自巴西，中国南方有引种，昆明、楚雄等地有种植。

形态特征：常绿灌木，高 5~15 米；枝梢顶端分枝与成枝能力较强，树姿开张，树木长势良好，主干以上部分为自然圆头形；根系分布较浅，深度小于 70 厘米，以须根为主；树皮细薄，呈灰白色、浅褐色或微红色，具有缓慢脱落特性；果实采收后至萌发新芽期间，老旧树皮会剥落；叶对生，叶柄短，有茸毛，叶片革质，呈深绿色，有光泽，呈披针形或椭圆形；花簇生于主干和主枝上，有时也长在新枝上；每个节上着生两片叶，叶子与茎的联系部分短，有茸毛，叶片表面带有蜡质，呈深绿色，有光泽，呈披针形或椭圆形；果实球形，果实从青变红再变紫，最后成紫黑色，果皮外表结实光滑；花期 5~7 月，果期 8~10 月。

基本属性	光照性：强	生长速度：慢
	生物习性：常绿	根系特点：浅根
	观赏特性：全株	观赏期：全年

园林应用：园景树，适种于学校、居住区、公园等。

十五、山柑科

29. 猫胡子花 *Capparis bodinieri*

植物名：猫胡子花	学　名：*Capparis bodinieri*
别　名：野香橼花、小毛毛花	科　属：山柑科山柑属

产地分布：产自中国四川西南部、贵州东部以及云南海拔 2500 米以下的大部分地区，生于灌丛或次生森林口，石灰岩山坡道旁或平地尤其常见；不丹、印度东北部、缅甸北部也有；昆明翠湖公园内有栽培。

形态特征：常绿灌木，高可达 5 米；新生枝密被淡褐色或灰色极细不规则星状毛，后变无毛，但最后在叶腋附近仍可见有残存被毛；刺长达 5 毫米，强壮，外弯；叶呈卵形或披针形，幼时膜质被毛，长成时革质无毛，基部圆形或急尖，从不下延，顶端短渐尖或渐尖，少有急尖；叶柄粗壮，长 5~7 毫米；花 2~7 朵排成一列　腋上生；花梗自下至上长 5~15 毫米，被毛与枝相同；萼片 4 枚，近轴萼片呈舟形，背面近基部向外作龙骨状突起，向内凹入成浅囊状，囊底花后期呈鲜红色，萼片边缘特别是顶部被绒毛；花瓣呈白色，被绒毛，正面中央有一纵向细缝，缝线附近初呈鲜黄色，后转为紫红色，下面 2 个稍长而略狭，分离；果呈球形，成熟时呈黑色　花期 3~4 月，果期 8~10 月。

基本属性	光照性：中	生长速度：慢
	生物习性：常绿	根系特点：浅根
	观赏特性：观花	观赏期：3~4 月

园林应用：园景树，适种于学校、居住区、公园等。

十六、虎耳草科

30. 大花溲疏 *Deutzia grandiflora*

植物名：大花溲疏
别　名：华北溲疏

学　名：*Deutzia grandiflora*
科　属：虎耳草科溲疏属

产地分布：产自中国辽宁、内蒙古、河北、山西、陕西、甘肃、山东、江苏、河南、湖北等地；北方常见野生品种，南方江浙一带、四川等地栽培较多。

形态特征：落叶灌木，高可达 2 米；老枝呈紫褐色或灰褐色，无毛，表皮片状脱落；叶纸质，呈卵状菱形或椭圆状卵形，先端急尖，基部呈楔形或阔楔形，边缘具锯齿，上面被 4~6 辐线星状毛，下面呈灰白色，被 7~11 辐线星状毛，毛稍紧贴，沿叶脉具中央长辐线，侧脉每边 5~6 条；叶柄被星状毛；聚伞花序直径为 1~3 厘米，具花 1~3 朵；花蕾呈长圆形；花冠直径 2~2.5 厘米；花梗长 1~2 毫米，被星状毛；萼筒呈浅杯状，密被灰黄色星状毛，有时具中央长辐线，裂片呈线状披针形，较萼筒长，被毛较稀疏；花瓣呈白色，长圆形或倒卵状长圆形，先端圆形，中部以下收狭，外面被星状毛，花蕾时内向镊合状排列；蒴果呈半球形；花期 4~6 月，果期 9~11 月。

基本属性	光照性：中	观赏特性：观花
	生物习性：落叶	观赏期：4~6 月

园林应用：园景树，适种于学校、居住区、公园等。

31. 山梅花 *Philadelphus incanus*

植物名：山梅花	学　名：*Philadelphus incanus*
别　名：白毛山梅花	科　属：虎耳草科山梅花属

产地分布：产自中国山西、陕西、甘肃、河南、湖北、安徽和四川；浙江一带种植较多，昆明植物园内有栽培。

形态特征：落叶灌木，高可达 3.5 米；二年生小枝呈灰褐色，表皮呈片状脱落，当年生小枝呈浅褐色或紫红色，被微柔毛或有时无毛；叶呈卵形或阔卵形，长 6~12.5 厘米，宽 8~10 厘米，先端急尖，基部呈圆形，花枝上叶较小，呈卵形、椭圆形或卵状披针形，先端渐尖，基部呈阔楔形或接近圆形，边缘具疏锯齿，上面被刚毛，下面密被白色长粗毛，叶脉离基出 3~5 条；总状花序有花 5~11 朵，下部的分枝有时具叶；花序轴长 5~7 厘米，疏被长柔毛或无毛；花梗长 5~10 毫米，上部密被白色长柔毛；花萼外面密被紧贴糙伏毛；萼筒呈钟形，裂片呈卵形，花瓣呈白色，卵形或接近圆形，基部急收狭；蒴果呈倒卵形；花期 5~6 月，果期 7~8 月。

基本属性	光照性：中	根系特点：浅根
	生物习性：落叶	观赏期：5~6 月
	观赏特性：观花	

园林应用：园景树，适种于学校、居住区、公园等。

十七、唇形科

32. 冬红 *Holmskioldia sanguinea*

植物名：冬红

别　名：阳伞花、帽子花

学　名：*Holmskioldia sanguinea*

科　属：唇形科冬红属

产地分布：中国广东、广西、台湾等地有栽培。

形态特征：常绿灌木，高 3~7 米；小枝四棱形，具四槽，被毛；叶对生，膜质，呈卵形或宽卵形，基部呈圆形或几乎呈截形，叶缘有锯齿，两面均有稀疏毛及腺点，但沿叶脉具毛较密；聚伞花序 2~6 个，呈圆锥状，每聚伞花序有 3 朵花，中间的一朵，其花柄较两侧更长，花柄及花序梗具短腺毛及长单毛；花萼呈朱红色或橙红色，由基部向上扩张成一阔倒圆锥形的碟，直径可达 2 厘米，边缘有稀疏睫毛，网状脉明显；花冠呈红色；花期冬末春初。

基本属性	光照性：强	观赏特性：观花
	生物习性：常绿	观赏期：冬末春初

园林应用：适种于学校、居住区、公园、厂区等。

33. 赪桐 *Clerodendrum japonicum*

植物名：赪桐
别　名：龙船花、荷包花、状元红

学　名：*Clerodendrum japonicum*
科　属：唇形科大青属

产地分布：分布于江苏、浙江南部、江西南部、湖南、福建、台湾、广东、广西、四川、贵州、云南、海南等地。

形态特征：落叶灌木，高可达 4 米；小枝呈四棱形，干燥后有较深的沟槽，老枝几乎无毛或被短柔毛，同对叶柄之间密被长柔毛，枝干后不中空；叶片呈圆心形，顶端尖或渐尖，基部呈心形，边缘有疏短尖齿，表面疏生伏毛，脉基具较密的锈褐色短柔毛，背面密具锈黄色盾形腺体，脉上有疏短柔毛；叶柄长 0.5~15 厘米，具较密的黄褐色短柔毛；二歧聚伞花序组成顶生、大而开展的圆锥花序；花萼呈红色，外面疏被短柔毛；花冠呈红色，有时呈白色，花冠管长 1.7~2.2 厘米，外面具微毛，里面无毛，顶端 5 裂，裂片呈长圆形；果实呈椭圆状球形，呈绿色或蓝黑色；花、果期 5~11 月。

基本属性	光照性：弱 生物习性：落叶	观赏特性：观花 观赏期：5~11 月

园林应用：适种于学校、居住区、公园、厂区等。

昆明经开区冬景

（刘发钦摄于昆明经开区马料河）

昆明经开区秋景

（刘发钦摄于昆明经开区果林水库）

昆明经开区夏景

（刘发钦摄于昆明经开区马料河）

昆明经开区春景

（刘发钦摄于昆明经开区果林水库）